无机化学实验

杨春 梁萍 张颖 刘晓莉 主编

南开大学出版社
天　津

图书在版编目(CIP)数据

无机化学实验 / 杨春等主编. —天津：南开大学出版社，
2007.9(2025.8 重印)
ISBN 978-7-310-02745-3

Ⅰ.无… Ⅱ.杨… Ⅲ.无机化学－化学实验 Ⅳ.O61-33

中国版本图书馆 CIP 数据核字(2007)第 133997 号

版权所有　侵权必究

无机化学实验
WUJIHUAXUE SHIYAN

南开大学出版社出版发行
出版人：王　康
地址：天津市南开区卫津路 94 号　邮政编码：300071
营销部电话：(022)23508339　营销部传真：(022)23508542
https://nkup.nankai.edu.cn

天津午阳印刷股份有限公司印刷　全国各地新华书店经销
2007 年 9 月第 1 版　2025 年 8 月第 11 次印刷
230×170 毫米　16 开本　14.5 印张　270 千字
定价:45.00 元

如遇图书印装质量问题，请与本社营销部联系调换，电话：(022)23508339

《无机化学实验》编委会

主　编　　杨　春　　梁　萍　　张　颖　　刘晓莉

副主编　　杨　芳

编　委　　杨　春　　梁　萍　　张　颖　　刘晓莉

　　　　　杨　芳　　张俊然　　成文玉　　杨　津

前　言

本书是编者在多年无机化学实验教学改革研究基础上，总结多年实验教学经验，结合理科和工科无机化学实验教学的特点，更新并整合相关教学内容编写而成的。

本书以激发学生对无机化学实验的学习兴趣、夯实学生无机化学实验的基础知识和基本技能、强化无机化学学科理论与实践之间的密切联系、培养学生的创新意识和创新能力为指导思想。

本书包括无机化学实验的基本知识、基本原理、基本方法和基本技术；按照"验证性实验—无机制备实验—综合设计性、研究性实验"三个层次，选编了25个实验。使用本书的学校可以根据具体条件选择使用其中的实验。

本书具有以下特点：①在内容编排上体现了以无机化学理论体系为主线，适当减少验证性实验的比例，增加无机制备实验和综合性、设计性实验的比例，以培养学生的动手能力和创新能力。②在保证教学基本要求的前提下，对实验内容适当拓展，开设选做实验，引导学生运用所学知识思考相关问题，为学有余力的同学提供更多的动手机会，充分体现了以人为本、因材施教的原则。③在元素化合物性质等实验中体现微型化实验和连续性实验的设计思想。④兼顾理科无机化学和工科无机化学的不同特点，在注意实验选材应用性的同时，保证无机化合物结构和理论方面的选材，满足不同专业学生的要求。⑤在学生了解无机化学实验常用仪器基本工作原理的基础上，在大学一年级的制备实验和综合设计性实验教学中尽可能多地运用现代仪器分析技术对所研究的物质进行结构表征和性能测定，提高实验的理论水平，开阔学生视野，以利于激发学生对本课程和后继化学课程的学习兴趣，培养学生全面考虑化学问题的能力。

本书由杨春（绪论；第2章2.10；第5章；全书插图）、梁萍（第2章2.2~2.9；第4章）、张颖（第1章1.4；第2章2.1；第6章）、刘晓莉（第1章1.1和1.2；第3章）、杨芳（第1章1.3和1.5）、张俊然（第7章7.1~7.4，7.8，7.12）、成文玉（第7章7.5，7.10，7.11，7.14）、杨津（第7章7.6，7.7，7.9，7.13）编写。最后由杨春统稿。

在编写本书过程中，我们参考了国内出版的实验教材，从中吸取了丰富的营养和宝贵的教学经验，同时还得到了河北工业大学化工学院和教务处的大力支持和帮助，在此编者向有关的专家、学者表示诚挚谢意。

受编者水平和时间所限,在选材和编写中虽然我们尽了最大努力,但书中的错误和不当之处在所难免,恳请读者批评指正。

编者
2007 年 5 月

目 录

绪 论 ··· 1
第 1 章 基本知识
  1.1 实验室基本知识 ·· 8
    1.1.1 实验室规则 ··· 8
    1.1.2 实验室安全守则 ·· 8
    1.1.3 实验室事故的处理 ··· 9
    1.1.4 实验室消防 ·· 11
    1.1.5 实验室三废的处理 ·· 14
  1.2 化学试剂的分类、等级和包装 ··· 15
    1.2.1 化学试剂分类 ··· 15
    1.2.2 化学试剂的等级 ··· 16
    1.2.3 化学试剂的包装 ··· 16
  1.3 无机化学实验的数据表达与处理 ·· 17
    1.3.1 误差的概念和数据记录 ·· 17
    1.3.2 化学计算中的有效数字 ·· 20
    1.3.3 实验数据的处理方法 ··· 23
  1.4 无机定性分析初步 ··· 26
    1.4.1 试纸的制备和使用 ·· 26
    1.4.2 定性分析的任务和方法 ·· 28
    1.4.3 离子鉴定的原则和方法 ·· 28
    1.4.4 阳离子的系统分组 ·· 32
    1.4.5 阴离子的分析 ··· 43
    1.4.6 离子混合液的分离与鉴定 ·· 47
  1.5 无机化合物的提纯、制备和表征 ·· 50
    1.5.1 选择合成路线的基本原则 ·· 50
    1.5.2 选择合适的溶剂来制备无机化合物 ······························· 51
    1.5.3 无机化合物的分析和表征 ·· 51
第 2 章 基本操作和基本仪器
  2.1 无机化学实验常用仪器简介 ·· 53

2.2 加热与冷却操作 …… 59
2.2.1 灯的使用 …… 59
2.2.2 加热方法 …… 61
2.2.3 冷却方法 …… 62
2.3 玻璃仪器的洗涤与干燥 …… 62
2.3.1 玻璃仪器的洗涤 …… 62
2.3.2 玻璃仪器的干燥 …… 63
2.4 玻璃加工操作和塞子的使用 …… 64
2.4.1 玻璃加工操作 …… 64
2.4.2 塞子的选择和钻孔 …… 67
2.5 称量操作 …… 68
2.5.1 台秤的构造和使用 …… 68
2.5.2 分析天平的构造和使用 …… 69
2.6 化学试剂的取用 …… 72
2.6.1 固体试剂的取用 …… 72
2.6.2 液体试剂的取用 …… 73
2.7 无机化学实验常用的分离手段 …… 74
2.7.1 固液分离方法 …… 74
2.7.2 结晶（重结晶）…… 78
2.8 气体的制备、净化与干燥 …… 79
2.8.1 气体的制备 …… 79
2.8.2 气体的净化与干燥 …… 80
2.9 滴定操作 …… 80
2.9.1 容量瓶的使用 …… 81
2.9.2 滴定管的使用 …… 82
2.9.3 移液管的使用 …… 84
2.10 无机化学实验常用测试仪器工作原理 …… 86
2.10.1 紫外及可见分光光度计 …… 86
2.10.2 红外分光光度计 …… 87
2.10.3 旋光仪 …… 88
2.10.4 酸度计 …… 90
2.10.5 离子选择性电极和离子计 …… 92
2.10.6 电导率仪 …… 94
2.10.7 磁天平 …… 95

目 录

第3章 基本操作与基本理论的验证性实验
- 实验1 离子交换法纯化水 …… 98
- 实验2 氯化铵生成焓的测定 …… 104
- 实验3 化学反应速率和活化能的测定 …… 108
- 实验4 单、多相离子平衡 …… 113
- 实验5 半中和法测定醋酸的解离常数 …… 117
- 实验6 氯化铅活度积的测定 …… 120
- 实验7 氧化还原反应 …… 124
- 实验8 配合物的生成与性质 …… 128
- 实验9 Fe(III)-磺基水杨酸配合物的组成及其稳定常数的测定 …… 131

第4章 元素及其化合物的性质实验
- 实验10 p区重要非金属化合物的性质 …… 136
- 实验11 p区重要金属化合物的性质 …… 142
- 实验12 d区重要化合物的性质（一） …… 147
- 实验13 d区重要化合物的性质（二） …… 152
- 实验14 ds区重要化合物的性质 …… 157

第5章 无机化合物的制备实验
- 实验15 硫酸亚铁铵的制备 …… 163
- 实验16 无水四碘化锡的制备（微型实验） …… 167
- 实验17 十二钨硅酸和十二钨磷酸的制备及其酸度测定 …… 169
- 实验18 几何异构体配合物的合成、结构式确定及异构化速率常数的测定 …… 172
- 实验19 三(乙二胺)合钴(III)盐光学异构体的制备与拆分 …… 176

第6章 综合性、设计性与研究性实验
- 实验20 常见阳离子未知液的定性分析 …… 182
- 实验21 常见阴离子未知液的定性分析 …… 184
- 实验22 工业硫酸铜的提纯及其Fe(III)的限量分析（微型实验） …… 185
- 实验23 铬(III)配合物中配体的光谱化学顺序的测定 …… 188
- 实验24 硫代硫酸钠的制备和性质 …… 191
- 实验25 三草酸根合铁(III)酸钾的制备、组成、结构和性质 …… 194

第7章 无机化学实验常用数据
- 7.1 无机化学实验中一些溶液的配制方法 …… 198
- 7.2 常用弱酸在水中的解离常数（298 K，$I=0$） …… 200
- 7.3 常用弱碱在水中的解离常数（298 K，$I=0$） …… 201
- 7.4 常用微溶化合物的溶度积常数（298 K，$I=0$） …… 202

7.5　常用配合物的稳定常数 …………………………………………… 203
7.6　常用酸性溶液中电对的标准电极电势（298 K，$P^{\ominus}$=100 kPa）… 204
7.7　常用碱性溶液中电对的标准电极电势（298 K，$P^{\ominus}$=100 kPa）… 206
7.8　常见氢氧化物沉淀生成的 pH 条件 ……………………………… 207
7.9　常用缓冲溶液的 pH 范围 ………………………………………… 208
7.10　常用酸碱指示剂的变色范围 …………………………………… 208
7.11　常见离子和化合物的颜色 ……………………………………… 209
7.12　一些无机化合物的溶解度 ……………………………………… 216
7.13　实验室常用酸、碱溶液的浓度和密度（298 K）……………… 217
7.14　元素的相对原子质量 …………………………………………… 218
主要参考书目 ……………………………………………………………… 220

绪 论

　　无机化学实验是大学新生走进校门，接受化学、化学工程、环境工程、材料科学等专业系统教育的第一门化学实验课，实验效果如何，不仅关系到学生对无机化学及无机化学实验课程的理解和掌握程度，更重要的是直接影响学生的学习习惯和学生对后继化学及化学实验课程的学习兴趣。"好的开头是成功的一半"，对于学习无机化学及无机化学实验的学生，不管专业是什么，抓住无机化学实验课这个宝贵的机会，从点滴做起，努力培养自己求真务实、勤奋不懈、团结协作、百折不挠、追求创新的科学精神，定会为将来所从事的科学技术工作打下良好的基础。

一、无机化学实验的教学目的

　　1996年，国际21世纪教育委员会在其报告《教育——财富蕴藏其中》里指出"教育的任务是毫无例外地使所有人的创造才能和创造潜力都能结出丰硕的果实，这一目标比其他所有目标都重要。"江泽民同志说："创新是一个民族进步的灵魂，是国家兴旺发达的不竭动力。"为了迎接知识经济的挑战，我们必须着力培养大学生的创新能力，而创新能力的培养又必须紧密依托各门功课尤其是基础课的专业系统训练。

　　统计表明，在现代科学技术成千上万个学科中，80%属于交叉和综合学科。在这一大的发展趋势中，化学被提上了中心科学的位置。化学思维就是运用化学的基本理论、基本知识和基本技能去观察、思考、解决在物质世界所遇到的各种困难问题。事实证明，化学思维是一个创新人才必备的科学素质。

　　化学是一门以实验为基础的自然科学，化学实验在化学教学中起着举足轻重的作用。著名化学家戴安邦曾经指出："全面的化学教育要求化学既能传授化学知识与技术，更训练科学方法和思维，还培养科学精神和品德。"化学实验课是实施全面化学教育的一种最有效的教学形式。无机化学实验是使学生掌握无机化学知识、发展智力、培养创新能力和科学态度的重要教学环节，所以在大学生创新能力培养中，无机化学实验具有理论教学不可替代的地位和作用。

　　无机化学实验的教学目的概括如下：

　　(1) 通过实验教学，使学生熟悉无机化学实验的基本知识，掌握无机化学实验的基本操作技能，学会使用基本仪器测量实验数据。

（2）通过实验教学，使学生巩固和深化对无机化学基本概念和基本理论的理解，进一步熟悉元素及其化合物的重要性质，掌握无机化合物的一般制备、提纯和检验方法。

（3）通过实验教学，培养学生观察和分析实验现象，记录、处理、表达和分析实验数据的能力。

（4）通过"验证性实验—无机制备实验—综合设计性、研究性实验"三个层次的实验教学，从文献查阅、实验方案设计、动手实验、观察实验现象、获取和分析实验数据等各个环节全方位锻炼和培养学生分析问题、解决问题的创新能力，为今后的科学研究工作奠定基础。

（5）在培养学生智力因素的同时，培养学生的科学精神和优良学风，使他们初步体验到在艰辛的科研工作中好奇心和团结协作精神的重要性。

二、无机化学实验的学习方法

对于大学一年级学生来说，一般从以下几方面努力完成好每个实验。

1. 认真预习

同学们一定要做书籍、文献的主人，在你需要的时候，主动地去利用它们，发挥它们各自的长处，所以，希望同学们拿到一本书（尤其是教材）后先要从大处着眼，了解它的主要组成部分，以便在你日后使用时，灵活地翻阅相关内容。本书也不例外，不要做哪个实验就只看哪个实验。预习某个实验时，也许需要你学习或复习有关的基本操作、基本知识、数据处理方法，查阅有关基本数据，甚至把本书不同的实验内容或同一实验内容的本书实验方案与其他教材实验方案作对比。

通过预习应该做到：认真阅读实验教材，查阅其他相关的文献资料，做到对实验内容的深入理解，尽可能在实验前查到并记录有关的物理化学数据；理解有关基本操作的要领和仪器的使用方法，而不是死记硬背条条框框；对实验任务做到心中有数，对实验可能的结果作出估计，提出注意事项，明确实验的关键步骤，合理安排实验时间；在实验课之前，明确自己不太理解的问题，带着问题去上课，和老师、同学进行交流。

在此基础上，充分利用图表和符号，在你的"实验记录本"上整理出条理清楚、简明扼要的预习报告。预习报告完全是为你的实验服务的，如果你仅参考预习报告就能顺畅地完成实验，并清楚完整地记录了实验原始数据和实验现象，那么你的预习就很充分。预习时你若不求甚解，就不能摆脱对实验教材的依赖，就会使整个实验过程有很大的盲目性，科学实验有可能成为"机械地忙碌"或者"照方抓药",这样去上实验课,不能发挥你的主观能动性,收效甚微。

2. 积极参加课堂讨论,认真领会老师的讲解和引导

实验前或实验后教师组织的课堂讨论是学生向老师和同学学习的好时机,每位同学都要踊跃发言,积极表达自己的看法,不要担心自己的想法或做法不完美或不正确。对老师的示范动作,学生更要仔细观察,悉心领会,因为这是学习基本操作的捷径之一。

3. 手脑并用,有条不紊地完成实验内容

经过课堂讨论或教师讲解后,你应该对预习报告中的实验步骤有了更深刻的理解,经过对预习报告的适当完善和补充,你的思路应该更清晰,下面就是认真施行实验方案的时候了。

按照拟定的实验方案,独立操作,仔细观察实验现象,认真记录实验数据,做到边实验、边观察、边思考、边记录。上述要求听起来似乎太简单和太熟悉了,但真要做到并转化为自己的学习习惯,非需要每一位学习者持之以恒的努力不可。这就要求每一位同学务必从每一次实验课做起、从认真领会和掌握每一项基本操作技能做起,严格要求自己。

如果实验中现象不明显或得到异常现象,要及时记录在实验记录本上,先自己分析产生这种异常的原因,仍找不到正确答案时,再及时与老师或同学分析讨论,这是向实践学习和运用所学知识的好时机,要尽量弄清原因,善始善终,不要武断地下个"实验失败"的结论,就盲目地从头开始重做实验或干脆继续做下面的实验。

对于实验过程中产生的想法,既要有敢想敢做的精神,又要注意用基本的科学理论和科学概念指导自己的思考,使你的每一次尝试都应该有一个明确的想法,另外,还要注意当你的想法付诸实验时可能有潜在的危险性,这就是胆大心细的含义。为了实验的安全,一方面,要求你多了解一些与实验有关的物质的性质,多看看有关的文献,这是一个不断积累的过程;另一方面,对于你没有把握的内容,实验前要多和教师交流自己的想法,及时获得指导。

4. 及时撰写实验报告

撰写实验报告是培养学生思维能力、总结归纳能力和科技写作能力的有效途径。实验报告如一面镜子,能反映出实验者对基本知识的掌握程度、对实验方案的理解程度以及他的实验效果和学习态度。因此,实验报告一直是指导教师评价学生实验平时成绩的重要依据之一。

三、撰写实验报告的要求与格式

撰写实验报告应该注意把握实验报告的时效性、真实性、科学性和规范性。

时效性，就是实验完毕后要及时总结实验结果，尽快完成实验报告，及时把实验报告交给实验指导教师。

真实性，就是以你自己的实验原始记录为依据，做到言之有物。

科学性，就是用你所学的化学理论知识分析、总结实验现象，得出科学结论，做到学以致用、言之有理。

规范性，就是重视实验报告的形式和可读性，认真完成一份格式规范、语言准确、字迹工整的科学研究报告。

附　实验报告格式示例

"测定实验"实验报告格式示例

实验名称：摩尔气体常数 R 的测定

_____系_____专业_____年级_____班

学号_____姓名_____合作者_____实验日期_____

一、实验目的

1. 巩固分析天平的使用。
2. 练习测量气体体积的操作（量气管液面位置的观察、仪器装置的检漏）。
3. 进一步理解气体分压的概念。

二、实验原理

一定量的金属镁 $m(Mg)$ 和过量的稀酸作用，产生一定量的氢气 $m(H_2)$，在一定的温度(T)和压力(p)下，测定被置换的氢气体积 $V(H_2)$。根据分压定律，算出氢气的分压：$p(H_2)=p-p(H_2O)$。假定在实验条件下，氢气服从理想气体行为，可根据气态方程计算出摩尔气体常数 R：

$$R = \frac{p(H_2)V(H_2) \times 2.016}{m(H_2)T}$$

其中
$$m(H_2) = \frac{2.016 \times m(Mg)}{A_r(Mg)}$$

式中，$A_r(Mg)$ 为 Mg 的相对原子质量。所以

$$R = \frac{p(H_2)V(H_2)A_r(Mg)}{m(Mg)T}$$

三、实验步骤

1. 称量　用分析天平准确称取三份镁条，每份质量约(0.030 ± 0.005) g。
2. 安装　如图0.1所示，装配仪器，往量气管中加适量水，赶走气泡。

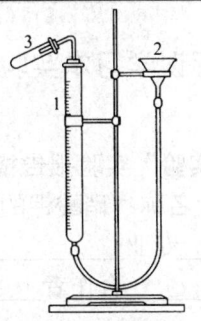

图 0.1 摩尔气体常数测定装置
1—量气管；2—漏斗；3—试管

3．检漏 把漏斗下移一段距离，并固定。如量气管中液面稍稍下降后（约 3~5 min）即恒定，量气管和漏斗内液面保持一高度差，说明装置不漏气。如果量气管和漏斗内液面仍保持水平，说明装置漏气，应检查原因，并改进装置，重复试验，直至不漏气为止。

4．测定 用漏斗加 5 mL 稀 H_2SO_4 到试管内（且勿使酸沾在试管壁上），用少量水润湿镁条，沾于试管上部内壁上。调整漏斗高度，使量气管液面保持在略低于刻度 0 的位置，塞紧磨口塞，检查是否漏气。使量气管和漏斗内液面保持同一水平，读量气管液面的位置，记录。抬高试管底部，使镁条与酸接触。同时降低漏斗位置，使两液面大体水平。待试管冷却至室温，保持两液面同一水平，记下液面位置，稍等 1~2 min 再记录液面位置。

5． 用另两份已称量的镁条重复测定实验。

四、数据记录和处理

实验序号	1	2	3
镁条质量 $m(Mg)/g$			
反应后量气管液面位置/mL			
反应前量气管液面位置/mL			
氢气体积 $V(H_2)/mL$			
室温 T/K			
大气压 p/Pa			
T 时水的饱和蒸气压 $p(H_2O)/Pa$			
氢气分压 $p(H_2)/Pa$			
摩尔气体常数 R			
$R_{平均}$			
相对误差 $\dfrac{R_{平均}-R_{理}}{R_{理}}\times 100\%$			

五、问题与讨论（结合实际谈学习本实验的收获、体会和意见）

"制备实验"实验报告格式示例
实验名称：硝酸钾的制备

_____系_____专业_____年级_____班
学号_____姓名_____合作者_____实验日期_____

一、实验目的

1. 利用 NaCl 和 KNO_3 在不同温度时溶解度不同的性质来制备硝酸钾。
2. 学习称量、溶解、加热、冷却、过滤等无机制备的基本操作。

二、实验原理

当 KCl 和 $NaNO_3$ 溶液混合时，混合溶液中同时存在 K^+、Na^+、Cl^-、NO_3^- 四种离子，由它们组成的四种盐，在不同的温度下有不同的溶解度，利用 NaCl、KNO_3 的溶解度随温度变化规律的不同，高温除去 NaCl 固体，滤液冷却得到 KNO_3。

三、实验步骤（工艺流程图）

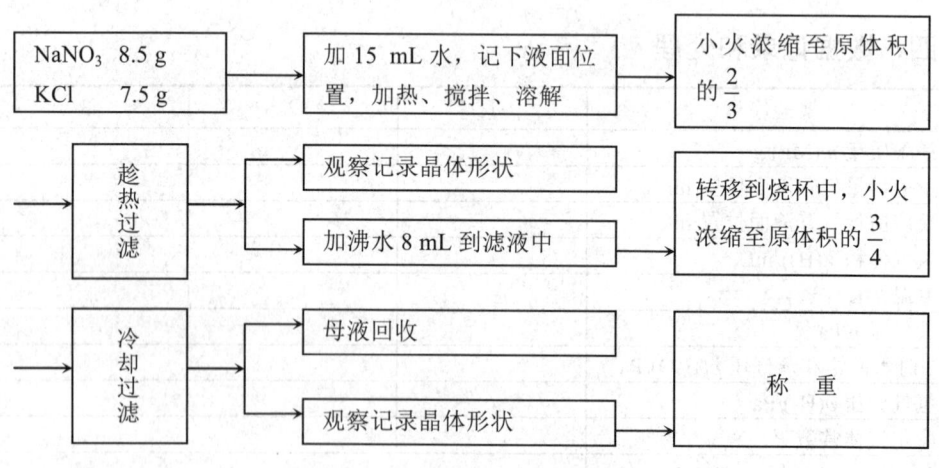

图 0.2　制备硝酸钾的工艺流程图

四、数据记录和处理

实验室温度：_____℃

理论产量： $KCl + NaNO_3 == KNO_3 + NaCl$

$$m(KNO_3) = \frac{8.5 \times 101}{85} = 10.1 \text{ g}$$

产品外观：

实际产量：

产率： $\frac{实际产量}{理论产量} \times 100\%$

五、问题与讨论（结合实际谈学习本实验的收获、体会和意见）

"验证性实验"实验报告格式示例
实验名称：单、多相离子平衡

_____系_____专业_____年级_____班
学号_____姓名_____合作者_____实验日期_____

一、实验目的

1. 加深理解单、多相解离平衡及其移动，盐类水解平衡及其移动等基本原理和规律。

2. 掌握在试管中加热液体，滴加溶液进行反应，固体取用和用试纸检验溶液性质等基本操作。

二、实验内容

实验步骤	现象	反应方程式	解释或结论
沉淀的生成 1. 试管 A：5 滴 0.5 mol·L^{-1} Pb(NO$_3$)$_2$+5 滴 0.01 mol·L^{-1} KCl	无沉淀产生		$K_{sp}(PbCl_2)=1.6\times10^{-5}$ $J=c(Pb^{2+})c^2(Cl^-)<K_{sp}$ 不满足沉淀生成条件
试管 B：5 滴 0.5 mol·L^{-1} Pb(NO$_3$)$_2$+5 滴 1 mol·L^{-1} KCl	有白色沉淀产生	$Pb^{2+}+2Cl^-==PbCl_2\downarrow$	$J=c(Pb^{2+})c^2(Cl^-)>K_{sp}$ 满足沉淀生成条件
2. 试管 A：5 滴 0.5 mol·L^{-1} Pb(NO$_3$)$_2$+5 滴 0.01 mol·L^{-1} KCl+5 滴 0.01 mol·L^{-1} KI	有黄色沉淀产生	$Pb^{2+}+2I^-==PbI_2\downarrow$	$K_{sp}(PbI_2)=1.6\times10^{-9}$ $J=c(Pb^{2+})c^2(I^-)>K_{sp}$ 满足沉淀生成条件

三、问题与讨论（结合实际谈学习本实验的收获、体会和意见）

第1章 基本知识

1.1 实验室基本知识

1.1.1 实验室规则

1. 实验前要认真预习，明确实验目的和要求，弄懂实验原理，了解实验方法，熟悉实验步骤，写出预习报告。
2. 严格遵守实验室各项规章制度，爱护公物，节约药品、水、电、气。
3. 实验前要认真清点仪器和药品，如有破损或缺少，应立即报告指导教师，按规定手续向实验室补领。实验中如有仪器损坏，应立即主动报告指导教师，进行登记，按规定价进行赔偿，再换取新仪器，不得擅自拿别的位置上的仪器。
4. 实验室要保持肃静，不得大声喧哗。实验应在规定的位置上进行，未经允许，不得擅自挪动。实验中要认真观察，如实记录实验现象；使用仪器时，应严格按照操作规程进行，药品应按规定量取用，无规定量的，应本着节约的原则，尽量少用。
5. 保持实验室整洁、卫生和安全。实验后应将仪器洗刷干净，将药品放回原处，摆放整齐，用洗净的湿抹布擦净实验台。实验过程中的废纸、火柴梗等固体废物，要放入废物桶（或瓶）内，以免堵塞水池或弄脏地面；规定回收的废液要倒入废液缸（或瓶）内，以便统一处理。严禁将实验仪器、化学药品擅自带出实验室。
6. 实验结束后，由同学轮流值日，值日生清扫地面和整理实验室，检查水龙头、门、窗是否关好，电源是否切断，在得到指导教师许可后方可离开实验室。

1.1.2 实验室安全守则

化学实验室是学习、研究化学的重要活动场所。在化学实验室中工作或学习，必然要和各种化学药品、电器设备、玻璃仪器及水、电、气等打交道。在这些化学药品中，有的有毒，有的有刺激性气味，有的有腐蚀性，有的易燃易爆，还有的可能致癌，使用不当都可能造成意外事故。因此，安全教育是贯穿化学实验课、化学研究、化工生产全过程的重要内容之一，化学实验工作者务必高度重视。在化学实验室工作或学习的每一个人都必须高度重视实验安全问题，要像重视实验一样认真阅读实验教材中有关的安全指导，熟悉实验的操作步骤和操作方法，了解有关化学药品的性能及实验中可能碰到的各种各样的危险，遵守如下规则：

1．熟悉实验室环境，了解与安全有关的设施（如水、电、气的总开关，消防用品、急救箱等）的位置和使用方法。

2．容易产生挥发性、刺激性物质以及有毒气体的实验应在通风橱内进行。

3．一切易燃、易爆物质的操作应在远离火源的地方进行。

4．金属钾、钠应保存在煤油或石蜡油中，白磷（或黄磷）应保存在水中，取用时必须用镊子，绝不能用手拿。

5．使用强腐蚀性试剂（如浓 H_2SO_4、浓 HNO_3、浓碱、液溴、浓 H_2O_2、HF 等）时，切勿溅在皮肤和衣服上；使用有毒试剂应严防进入口内或伤口。

6．用试管加热液体时，试管口不准对着自己或他人；不能俯视正在加热的液体，以免溅出的液体烫伤眼、脸；闻气体的气味时，鼻子不能直接对着瓶（管）口。

7．绝不允许将各种化学药品随意混合，以防发生意外；自行设计的实验，需和老师讨论后方可进行。

8．不准用湿手操作电器设备，以防触电。

9．加热器不能直接放在木质台面或地板上，应放在石棉板、绝缘砖或水泥地板上，加热期间要有人看管。加热后的坩埚、蒸发皿应放在石棉网或石棉板上，不能直接放在木质台面上，以防烫坏台面，引起火灾，更不能与湿物接触，以防炸裂。大型贵重仪器应有安全保护装置。

10．实验室内严禁饮食、吸烟、游戏打闹、大声喧哗。实验完毕后离开实验室前应将双手洗净。

化学实验室安全守则是人们长期从事化学实验工作的经验总结，是保持良好的工作环境和工作秩序，防止意外事故发生，保证实验安全顺利完成的前提，人人都应严格遵守。

1.1.3 实验室事故的处理

1．实验室的医药箱

实验室应配备医药箱，以便在发生意外事故时临时处置之用，不允许随便挪动或借用。医药箱应配备如下药品和工具：

（1）药品。碘酒、红药水、创可贴、止血粉、消炎粉、烫伤油膏、鱼肝油、甘油、无水乙醇、硼酸溶液（1%~3%，饱和）、2%醋酸溶液、1%~5%碳酸氢钠溶液、20%硫代硫酸钠溶液、20%硫酸镁溶液、1%柠檬酸溶液、5%硫酸铜溶液、1%硝酸银溶液、由 20%硫酸镁—18%甘油—水—1.2%盐酸普鲁卡因配成的药膏、紫草油软膏及硫酸镁糊剂、蓖麻油等。

（2）工具。医用镊子、剪刀、纱布、药棉、棉签、绷带、医用胶布等。

2．中毒急救

在实验过程中，若感到咽喉灼痛，嘴唇脱色或发紫，胃部痉挛，或恶心呕吐，心悸，头晕等症状时，则可能是中毒所致，经以下急救后，立即送医院抢救。

（1）固体或液体毒物中毒。嘴里若还有毒物者，应立即吐掉，并用大量水漱口；碱中毒，先饮大量水，再喝牛奶；误饮酸者，先喝水，再服氢氧化镁乳剂，最后饮些牛奶；重金属中毒，喝一杯含几克硫酸镁的溶液，立即就医；汞及汞化合物中毒，立即就医。

用作金属解毒剂的药物如表 1.1 所示。

表1.1　有害金属元素的解毒剂

有害金属元素	解 毒 剂
铜	R-青霉胺
镍	二乙氨基二硫代甲酸钠
铍	金黄素三羧酸
铊、锌	二苯硫腙
汞、镉、砷等	2,3-二巯基丙醇
铅、铀、钴、锌等	乙二胺四乙酸合钙酸钠

（2）气体或蒸气中毒。若不慎吸入溴蒸气、氯气、氯化氢、硫化氢等气体时，应立即到室外呼吸新鲜空气，必要时作人工呼吸或送医院治疗。

（3）酸或碱灼伤

①酸灼伤　先用大量水冲洗，再用饱和碳酸氢钠溶液或稀氨水冲洗，然后浸泡在冰冷的饱和硫酸镁溶液中半小时，最后敷以组成为 20%硫酸镁—18%甘油—水—1.2%盐酸普鲁卡因的药膏。酸溅入眼睛时，先用大量水冲洗，再用1%碳酸氢钠溶液洗，最后用蒸馏水或去离子水洗。伤势严重者，应立即送医院急救。

氢氟酸能腐蚀指甲、骨头，溅在皮肤上会造成痛苦的难以治愈的烧伤。皮肤若被烧伤，应用大量水冲洗 20 min 以上，再用冰冷的饱和硫酸镁溶液、70%酒精清洗半小时以上；或用大量水冲洗后，再用肥皂水（或 2%~5%碳酸氢钠溶液）冲洗，用 5%碳酸氢钠溶液湿敷局部，再敷以紫草油软膏及硫酸镁糊剂。

②碱灼伤　先用大量水冲洗，再用 1%柠檬酸、1%硼酸或 2%醋酸溶液浸洗，最后用水洗，再用饱和硼酸溶液洗，最后滴蓖麻油。

（4）溴灼伤　溴灼伤一般不易愈合，必须严加防范。凡用溴时应预先配制好适量 20%硫代硫酸钠溶液备用。一旦被溴灼伤，应立即用乙醇或硫代硫酸钠溶液冲洗伤口，再用水冲洗干净，并敷以甘油；若起泡，则不宜把水泡挑破。

（5）磷烧伤　用 5%硫酸铜溶液、1%硝酸银溶液或 10%高锰酸钾溶液冲洗伤口，并用浸过硫酸铜溶液的绷带包扎，或送医院治疗。

（6）其他意外事故处理

①割（划）伤　化学实验中要用到各种玻璃仪器，不小心容易被碎玻璃划伤或刺伤。若伤口内有碎玻璃渣或其他异物，应先取出。轻伤可用生理盐水或硼酸溶液擦洗伤处，并用 3%的 H_2O_2 溶液消毒，然后涂上红药水，撒些消炎粉，并用纱布包扎；伤口较深，出血过多时，可用云南白药或止血带，并立即送医院救治；玻璃溅进眼里，千万不要揉擦，任其流泪，速送医院处理。

②烫伤　一旦被火焰、蒸汽、红热玻璃、陶器、铁器等烫伤，轻者可用 10%高锰酸钾溶液擦洗伤处，撒上消炎粉，或在伤处涂烫伤药膏（如氧化锌药膏或鱼肝油药膏等），重者需送医院救治。

③触电　人体若通以 50 Hz、25 mA 交流电时，会感到呼吸困难，100 mA 以上则会致死，因此，使用电器必须制定严格的操作规程，以防触电。

已损坏的接头、插座、插头，或绝缘不良的电线，必须更换；电线有裸露的部分，必须绝缘；不要用湿手接触或操作电器；接好线路后再通电，用后先切断电源再拆线路；一旦遇到有人触电，应立即切断电源，尽快用绝缘物（如竹竿、干木棒、绝缘塑料管棒等）将触电者与电源隔开，切不可用手去拉触电者。

1.1.4　实验室消防

1. 预防为主，消除隐患

化学实验室是消防安全重点单位，应坚持贯彻预防为主的方针。

（1）对一些易燃、易爆的危险药品，必须严格按照操作规程进行管理和使用，以防火灾等事故的发生。一些常见的危险药品如表 1.2 所示。

表 1.2　危险药品的分类、性质与管理

类别	举例	性质	注意事项
爆炸品	硝酸铵、苦味酸、三硝基甲苯	遇高热摩擦、撞击等，引起剧烈反应，放出大量气体和热量，产生猛烈爆炸	存放在阴凉、低下处。轻拿轻放

续表

类别		举例	性质	注意事项
易燃品	易燃液体	丙酮、乙醚、甲醇、乙醇、苯等有机溶剂	沸点低、易挥发，遇火则燃烧，甚至引起爆炸	存放在阴凉处，远离热源。使用时注意通风，不得有明火
	易燃固体	赤磷、硫、萘、硝化纤维	沸点低，受热、摩擦、撞击或遇氧化剂，可引起剧烈连续燃烧、爆炸	
	易燃气体	氢气、乙炔、甲烷	因受热、撞击引起燃烧，与空气按一定比例混合则会爆炸	使用时注意通风，如钢瓶气不得在实验室存放
	遇水易燃品	钠、钾	遇水剧烈反应，产生可燃气体并放出热量，此反应热会引起燃烧	保存于煤油中，切勿与水接触
	自燃品	黄磷	在适当温度下被空气氧化放热，达到燃点而引起自燃	保存于水中
氧化剂		硝酸钾、氯酸钾、过氧化氢、过氧化钠、高锰酸钾	具有强氧化性，遇酸、受热与有机物、易燃品、还原剂等混合时因反应引起燃烧或爆炸	不得与易燃品、爆炸品、还原剂等一起存放
剧毒品		氰化钾、三氧化二砷、升汞、氯化钡	剧毒，少量侵入人体（误食或接触伤口）引起中毒甚至死亡	专人、专柜保管，现用现领，用后的剩余物，不论是固体还是液体都应交回保管人，并应设有使用登记制度
腐蚀性药品		强酸、氟化氢、强碱、溴水、酚	具有腐蚀性，触及物品造成腐蚀、破坏，触及人体皮肤引起化学烧伤	不要与氧化剂、易燃品、爆炸品放在一起

（2）煤气开关应该经常检查，保持完好，煤气灯和橡皮管使用前也要仔细检查。发现漏气，立即熄灭室内所有火源，打开门窗，关闭煤气总阀，用肥皂水找出漏气处，设法排除险情，若不能自己解决，立即告知有关单位及时抢修。

（3）大量溢水也是实验室中时有发生的事故，为了保持下水道畅通应注意水槽的清洁，废纸、碎玻璃等物应扔入废物缸中。化学实验室冷凝管的冷却水不宜开得过大，万一水压高时，橡皮管弹开会引起事故。

2. 自行灭火

当实验室不慎起火时，一定要冷静处置，一方面要抓住起火的初始阶段，妥善自行灭火，另一方面，应根据情况需要及时报火警，争取外援。

由于物质燃烧需要空气和一定的温度，所以灭火的原则是降温或将燃烧的物质与空气隔绝。以下是一些常见灭火操作。

（1）小火用湿布、石棉布覆盖燃烧物即可灭火，大火可用泡沫灭火器灭火。对活泼金属 Na、K、Mg、Al 等引起的着火，应用干燥的细沙覆盖灭火。有机溶剂着火，切勿用水灭火，而应用二氧化碳灭火器、沙子和干粉等灭火。

（2）在加热时着火，应立即停止加热，关闭煤气总阀，切断电源，把一切易燃易爆物移至远处。

（3）电器设备着火，应先切断电源，再用四氯化碳灭火器灭火，也可用干粉灭火器或 1211 灭火器灭火。有关灭火器常识见表 1.3。

表 1.3 常用灭火器种类及其适用范围

灭火器种类	适用范围
泡沫灭火器	用于一般失火及油类着火。此种灭火器是由 $Al_2(SO_4)_3$ 和 $NaHCO_3$ 溶液作用产生大量的 $Al(OH)_3$ 及 CO_2 泡沫，泡沫把燃烧物质覆盖与空气隔绝而灭火。因为泡沫能导电，所以不能用于扑灭电器设备着火
四氯化碳灭火器	用于电器设备及汽油、丙酮等着火。此种灭火器内装液态 CCl_4。CCl_4 沸点低，相对密度大，不会被引燃，所以把 CCl_4 喷射到燃烧物的表面，CCl_4 液体迅速气化，覆盖在燃烧物上面而灭火
1211 灭火器	用于油类、有机溶剂、精密仪器、高压电器设备。此种灭火器内装 CF_2ClBr 液化气，灭火效果好
二氧化碳灭火器	用于电器设备失火及忌水的物质着火。内装液态 CO_2
干粉灭火器	用于油类、电器设备、可燃气体及遇水燃烧等物质的着火。内装 $NaHCO_3$ 等物质和适量的润滑剂和防潮剂。此种灭火器喷出的粉末能覆盖在燃烧物上，组成阻止燃烧的隔离层，同时它受热分解出 CO_2，能起中断燃烧的作用，因此灭火速度快

（4）当衣服上着火时，切勿慌张跑动，应赶快脱下衣服或用石棉布覆盖着火处，或在地上卧倒打滚，起到灭火的作用。

1.1.5 实验室三废的处理

在化学实验室中会遇到各种有毒的废渣、废液和废气（简称三废），如不加处理随意排放，就会对周围的环境、水源和空气造成污染，形成公害。三废中的有用成分，不加回收，在经济上也是个损失。通过处理，消除公害，变废为宝，综合利用，也是实验室工作的重要组成部分。

1. 废渣处理

有回收价值的废渣应收集起来统一处理，回收利用，少量无回收价值的有毒废渣也应集中起来分别进行处理或深埋于远离水源的指定地点。

（1）对钠、钾屑及碱金属、碱土金属氢化物、氨化物，应悬浮于四氢呋喃中，在搅拌下慢慢滴加乙醇或异丙醇至不再放出氢气为止，再慢慢加水澄清后冲入下水道。

（2）硼氢化钠（钾）用甲醇溶解后，用水充分稀释，再加酸并放置，此时有剧毒硼烷产生，所以应在通风橱内进行，其废液用水稀释后冲入下水道。

（3）酰氯、酸酐、三氯化磷、五氯化磷、氯化亚砜等在搅拌下加入大量水冲走。

（4）沾有铁、钴、镍、铜催化剂的废纸、废塑料，变干后易燃，不能随便丢入废纸篓内，应趁未干时，深埋于地下。

（5）对重金属及其难溶盐，能回收的尽量回收，不能回收的集中起来深埋于远离水源的地下。

2. 废液处理

（1）废酸、废碱液　将废酸（碱）液与废碱（酸）液中和至 pH=6~8 后排放；如有沉淀应过滤后排放。

（2）氰化物废液　少量含氰废液可加入硫酸亚铁使之转变为毒性较小的亚铁氰化物冲走，也可用碱将废液调到 pH>10 后，用适量高锰酸钾将 CN^- 氧化。大量含氰废液则需将废液用碱调至 pH>10 后，加入足量的次氯酸盐，充分搅拌，放置过夜，使 CN^- 分解为 CO_3^{2-} 和 $N_2(g)$ 后，再将溶液 pH 调到 6~8 排放。

$$2CN^- + 5ClO^- + 2OH^- == 2CO_3^{2-} + N_2\uparrow + 5Cl^- + H_2O$$

（3）含砷废水

①石灰法　将石灰投入到含砷废水中，使生成难溶的砷酸盐和亚砷酸盐。

$$As_2O_3 + Ca(OH)_2 == Ca(AsO_2)_2\downarrow + H_2O$$

$$As_2O_5 + 3Ca(OH)_2 == Ca_3(AsO_4)_2\downarrow + 3H_2O$$

②硫化法　用 H_2S 或 NaHS 作硫化剂，使之生成难溶硫化物沉淀，沉降分离后，调溶液 pH=6~8 后排放。

③镁盐脱砷法 在含砷废水中加入足够的镁盐，调节镁砷比为8~12，然后利用石灰或其他碱性物质将废水中和至弱碱性，控制 pH=9.5~10.5，利用新生的氢氧化镁与砷化合物的共沉积和吸附作用，将废水中的砷除去。沉降后，将溶液 pH 调到 6~8 后排放。

（4）含汞废水处理

①化学沉淀法 在含 Hg^{2+} 的废液中通入 H_2S 或加入 Na_2S，使 Hg^{2+} 形成 HgS 沉淀。为防止形成 HgS_2^{2-} 可加入少量 $FeSO_4$，使过量 S^{2-} 与 Fe^{2+} 作用生成 FeS 沉淀。过滤后残渣可回收或深埋，滤液调 pH=6~8 后排放。

②还原法 利用镁粉、铝粉、铁粉、锌粉等还原性金属，将 Hg^{2+}，Hg_2^{2+} 还原为单质 Hg。

③离子交换法 利用阳离子交换树脂把 Hg^{2+}，Hg_2^{2+} 交换于树脂上，然后再回收利用。

（5）含铬废水处理

①铁氧体法 在含 Cr(Ⅵ) 的酸性溶液中加硫酸亚铁，使 Cr(Ⅵ) 还原为 Cr(Ⅲ)，再用 NaOH 调 pH 至 6~8，并通入适量空气，控制 Cr(Ⅵ) 与 $FeSO_4$ 的比例，使生成难溶于水的组成类似于 Fe_3O_4 (铁氧体)的氧化物(此氧化物有磁性)，借助于磁铁或电磁铁可使其沉淀分离出来，达到排放标准($0.5\ mg \cdot L^{-1}$ 以下)。

②离子交换法 含铬废水中，除含有 Cr(Ⅵ)外，还含有多种阳离子。通常将废液在酸性条件下(pH=2~3) 通过强酸性 H 型阳离子交换树脂，除去金属阳离子，再通过大孔弱碱性 OH 型阴离子交换树脂，除去 SO_4^{2-} 等阴离子，流出液为中性，可作为纯水循环再用。

阳离子树脂用盐酸再生，阴离子树脂用氢氧化钠再生，再生可回收铬酸钠。

3. 废气处理

当进行产生有毒气体的实验时，应在通风橱中进行。应尽量安装气体吸收装置来吸收这些气体，然后进行处理。例如卤化氢、二氧化硫等酸性气体，可以用 NaOH 溶液吸收后排放；碱性气体用酸溶液吸收后排放；CO 可点燃转化为 CO_2 气体后排放。

1.2 化学试剂的分类、等级和包装

1.2.1 化学试剂分类

化学试剂是用以研究其他物质的组成、性状及其质量优劣的纯度较高的化学物质。化学试剂的纯度级别及其类别和性质，一般在标签的左上方用符号注

明，规格则在标签的右端，并用不同颜色的标签加以区别。

国际纯粹化学与应用化学联合会(IUPAC)对化学标准物质的分类如表 1.4 所示。其中 C 级与 D 级为滴定分析标准试剂，E 级为一般试剂。

表 1.4　IUPAC 对化学标准物质的分类

A 级	原理量标准
B 级	基准物质
C 级	质量分数为 100%±0.02%的标准试剂
D 级	质量分数为 100%±0.05%的标准试剂
E 级	以 C 级和 D 级试剂为标准进行的对比测定所得的纯度或相当于这种纯度的试剂，比 D 级的纯度低

1.2.2　化学试剂的等级

按照药品中杂质含量的多少，我国生产的化学试剂分为四个等级（表 1.5）。

表 1.5　化学试剂的级别与适用范围

级　别	一级品	二级品	三级品	四级品
中文名称	保证试剂	分析纯试剂	化学纯试剂	实验试剂
英文名称	Guaranteed Reagent	Analytical Reagent	Chemically Pure	Laboratorial Reagent
英文缩写	GR	AR	CP	LR
标签颜色	绿色	红色	蓝色	棕色或黄色
适用范围	精密的分析及研究工作	一般的分析研究及实验工作		一般性的化学实验及教学工作

随着科学技术的发展，对化学试剂的纯度要求也愈加严格和专门化，因而出现了具有特殊用途的专门试剂。如以符号 CGS 表示的高纯试剂；以 GC、GLC 表示的色谱纯试剂；以 BR、CR、EBP 表示的生化试剂等。

各种级别的试剂因纯度不同价格相差很大。为了节约，实践中应根据实验的不同要求选用适当规格的试剂。

1.2.3　化学试剂的包装

化学试剂在分装时，一般把固体试剂装在广口瓶中，把液体试剂或配制的溶液盛放在细口瓶或带有滴管的滴瓶中，而把见光易分解的试剂或溶液（如硝酸银等）盛放在棕色瓶中。每一试剂瓶上都贴有标签，上面写有试剂的名称、规格或溶液的浓度以及日期，可在标签外面涂上一层蜡或蒙上一层透明胶纸来保护它。

1.3 无机化学实验的数据表达与处理

在化学实验中常常需要进行许多定量测定，并由测定的数据经过计算而得到实验的结果。而实验结果的准确度都有一定的要求，因此在测定过程中，除了选用合适的仪器和正确的操作方法之外，还需要科学地处理实验数据，使实验的测定结果与真实值尽可能相符，所以掌握误差和有效数字的概念，以及正确的作图方法，并把它们应用于实验数据的分析和处理中是十分必要的。

1.3.1 误差的概念和数据记录

1. 准确度和误差

准确度是指测定值与真实值符合的程度，用"误差"来量度。误差愈小，表示测量结果准确度愈高；反之，准确度愈低。误差是指测定值与真实值之差。测定误差越小，表示实验时测定结果的准确度越高，通常误差的表示方法有绝对误差和相对误差。

绝对误差指测定值与真实值之差即：

绝对误差 = 测定值 − 真实值 (单位与测定值相同)

相对误差指绝对误差与真实值之比即：

$$相对误差 = \frac{(测定值-真实值)}{真实值} \times 100\%$$

例：真实值为 0.100 0 g 的样品，称出的测定值为 0.102 0 g。

绝对误差=0.102 0 g − 0.100 0 g=0.002 0 g

$$相对误差 = \frac{0.002\ 0}{0.100\ 0} \times 100\% = 2.0\%$$

又：真实值为 1.000 0 g 的样品，称出的测定值为 1.002 0 g。

绝对误差=1.002 0 g − 1.000 0 g=0.002 0 g(与上例相同)

$$相对误差 = \frac{绝对误差}{试样质量} \times 100\% = \frac{0.002\ 0}{1.000\ 0} \times 100\% = 0.2\% \ (为上例的 \frac{1}{10})$$

从上面的例子可以看出绝对误差与被测值的大小无关，而相对误差与被测值的大小有关，在绝对误差相同时，若被测值越大，则相对误差越小，因此用相对误差来反映测定值与真实值之间的偏离程度比用绝对误差来衡量测定值与真实值之间的偏离程度更为合理。

2. 精密度和偏差

精密度指测量结果的相互接近程度，精密度高不一定准确度高，通常由于被测量的真实值很难准确知道，我们可以用多次重复测量结果的平均值代替真实值，这时单次测量的结果与平均值之间的偏离称为偏差。偏差与误差一样，也有绝对偏差和相对偏差之分。

绝对偏差 = 单次测定值 − 平均值

$$相对偏差 = \frac{(单次测定值 - 平均值)}{平均值} \times 100\%$$

从相对偏差的大小可以反映出测量结果的精密度，相对偏差小，则可视为重现性好，即精密度高。

3. 准确度与精密度的关系

如前所述，精密度指测量中数值重复性的大小，准确度指所测数值与真实值的符合程度。在一组测量值中，尽管精密度高，但准确度不一定高。精密度是保证准确度的先决条件，准确度高，则精密度一定高。

准确度与精密度的区别可通过下例来说明：甲、乙、丙三个运动员 10 次射击结果是：甲 10 次射击均基本上命中靶心，表示精密度与准确度都很好；乙 10 次射击点均集中在偏离靶心的某一边，表示精密度很好，但准确度不高；丙 10 次射击点分散在全靶面，表示准确度与精密度都不好。

4. 误差来源及分类

根据误差的性质和产生的原因可把误差分为三类：

（1）系统误差　在做多次重复测量时，由于某种固定因素的影响，使结果总是偏高或偏低，这些固定的因素通常包括实验方法不完善、所用的仪器准确度差、药品不纯、个人的习惯与偏向等。实验系统误差可以用改善方法、校正仪器、提纯药品等措施来减少或消除。

（2）偶然误差　偶然误差是指重复测定中，每次测量结果都有些不同，有时偏高些，有时偏低些，这种误差产生的原因通常难以察觉，例如在滴定管读数时，最后一位数字要估计到 0.01 mL，初学者难免估计得有些不准确，有时产生正误差，有时产生负误差。通常我们可采用"多次测定，取平均值"的方法来减少偶然误差。

（3）过失误差　过失误差是一种人为的误差，它主要由于工作粗枝大叶，不遵守操作规程等原因而造成。在确知因过失差错而引进误差时，在数据处理过程中应剔除该次测量的数据，通常只要我们加强责任感，对工作认真细致，过失误差是完全可以避免的。

5. 提高实验精确度的方法

虽然误差在定量实验中总是客观存在的，但必须设法尽量减小。减小误差的方法有以下几方面：

（1）选择合适的测量方法 各种测量方法的相对误差和灵敏度是不同的（灵敏度是在测量的条件下所能测得的最小值）。例如，重量法和仪器测量法，前者相对误差比较小（一般为 ±0.2%），但灵敏度低，后者相对误差比较大（一般为 ±2%），但灵敏度高。因此，测量含量较高的元素可用重量法，而测量含量低的元素时，重量法的灵敏度一般达不到要求，应采用灵敏度高的仪器测量法。

（2）减少测量误差 应根据不同的方法，不同的仪器和不同的要求确定待测量的最小实验量。在重量法中，主要操作是称量。由于一般分析天平称量的绝对误差为 ±0.0002 g。如果使测量时的相对误差在 0.1% 以下，试样的质量就不能太小。因为：

$$相对误差 = \frac{绝对误差}{试样质量} \times 100\%$$

$$试样质量 = \frac{绝对误差}{相对误差} \times 100\% = \frac{0.0002}{0.1\%} = 0.2 \text{ g}$$

此时要求试样必须在 0.2 g 以上。

不同的测量任务要求的准确度不同。如用仪器测量法，称取试样 0.5 g，试样的称量误差不大于 0.5×2%＝0.01 g 即行，不必要强调称准到 0.0001 g。

（3）减小偶然误差 在系统误差很小的情况下，平行测量的次数越多，所得的平均值就越接近真实值，偶然误差对平均值的影响也就越小。通常要求平行测量 2～4 次以上，以获得较准确的测量结果。

（4）改进实验方法 为消除固定性的系统误差（其数值和符号在测量时总是保持恒定的），常采用交换抵消法，即进行两次测量，在这两次测量中将测量中的某些条件（例如被测物所处的位置等）相互交换，使产生系统误差的原因对两次测量的结果起相反的作用，从而使系统误差抵消。例如，通过交换被测物与砝码的位置，取两次称量结果的平均值作为被测物的质量，可以抵消等臂天平由于实际不等臂而引起的系统误差。

（5）对照实验 用标准件、标准样品作对照实验。校测后以修正值的方式加入测量值中，以消除系统误差。

也常用空白实验的方法，来减小系统误差。即从试样测量结果中扣除空白值，就得到比较可靠的结果。

此外，对于仪器不准所引起的系统误差，可通过校准仪器来减小其影响。例如，砝码、滴定管和移液管等的校正。

1.3.2 化学计算中的有效数字

在化学实验中，经常要根据实验测得的数据进行化学计算，但是在测定实验数据时，应该采用几位数字？在化学计算时，计算的结果应该保留几位数字？这些都是需要首先解决的问题。为了解决这两个问题，需要了解有效数字的概念。

1. 有效数字的概念

在实验中，我们使用的仪器所标出的刻度的精确程度总是有限的。例如 50 mL 量筒，最小刻度为 1 mL，在两刻度间可再估计一位，所以，实际测量读数能读至 0.1 mL，如 34.5 mL 等。若为 50 mL 滴定管，最小刻度为 0.1 mL，再估计一位，可读至 0.01 mL，如 24.78 mL 等。总之，在 34.5 mL 与 24.78 mL 这两个数字中，最后一位是估计出来的，是不准确的。通常把只保留最后一位不准确数字，而其余数字均为准确数字的这种数字称为有效数字。也就是说，有效数字实际上是能测出的数字。

由上述可知，有效数字与数学上的数有着不同的含义。数学上的数只表示大小。有效数字则不仅表示量的大小而且反映了所用仪器的准确程度。例如，"取 NaCl 6.5 g"，这不仅说明 NaCl 质量 6.5 g，而且标明用感量 0.1 g（或 0.5 g）的托盘天平称就可以了。若是"取 NaCl 6.500 0 g，则表明一定要在分析天平上称。

这样的有效数字还表明了称量误差。对感量 0.1 g 的托盘天平，称 6.5 g NaCl，绝对误差为 0.1 g，相对误差为：

$$\frac{0.1}{6.5} \times 100\% = 2\%$$

对感量为 0.000 1 g 的分析天平称 6.500 0 g NaCl，绝对误差为 0.000 1 g，相对误差为：

$$相对误差 = \frac{0.000\ 1}{6.500\ 0} \times 100\% = 0.002\%$$

所以，记录测量数据时，不能随便乱写，不然便会夸大或缩小了准确度。例如，用分析天平称 6.500 0 g NaCl 后，若记成 6.50 g，则相对误差就由 $\frac{0.000\ 1}{6.500\ 0} \times 100\% = 0.002\%$ 夸大到 $\frac{0.01}{6.50} \times 100\% = 0.2\%$。

因此，有效数字的位数与仪器的准确度有关。高于或低于仪器的准确度都是不恰当的。"0"的作用是值得注意的，不同的"0"在数字中起的作用是不同的，有时是有效数字，有时则不是，这与"0"在数字中的位置有关。

下面一组数据的有效数字位数如下：

0.027 5	2.006 5	6.500 0	0.003 0	54 000
三位	五位	五位	二位	不确定

数字 1、2、3、4、5、6、7、8、9 都可作为有效数字，只有"0"有些特殊。"0"在数字前，仅表示小数点的位置，不属于有效数字。小数点的位置与测量所用的单位有关。如测得某物质量 27.5 g，若要换算为以 kg 为单位，则得 0.027 5 kg，单位的变换并不引起有效数字的增减。因 0.027 5 仍为三位有效数字。

"0"在数字的中间或数字后面时，则表示一定的数量，应当包括在有效数字的位数中。如 2.006 5 为五位有效数字；6.500 0 为五位有效数字；而 0.003 0 只有 2 位有效数字。

以"0"结尾的正整数，有效数字的位数不定。如 54 000 可能是二位、三位、四位、五位，这种数应根据测量仪器和观察的精确程度用科学记数法表示，以明确有效数字的位数。如为二位，则写成 5.4×10^4，如为三位则写成 5.40×10^4 等等。

此外，常数不算作有效数字。在计算过程中，常数所取的位数不应小于参加运算的各数据中的最小位数。

总之，要能正确判别与书写有效数字。下面列出了一些数字，并指出了它们的有效数字位数：

6.500 0	60 009	五位有效数字
23.14	0.060 10%	四位有效数字
0.017 3	1.56×10^{-10}	三位有效数字
48	0.000 050	二位有效数字
0.002	5×10^5	一位有效数字
54 000	100	有效数字位数不确定

2．实验数据的记录

当对一个直接测量值进行记录时，所记数字的位数必须与仪器的精密度相符合。

数据记录一般包括题目、日期、实验条件（如室温、大气压等）、仪器型号、试剂名称、级别、溶液的浓度以及直接测量的数据（包括数据的符号和单位）。记录时尽可能采用表格形式。数据记录一定要做到准确完整，条理分明，实事求是，切忌带主观因素，决不能随意拼凑和伪造数据。若在实验中发现数据测错或读错而需改动时，可将该数据用一横线划去，并在旁边写上正确的数据，切勿乱涂乱画，这是为了保留原有记录的原始数据，方便日后查询，同时也是为了养成整洁的习惯。

3. 有效数字的运算规则

（1）**加法和减法**　在计算几个数字相加或相减时，所得的和或差的有效数字位数，应以小数点后位数最小的数为准。

例如：将 2.011 3，31.25 及 0.357 三个数相加时，见下式（可疑数以?标出）：

$$\begin{array}{r} 2.011\,3 \\ ? \\ 31.25 \\ ? \\ +\ 0.357 \\ ? \\ \hline 33.618\,3 \rightarrow 33.62 \\ ??? \end{array}$$

可见，小数点后位数最少的数 31.25 中的 5 已是可疑，相加后使得和 33.618 3 中的 1 也可疑。所以再多保留几位已无意义，也不符合有效数字只保留一位可疑数字的原则。这样相加后，按"四舍六入五取双"的规则处理，结果应是 33.62。

为了看清加减法应保留的位数，上例采用了先运算后取舍的方法。但是，在一般情况也可先取舍后运算。即：

$$\begin{array}{rcl} 2.011\,3 & \rightarrow & 2.01 \\ 31.25 & \rightarrow & 31.25 \\ +\ 0.357 & \rightarrow & \underline{0.36} \\ & & 33.62 \end{array}$$

（2）**乘法和除法**　在计算几个数相乘或相除时，其积或商的有效数字位数应以有效数字位数最少的数为准。如 1.312 与 23 相乘时：

$$\begin{array}{r} 1.312 \\ ? \\ 23 \\ ? \\ \hline 3936 \\ ???? \\ 2624 \\ ? \\ \hline 30.176 \\ ???? \end{array}$$

显然，由于 23 中的 3 是可疑的，就使得积 30.176 中的 0 也可疑。所以保留两位即可，其余按"四舍六入五取双"处理，结果就是 30。

同加减法一样，也可先取舍后运算。即：

$$1.312 \rightarrow 1.3$$
$$23 \rightarrow 23$$
$$39$$
$$26$$
$$29.9 \rightarrow 30$$

另外，对于第一位的数值等于或大于 8 的数，则有效数字的总值数可多算一位。例如：9.15 虽然只有三位数字，但第一位数大于 8，所以运算时可看作四位。

（3）对数 进行对数运算时，对数值的有效数字只由尾数部分的位数决定。首数部分为 10 的幂数，不是有效数字。

例如，2 345 为四位有效数字，其对数 lg2 345＝3.370 1，尾数部分仍保留四位，首数"3"不是有效数字。不能记成 lg2 345＝3.370，这只是三位有效数字，就与原数 2 345 的有效数字位数不一致了。

在化学中对数运算很多，如 pH 值的计算，若$[H^+]=4.9\times10^{-11}$，这是两位有效数字，所以 $pH=-lg[H^+]=10.31$，有效数字仍只有二位。反过来，由 pH＝10.31 计算$[H^+]$时，也只能记作$[H^+]=4.9\times10^{-11}$而不能记成 4.989×10^{-11}。

（4）使用计算器 虽然用计算器进行运算时能显示出许多位数，但在运算结果取数时，必须注意保留适当的有效数字的位数。这是因为测量结果数值计算的准确度不应该超过测量的准确度。

1.3.3 实验数据的处理方法

实验数据的处理方法有列表法、手工作图法、数学方程式法和计算机处理法。

1. 列表法

将实验数据列成表格，排列整齐，数据变化规律一目了然，这是数据处理中最简单的方法，列表时应注意以下几点：

（1）表格要有名称，按序编号，表内内容表达要清楚，表格具有独立性。

（2）每行（或列）的开头一栏都要列出物理量的名称和单位，并把二者表示为相除的形式。因为物理量的符号本身是带有单位的，除以它的单位，即等于表中的纯数字。

（3）数字要排列整齐，小数点要对齐，公共的乘方因子应写在开头一栏与物理量符号相乘的形式，并为异号。

（4）表格中表达的数据顺序为：由左到右，由自变量到因变量，可以将原始数据和处理结果列在同一表中，但应以一组数据为例，在表格下面列出算式，写出计算过程。

2．手工作图法

将实验数据用几何图形表示出来的方法称为图解法。图解法能简明地揭示出各度量之间的关系，例如数据中的极大值、极小值、拐点、周期性等。利用图形作进一步的处理，还可以求出斜率、截距和外推值等。另外，根据多次测试的数据所描绘的图像，一般具有"平均"的意义，从而也可以发现和消除一些偶然误差。所以图解法在数据处理上是一种重要的方法，现把作图方法简略介绍如下：

（1）坐标纸、坐标轴的分度选择　最常用的坐标纸是直角坐标纸，有时根据需要也用对数坐标纸。坐标纸大小选择要合适。既不要太小，以致影响原数据的有效数字位数，又不要太大而超过原数据的精密度。习惯上以横坐标表示自变量，纵坐标表示因变量。坐标轴的分度（即每条坐标线所代表的数值大小）要考虑以下几点：

①能表示出全部有效数字，从图中读出的物理量的精密度应与测量的精密度一致。通常可采取读数的绝对误差在图纸上约相当于 0.5~1 个小格（最小分度），即 0.5~1 mm。例如用分度为 1℃温度计测量温度时，读数可能有 0.1℃的误差，则选择的比例尺应使 0.1℃相当于 0.5~1 小格。

②坐标标度应取容易读数的分度，即每单位坐标格子应代表 1、2 或 5 的倍数，而不要采用 3、6、7、9 的倍数。而且应把数字标示在图纸逢五或逢十的粗线上。

③坐标的原点不一定要定为变量的零点，要考虑图纸的充分利用。因此，常用低于最低值的某一整数作起点，而将高于最高值的某一整数作终点，使图形占满整张坐标纸。如果作直线或接近于直线的曲线，则应使直线与横坐标的夹角在 45°左右。

④分度确定后，画上坐标轴，在轴旁注明该轴变量的名称及单位，并在纵轴的左面和横轴的下面，每隔一定距离写明该处变量的值，以便于作图和读数。

（2）根据数据描点　把对应于各组数据的点描到坐标纸上，每一个点不仅要表示出测出的数据，还要能表示该数据的误差范围。如果自变量和因变量的误差范围相近，习惯上就用圆点符号"○"表示，圆心表示测得的数据，圆的半径为误差范围。如果两者的误差范围相差较大，则可在点的周围用矩形框出它们的误差范围。

如果在同一图中要画出几组不同的数据，则各组的点应该用不同的符号标出。表示某一读数的点可用"○""×""⊙""△""◇""□"等不同符号表示，决不可只点一小点"."表示。

（3）作曲线　根据坐标纸上各点的分布情况作一曲线。作曲线时，不一定需要全部通过各个点,只要不在线上的点均匀地分布在线的两侧附近即可,作出的曲线应是光滑的。如果发现有个别点远离曲线,又不能判断被测物理量在此区域会发生突变,就要分析一下是否有偶然性的过失误差,如属这一情况时可不考虑这点。但不可毫无理由地随意把某些点丢弃不顾。

(4) 求直线的斜率　求直线的斜率时,要从线上取点。对直线 $y = mx + b$,其斜率 $m = \dfrac{y_2 - y_1}{x_2 - x_1}$。即将二个点$(x_1, y_1)$、$(x_2, y_2)$的坐标值代入即可算出。为了减少误差,所取两点不宜相隔太近。特别要注意的是,所取之点必须在线上,不能取实验中的两组数据代入计算(除非这两组数据代表的点恰在线上且相距足够远)。计算时应注意是两点坐标差之比,不是纵横坐标线段长度之比,因为纵横坐标的比例尺可能不同,以线段长度之比求斜率,可能导出错误的结果。

3. 数学方程式法

将一组实验数据用数学方程式表达出来是最为精炼的一种方法。它不但方式简单而且便于进一步求解,如积分、微分、内插等。此法首先要找出变量之间的函数关系,然后将其线性化,进一步求出直线方程的斜率和截距,即可写出方程式。求直线方程斜率和截距有平均法和最小二乘法,现分别简单介绍如下。

(1) 平均法　若将测得的 n 组数据分别代入直线方程,则得 n 个直线方程

$$y_1 = mx_1 + b$$
$$y_2 = mx_2 + b$$

将这些方程分成两组,分别将各组的 x、y 值累加起来,得到两个方程解此联立方程,可得 m、b 值。

(2) 最小二乘法　最小二乘法是最为精确的一种方法,它在假设自变量无误差或 x 的误差比因变量 y 的误差小得多的前提下,以使测量值 y 的误差平方和最小为目标,通过线性拟合(也称线性回归)求得直线方程斜率和截距,此法计算虽然繁琐,但结果准确,对直线,其 m 和 b 可由下列公式算出:

$$m = \frac{\sum x \sum y - n \sum xy}{(\sum x)^2 - n \sum x^2}$$

$$b = \frac{\sum xy \sum x - \sum y \sum x^2}{(\sum x)^2 - n \sum x^2}$$

4. 计算机处理法

图表是表示和分析复杂数据的理想方式,精美清晰的图表定能使你的实验报告大为增色。我们在理解和掌握手工绘图和数学方程式法处理实验数据的基

础上，可以学习使用数据分析软件进行计算机绘图，以提高处理实验数据的效率和水平。现在多采用 Excel 和 Origin 软件对化学实验数据进行分析，请读者参考有关的专业书籍学习使用，这里不在赘述。

1.4 无机定性分析初步

1.4.1 试纸的制备和使用

试纸是浸过指示剂或试剂溶液的小纸片，在无机化学实验中常使用试纸来定性检验一些溶液的酸碱性或某些物质（气体）是否存在，操作简单，使用方便。

试纸的种类很多，无机化学实验中常用的有：石蕊试纸、pH 试纸、醋酸铅试纸和碘化钾—淀粉试纸等。

在使用试纸检验溶液的性质时，一般先把一小块试纸放在表面皿或玻璃片上，用沾有待测溶液的玻璃棒点在试纸的中部，观察颜色的变化，判断溶液的性质。

在使用试纸检验气体的性质时，一般先用蒸馏水把试纸润湿，粘在玻璃棒的一端，用玻璃棒把试纸放到盛有待测气体的试管口（注意不要接触），观察试纸的颜色变化情况来判断气体的性质。

下面简介实验室常用试纸的制备和使用方法。

1. 石蕊试纸

用于检验溶液的酸碱性，有红色石蕊试纸和蓝色石蕊试纸两种。红色石蕊试纸用于检验碱性溶液或气体（遇碱时变蓝），蓝色石蕊试纸用于检验酸性溶液或气体（遇酸时变红）。

制备方法：用热的酒精处理市售石蕊以除去夹杂的红色素。倾去浸液，1 份残渣与 6 份水浸煮并不断摇荡，滤去不溶物。将滤液分成两份，1 份加稀 H_3PO_4 或 H_2SO_4 至变红，另一份加稀 NaOH 至变蓝，然后将滤纸分别浸入这两种溶液中，取出后在避光且没有酸、碱蒸气的房中晾干，剪成纸条即可。

使用方法：用镊子取一小块试纸放在干燥清洁的点滴板或表面皿上，用蘸有待测溶液的玻璃棒点在试纸的中部，观察被润湿试纸颜色的变化。如果检验的是气体，则先将试纸用去离子水润湿，再用镊子夹持横放在试管上方，观察试纸颜色的变化。

2. pH 试纸

pH 试纸用以检验溶液的 pH 值。pH 试纸分为两类。一类是广泛 pH 试纸，变色范围为 pH=1~14，用来粗略检验溶液的 pH 值。另一类是精密 pH 试纸，这种试纸在溶液pH变化较小时就有颜色变化，因而可精确地估计溶液的pH值。根据其颜色变化范围可分为多种，如变色范围为pH=2.7~4.7、3.8~5.4、5.4~7.0、6.9~8.4、8.2~10.0、9.5~13.0等等。可根据待测溶液的酸碱性，选用某一变色范围的试纸。

制备方法：广泛pH试纸是将滤纸浸泡于通用指示剂中，然后取出，晾干，裁成小条而成。通用指示剂是几种酸碱指示剂的混合溶液，它在不同pH值的溶液中可显示不同的颜色。通用酸碱指示剂有多种配方。如通用酸碱指示剂B的配方为：1 g 酚酞、0.2 g 甲基红、0.3 g 甲基黄和 0.4 g 溴百里酚蓝，溶于 500 mL 无水乙醇中，滴加少量 NaOH 溶液调至黄色。这种指示剂在不同 pH 值的溶液中的颜色如表 1.6 所示。

表 1.6 通用酸碱指示剂 B 的颜色

pH	2	4	6	8	10
颜色	红	橙	黄	绿	蓝

通用酸碱指示剂 C 的配方是：0.05 g 甲基橙、0.15 g 甲基红、0.3 g 溴百里酚蓝和 0.35 g 酚酞，溶于 66%的酒精中，它在不同 pH 值溶液中的颜色如表 1.7 所示。

表 1.7 通用酸碱指示剂 C 的颜色

pH	<3	4	5	6	7	8	9	10	11
颜色	红	橙红	橙	黄	黄绿	绿蓝	蓝	紫	红紫

使用方法：与石蕊试纸的使用方法基本相同。不同之处在于 pH 试纸变色后要和标准色板进行比较，方能得出 pH 值或 pH 值范围。

3．醋酸铅试纸

用于定性检验反应中是否有 H_2S 气体产生（即溶液中是否有 S^{2-} 存在）。

制备方法：将滤纸浸入 3%$Pb(OAc)_2$ 溶液中，取出后在无 H_2S 处晾干，裁剪成条。

使用方法：将试纸用去离子水润湿，加酸于待测溶液中，将试纸横置于试管口上方，如有 H_2S 气体逸出，遇润湿 $Pb(OAc)_2$ 试纸后，即有黑色（或灰色）PbS 沉淀生成，使试纸呈黑褐色并有金属光泽，其反应方程式如下：

$$Pb(OAc)_2 + H_2S = PbS\downarrow(黑色) + 2HOAc$$

4．碘化钾—淀粉试纸

用于定性检验氧化性气体（如 Cl_2、Br_2 等）。其原理是：氧化性气体与其反应，生成 I_2，I_2 和淀粉作用呈蓝色：

$$2I^- + Cl_2 = I_2 + 2Cl^-$$
$$2I^- + Br_2 = I_2 + 2Br^-$$

如气体氧化性很强，且浓度较大，还可进一步将 I_2 氧化成 IO_3^-（无色），使蓝色褪去：

$$I_2 + 5Cl_2 + 6H_2O = 2HIO_3 + 10HCl$$

制备方法：将 3 g 淀粉与 25 mL 水搅匀，倾入 225 mL 沸水中，加 1 g KI 及 1 g $Na_2CO_3 \cdot 10H_2O$，用水稀释至 500 mL，将滤纸浸入，取出晾干，裁成纸条即可。

使用方法：先将试纸用去离子水润湿，将其横置于试管口的上方，如有氧化性气体（Cl_2、Br_2）逸出，则试纸变蓝。另外，我们也常利用碘化钾—淀粉溶液和滤纸条，用于临时现场制备碘化钾—淀粉试纸。

使用试纸时，要注意节约，除把试纸剪成小条外，用时不要多取，用多少取多少。取用后，马上盖好瓶盖，以免试纸被污染变质。用后的试纸要放在废液缸（桶）内，不要丢在水槽内，以免堵塞下水道。

1.4.2 定性分析的任务和方法

定性分析的任务是鉴定物质中所含有的组分。对于无机定性分析来说，这些组分通常为元素或离子。

定性分析方法的分类从应用的原理上，可以分为化学方法、物理方法和物理化学方法；从所用试样量的大小以及实验器皿和操作技术上，又可分为常量、半微量和微量分析方法。常量法所用的试样量为 0.5~1g（或 20~30 mL），所用的仪器是普通的试管、烧杯、漏斗等。这种方法的操作技术比较简便，易于掌握，但是操作费时、药品消耗量大，已逐渐被淘汰。微量法所用的试样量为常量法的百分之一，即固体数毫克，溶液数滴。半微量法所用试样量为常量法的 $\frac{1}{10} \sim \frac{1}{20}$，即固体试样几十毫克，液体试样 1~3 mL。

1.4.3 离子鉴定的原则和方法

1. 鉴定反应的选择

离子鉴定就是定性地确定某种元素或其离子是否存在。离子鉴定反应大都是在水溶液中进行的反应。作为鉴定反应必须满足以下要求：

鉴定反应必须具有明显的外观特征。例如：沉淀的生成或溶解、溶液颜色的改变、气体的生成等。根据这些明显的现象判断被分析物质中某种组分的存在。

鉴定反应必须是快速进行的化学反应。因为只有迅速进行的化学反应才能保证根据反应过程中明显的外观特征，得到正确的判断。

鉴定反应必须是灵敏度高（待检出离子量很少就能发生显著反应）、选择性好的反应。

例如，用 KSCN 鉴定 Fe^{3+} 的反应，当待鉴定 Fe^{3+} 量 $\geqslant 0.25\ \mu g$，对应浓度 $\geqslant 5\times10^{-4}\%$ 时即能发生显著的反应，生成血红色的 $[Fe(NCS)]^{2+}$ 配离子，为灵敏度高的反应：

$$Fe^{3+} + nSCN^- \rightleftharpoons [Fe(NCS)_n]^{3-n}\ (n=1\sim 6)(血红色)$$

又如，在阳离子中，只有 NH_4^+ 与碱加热时有氨气逸出，为选择性高的反应：

$$NH_4^+ + OH^- \rightleftharpoons NH_3\uparrow + H_2O$$

与加入的试剂起反应的离子越少，则这一鉴定反应的选择性越高。如果加入的试剂只与一种离子发生反应产生特殊现象，则这一鉴定反应的选择性最高，这种反应称为该离子的特效反应。上述 NH_4^+ 与 OH^- 的反应即为 NH_4^+ 的特效反应。但实际上特效反应不多，因此只能应用一些选择性高的反应进行离子的鉴定，要求在鉴定之前作一些必要的分离或控制一定的反应条件以提高反应的选择性。提高鉴定反应选择性的方法有以下几种：

（1）控制溶液的酸度，消除其他离子的干扰

例如，用 CrO_4^{2-} 检验 Ba^{2+}，生成黄色的 $BaCrO_4$ 沉淀。如果溶液中有 Sr^{2+} 存在，也会发生类似反应，生成黄色的 $SrCrO_4$ 沉淀，从而干扰了 Ba^{2+} 的鉴定。如果反应在中性或弱酸性介质中进行，降低了 CrO_4^{2-} 的浓度（为什么？），$SrCrO_4$ 沉淀就不会产生，由于 $BaCrO_4$ 的溶度积比 $SrCrO_4$ 的小，仍能生成黄色的 $BaCrO_4$ 沉淀，从而提高了 Ba^{2+} 鉴定反应的选择性。

（2）加入掩蔽剂，消除其他离子的干扰

例如，用 SCN^- 鉴定 Co^{2+} 时，Co^{2+} 与 SCN^-（在酸性条件下）反应生成深蓝色的 $[Co(NCS)_4]^{2-}$：

$$Co^{2+} + 4SCN^- \rightleftharpoons [Co(NCS)_4]^{2-}$$

溶液中若含有 Fe^{3+}，由于 Fe^{3+} 与 SCN^- 生成血红色的 $[Fe(NCS)]^{2+}$，干扰深蓝色 $[Co(NCS)_4]^{2-}$ 的生成和观察，即干扰 Co^{2+} 的检出。为了消除 Fe^{3+} 的干扰，可在体系中加入 NH_4F（或 NaF）作掩蔽剂，使 Fe^{3+} 与 F^- 形成稳定、无色的 $[FeF_6]^{3-}$ 而掩蔽起来，以确保 $[Co(NCS)_4]^{2-}$ 的形成和观察。

（3）消除或分离干扰离子

例如，用钼酸铵试剂时，还原性离子（SO_3^{2-}、S^{2-}、$S_2O_3^{2-}$ 等）可将钼酸根

离子还原为低氧化态的钼蓝,从而破坏钼酸铵试剂,影响 PO_4^{3-} 的鉴定。为消除还原性离子对 PO_4^{3-} 鉴定的干扰,可用浓 HNO_3 氧化除去。

又如,用 $C_2O_4^{2-}$ 检验 Ca^{2+},生成白色的 CaC_2O_4 沉淀。而 Ba^{2+} 也发生同样反应,为消除 Ba^{2+} 的干扰,可加入 CrO_4^{2-},使 Ba^{2+} 生成 $BaCrO_4$ 沉淀分出。

其他如利用有机溶剂萃取来鉴定反应的产物(如用 CCl_4 萃取 Br_2、I_2)等,都是提高鉴定反应选择性的有效方法。

2. 鉴定反应的条件

鉴定反应和其他化学反应一样,要求在一定条件下进行。最重要的反应条件是反应介质的酸碱性、溶液中反应离子和试剂的浓度、反应温度、催化剂、溶剂等。

(1)反应介质的酸碱性

例如,用 CrO_4^{2-} 鉴定 Pb^{2+} 的反应要求在中性或弱酸性溶液中进行。因为在碱性介质中会生成 $Pb(OH)_2$ 沉淀,若碱性太强,则生成 $[Pb(OH)_4]^{2-}$;反之,若酸性太强,由于 H^+ 易与 CrO_4^{2-} 结合成难电离的 $HCrO_4^-$,降低溶液中 CrO_4^{2-} 浓度,得不到黄色的 $PbCrO_4$ 沉淀,使鉴定反应的灵敏度降低。

(2)反应离子和试剂的浓度

在鉴定反应中,为保证反应显著,要求溶液中反应离子和试剂有一定的浓度。例如对于沉淀反应,不仅要求溶液中反应离子浓度的乘积超过该温度下沉淀物的溶度积,而且要求析出足够量的沉淀,便于观察。对于生成溶解度较大的物质,这一点尤为重要。例如:

$$Pb^{2+}+2Cl^- \Longrightarrow PbCl_2\downarrow$$

由于 $PbCl_2$ 在水中溶解度较大,所以只有当溶液中 Pb^{2+} 的浓度较大时,才能观察到白色 $PbCl_2$ 沉淀的生成。

又例如,用钼酸铵试剂鉴定 PO_4^{3-} 的反应

$$PO_4^{3-}+12MoO_4^{2-}+3NH_4^++24H^+ \Longrightarrow (NH_4)_3PO_4 \cdot 12MoO_3 \cdot 6H_2O\downarrow +6H_2O$$
磷钼酸铵(黄色)

由于生成的磷钼酸铵沉淀能溶于过量磷酸盐溶液,因此要求加入过量钼酸铵试剂,才能确保产生特征的黄色沉淀。

但反应离子的浓度并非总是大一些就好。例如,用强氧化剂($NaBiO_3$、PbO_2 或 $(NH_4)_2S_2O_8$)检验 Mn^{2+} 的反应(Mn^{2+} 被氧化为紫红色的 MnO_4^-),Mn^{2+} 的浓度不能过大,因为过量的 Mn^{2+} 使反应生成的 MnO_4^- 被还原:

$$3Mn^{2+}+2MnO_4^-+7H_2O \Longrightarrow 5MnO(OH)_2\downarrow + 4H^+$$

(3)反应温度、催化剂

溶液温度有时对鉴定反应有较大的影响。例如，有些难溶物的溶解度随温度升高而迅速增大，使沉淀不能产生。例如 $PbCl_2$ 能溶于热水，因此用稀 HCl 沉淀 Pb^{2+} 时不能在热溶液中进行。但有些鉴定反应特别时某些氧化还原反应的反应速率很慢，必须加热以加快反应速率。例如，$S_2O_8^{2-}$ 氧化 Mn^{2+} 的反应必须加热，除加热外，还需加入 Ag^+ 作催化剂，才能加速反应的进行：

$$2Mn^{2+} + 5S_2O_8^{2-} + 8H_2O \xrightarrow[Ag^+催化]{\triangle} 2MnO_4^- + 10SO_4^{2-} + 16H^+$$

（4）溶剂

为提高鉴定反应的灵敏度，增加生成物的稳定性，某些鉴定反应常要求在有机溶剂中进行。例如鉴定 Cr^{3+} 或 H_2O_2 的反应：

$$Cr_2O_7^{2-} + 4H_2O_2 + 2H^+ \rightleftharpoons 2H_2CrO_6(深蓝色) + 3H_2O$$
过铬酸

过铬酸在水溶液中极不稳定，易分解为 Cr^{3+} 使蓝色褪去，但在有机溶剂中比较稳定，因此为增加过铬酸的稳定性，除控制反应在低温度下进行外，鉴定反应还要求在乙醚（或戊醇）存在下进行。

3. 空白实验和对照实验

鉴定反应的"灵敏"与"特效"，是使某一种待检离子可被准确鉴定的必要条件，但有时并不能完全保证鉴定的可靠性。其原因主要是：溶剂、辅助试剂或器皿等可能引进外来离子，从而被当作试样中存在的离子而鉴定出来；试剂失效或反应条件控制不当，而使鉴定反应的现象不明显或得出否定结果。

第一种情况可通过作空白实验解决。即在鉴定分析的同时，另取一份配制试样溶液用的蒸馏水代替试液，然后加入相同的试剂，以相同的方法进行鉴定，看是否仍可检出。例如，在试样的 HCl 溶液中用 NH_4SCN 鉴定 Fe^{3+} 时，得到了浅红色溶液，表示有微量铁存在。为弄清这微量 Fe^{3+} 是否为原试样所有，可另取配制试液用的蒸馏水，加入同量的 HCl 和 NH_4SCN 溶液，如得到同样的浅红色，说明此微量 Fe^{3+} 并非原试样所有；如所得红色更浅或无色，则说明试样中确实含有微量 Fe^{3+}。

第二种情况，即当鉴定反应不够明显或现象异常，特别是在怀疑所得的否定结果是否准确时，往往需要作对照实验。即以已知离子的溶液代替试液，用同法鉴定。如果也得出否定结果，则说明试剂已经失效，或是反应条件控制得不够正确等等。例如，用 $SnCl_2$ 溶液鉴定 Hg^{2+} 时，未出现灰黑色的沉淀，一般认为无 Hg^{2+} 存在。但 $SnCl_2$ 溶液易被空气氧化，故取少量标准 Hg^{2+} 溶液，加入 $SnCl_2$ 溶液，如未出现灰黑色沉淀，说明 $SnCl_2$ 溶液失效。

4. 离子的分离鉴定

在已知组成的混合溶液中，若其他离子的存在对被检出离子无干扰，或该检出离子有特效反应，可以在其他离子共存的条件下，直接鉴定此种离子，这种方法称为分别分析。

分别分析在进行目标明确的有限分析中显得特别优越。但由于特效反应为数不多，对于组成复杂或未知组分的混合液，不能仅依靠分别分析检出各种离子，需要将复杂的体系简化为几组简单体系，以消除离子间的相互干扰，简化分析任务。这种应用某种特定试剂将离子分组，再按一定的步骤和顺序进行各种离子鉴定的方法，称为系统分析。在系统分析中将离子进行分组的试剂叫"组试剂"。

1.4.4 阳离子的系统分组

1. 阳离子系统分析简介

由于阳离子种类较多，又没有足够的特效鉴定反应可利用，所以当多种离子共存时，阳离子的定性分析多采用系统分析法，首先利用它们的某些共性，按照一定顺序加入若干种试剂，将离子一组一组地分批沉淀出来，分成若干组，然后在各组内根据它们的差异性进一步地分离和鉴定。阳离子的系统分析方案已达百种以上，但应用比较广泛，比较成熟的是硫化氢系统分析法和两酸两碱系统分析法。

2. 硫化氢系统分析法

硫化氢系统分析法，依据的主要是各阳离子硫化物以及它们的氯化物、碳酸盐和氢氧化物的溶解度不同，按照一定顺序加入组试剂，把阳离子分成五个组。然后在各组内根据各个阳离子的特性进一步分离和鉴定，如表 1.8 所示。

表 1.8　阳离子的硫化氢系统分组方案

组别（别名）	各组的阳离子	组试剂及条件	分离产物
第 I 组（盐酸组）	Ag^+，Hg_2^{2+}	3 mol·L^{-1} HCl	$AgCl\downarrow$（白），$Hg_2Cl_2\downarrow$（白）
第 II 组（硫化氢组）	Pb^{2+}，Bi^{3+}，Cu^{2+}，Cd^{2+}，As(III)，Sb(III)，Sn(II,IV)，Hg^{2+}	0.2 mol·L^{-1} HCl TAA，加热	$PbS\downarrow$（黑），$Bi_2S_3\downarrow$（暗棕），$Cu_2S\downarrow$（黑），$CdS\downarrow$（亮黄），$As_2S_3\downarrow$（黄），$Sb_2S_3\downarrow$（橙），$SnS\downarrow$（褐色），$SnS_2\downarrow$（黄色），$HgS\downarrow$（黑）

续表

组别 (别名)	各组的阳离子	组试剂及条件	分离产物
第Ⅲ组 (硫化铵组)	Al^{3+}，Cr^{3+}，Fe^{2+}，Mn^{2+}，Zn^{2+}，Co^{2+}，Ni^{2+}	NH_3+NH_4Cl TAA，加热	$Al(OH)_3\downarrow$（白），$Cr(OH)_3\downarrow$（灰绿），$FeS\downarrow$（黑），$MnS\downarrow$（浅粉红色），$ZnS\downarrow$（白），$CoS\downarrow$（黑），$NiS\downarrow$（黑）
第Ⅳ组 (碳酸铵组)	Ba^{2+}，Sr^{2+}，Ca^{2+}	NH_3+NH_4Cl $(NH_4)_2CO_3$	$BaCO_3\downarrow$（白），$SrCO_3\downarrow$（白），$CaCO_3\downarrow$（白）
第Ⅴ组 (可溶组)	K^+，Na^+，NH_4^+，Mg^{2+}	无	K^+，Na^+，NH_4^+，Mg^{2+}离子均在溶液中

硫化氢系统的优点是系统严谨，分离比较完全，能较好地与离子特性及溶液中离子平衡等理论相结合，但其缺点是硫化氢气体有毒，会污染空气，污染环境。为了减轻污染，用硫代乙酰胺（CH_3CSNH_2，简称 TAA）代替饱和 H_2S 水溶液。TAA 在酸性溶液中水解生成 H_2S，水解反应如下：

$$CH_3CSNH_2 + H_2O \xrightleftharpoons{H^+} CH_3CONH_2 + H_2S$$

$$CH_3CONH_2 + H_2O \xrightleftharpoons{煮沸} CH_3COO^- + NH_4^+$$

TAA 在碱性溶液中水解生成 S^{2-}，水解反应如下：

$$CH_3CSNH_2 + 3OH^- \rightleftharpoons CH_3COO^- + NH_3 + S^{2-} + H_2O$$

TAA 在氨性溶液中水解生成 HS^-，水解反应如下：

$$CH_3CSNH_2 + 2NH_3 \rightleftharpoons CH_3C(NH)NH_2 + NH_4^+ + HS^-$$

硫代乙酰胺的水溶液比较稳定，常温下释放出的 H_2S 很少，但加热以后又能达到饱和 H_2S 水溶液的反应效果。这样既能发挥硫化氢系统的的优点，同时又能减轻硫化氢气体对环境的污染。硫代乙酰胺系统分析法把阳离子分离为五个组后，再分别鉴定。

例 1.1 分离并鉴定混合液中的 Ag^+、Hg_2^{2+}、Pb^{2+}。

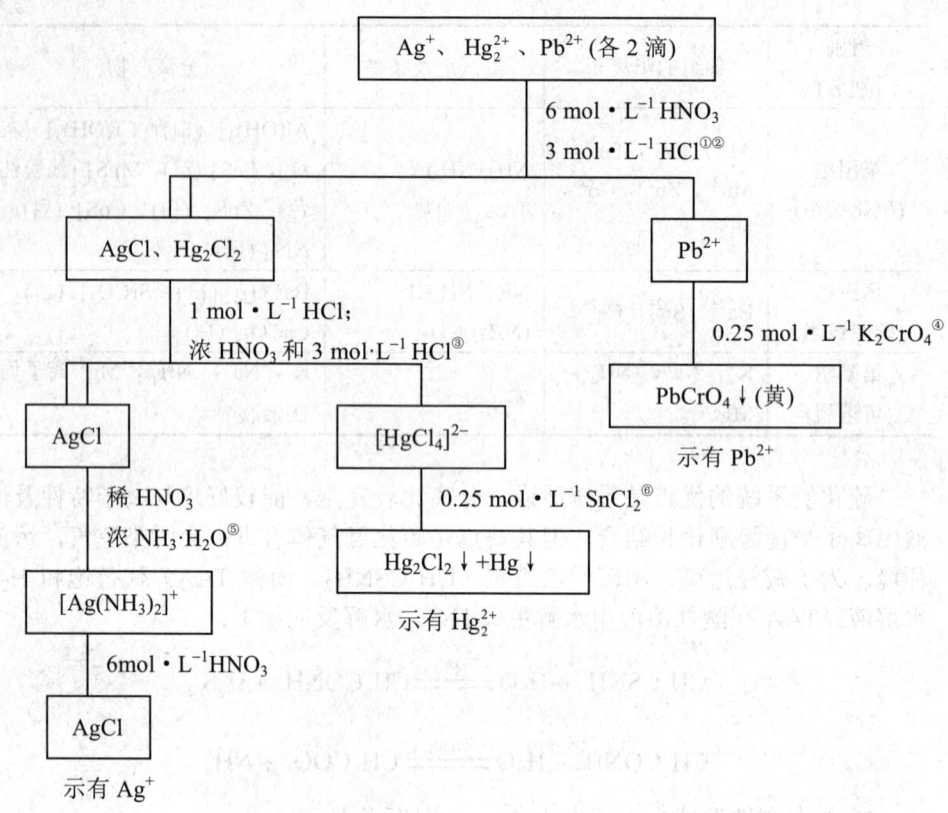

注：①"||"表示沉淀或残渣，"|"表示溶液。

②加 6 mol·L^{-1} HNO$_3$ 1 滴，混匀，加 3 mol·L^{-1} HCl 2 滴，充分搅拌(约 2 min)，待沉淀下沉后再加 1 滴 1 mol·L^{-1} HCl，若不变浑浊，可认为沉淀完全。在热水浴中加热，搅拌约 1 min，趁热离心分离。

③用 5~6 滴 1 mol·L^{-1} HCl 洗涤两次，洗涤液弃去，加 2 滴浓 HNO$_3$ 和 1 滴 3 mol·L^{-1} HCl，搅拌并加热 1 min，冷却，离心分离。

④取离心液 2 滴加 0.25 mol·L^{-1} K$_2$CrO$_4$ 2 滴。

⑤用稀 HNO$_3$ 洗涤 2 次，洗涤液弃去，沉淀上滴加浓 NH$_3$·H$_2$O 并搅拌至沉淀溶解。

⑥在清液中加 1~2 滴 0.25 mol·L^{-1} SnCl$_2$ 溶液，出现白色沉淀，逐渐变灰、变黑。

3．两酸两碱系统分析法

两酸两碱系统是以最普通的两酸（盐酸、硫酸）、两碱（氨水、氢氧化钠）作组试剂，根据各离子氯化物、硫酸盐、氢氧化物的溶解度不同，将阳离子分为五个组，然后在各组内根据它们的差异性进一步分离和鉴定。两酸两碱系统的优点是避免了有毒的硫化氢，应用的是最普通最常见的两酸两碱。但由于分离系统中用得较多的是氢氧化物沉淀,不容易分离,并且由于氢氧化物的两性及生成配合物的性质,以及共沉淀等原因,使组与组的分离条件不容易控制。

例 1.2 分离并鉴定混合液中的 Ag^+、Ba^{2+}、Co^{2+}。

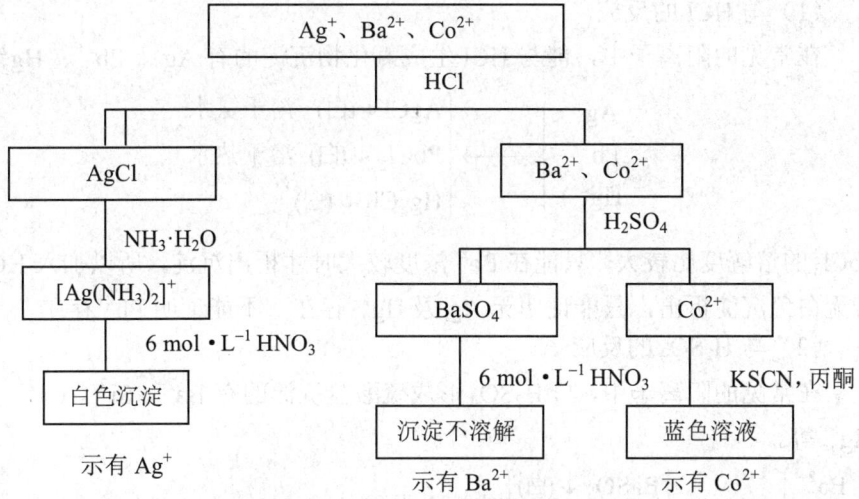

例 1.3 分离并鉴定混合液中的 Fe^{3+}、Cr^{3+}、Mn^{2+}、Al^{3+}。

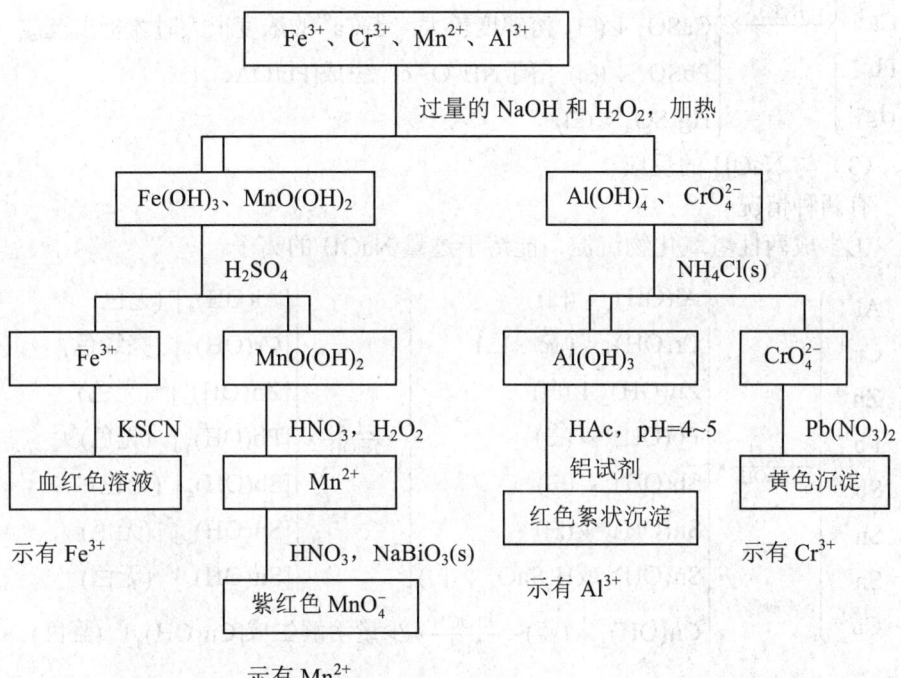

练习 请结合例 1.2 和例 1.3，设计实验方案，分离并鉴定混合液中的 Fe^{3+}、NH_4^+、Ag^+、Ba^{2+}、Co^{2+}、Ni^{2+}、Cr^{3+}、Mn^{2+}。

4. 常见阳离子与常用试剂的反应

（1）与 HCl 的反应

在常见的阳离子中，能与 HCl 生成氯化物沉淀的有 Ag^+、Pb^{2+}、Hg_2^{2+} 等。

$$\left.\begin{array}{l} Ag^+ \\ Pb^{2+} \\ Hg_2^{2+} \end{array}\right\} \xrightarrow{HCl} \left\{\begin{array}{l} AgCl\downarrow(白)\ \ 溶于氨水 \\ PbCl_2\downarrow(白)\ \ 溶于热水 \\ Hg_2Cl_2\downarrow(白) \end{array}\right.$$

$PbCl_2$ 的溶解度比较大，只能在 Pb^{2+} 浓度较大时才析出沉淀，所以加入 HCl 后，若无白色沉淀析出，只能证明无 Ag^+ 及 Hg_2^{2+} 存在，不能证明 Pb^{2+} 存在。

（2）与 H_2SO_4 的反应

在常见的阳离子中，与 H_2SO_4 形成硫酸盐沉淀的有 Ba^{2+}、Sr^{2+}、Ca^{2+}、Pb^{2+}、Hg_2^{2+} 等。

$$\left.\begin{array}{l} Ba^{2+} \\ Sr^{2+} \\ Ca^{2+} \\ Pb^{2+} \\ Hg_2^{2+} \end{array}\right\} \xrightarrow{H_2SO_4} \left\{\begin{array}{l} BaSO_4\downarrow(白) \\ SrSO_4\downarrow(白) \end{array}\right\} 难溶于强酸 \\ CaSO_4\downarrow(白)\ \ 溶解度较大，当\ Ca^{2+}的浓度很大时才析出沉淀 \\ PbSO_4\downarrow(白)\ \ 溶于\ NH_4OAc，生成[Pb(OAc)_3]^- \\ Hg_2SO_4\downarrow(白)$$

（3）与 NaOH 的反应

有两种情况

① 生成两性氢氧化物沉淀，能溶于过量 NaOH 的离子

$$\left.\begin{array}{l} Al^{3+} \\ Cr^{3+} \\ Zn^{2+} \\ Pb^{2+} \\ Sb^{3+} \\ Sn^{2+} \\ Sn^{4+} \\ Cu^{2+} \end{array}\right\} \xrightarrow[NaOH]{适量} \left\{\begin{array}{l} Al(OH)_3\downarrow(白) \\ Cr(OH)_3\downarrow(灰绿色) \\ Zn(OH)_2\downarrow(白) \\ Pb(OH)_2\downarrow(白) \\ Sb(OH)_3\downarrow(白) \\ Sn(OH)_2\downarrow(白) \\ Sn(OH)_4 或 H_4SnO_4\downarrow(白) \\ Cu(OH)_2\downarrow(蓝) \end{array}\right. \xrightarrow[NaOH]{过量} \left\{\begin{array}{l} [Al(OH)_4]^-(无色) \\ [Cr(OH)_4]^-(亮绿色) \\ [Zn(OH)_4]^{2-}(无色) \\ [Pb(OH)_4]^{2-}(无色) \\ [Sb(OH)_4]^-(无色) \\ [Sn(OH)_4]^{2-}(无色) \\ [Sn(OH)_6]^{2-}(无色) \end{array}\right.$$

$Cu(OH)_2\downarrow(蓝) \xrightarrow[加热]{浓NaOH} 少量溶解生成[Cu(OH)_4]^{2-}(蓝色)$

②生成氢氧化物、氧化物或碱式盐沉淀，难溶于过量 NaOH 的离子

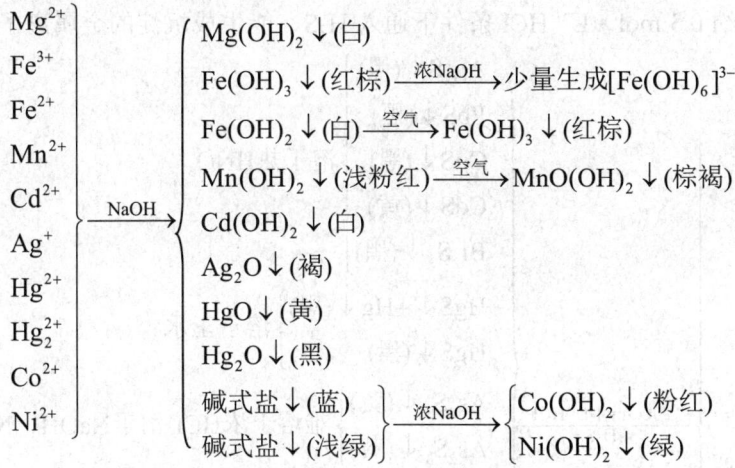

（4）与氨水的反应
①生成氢氧化物、氧化物或碱式盐沉淀，能溶于过量氨水并生成氨合离子

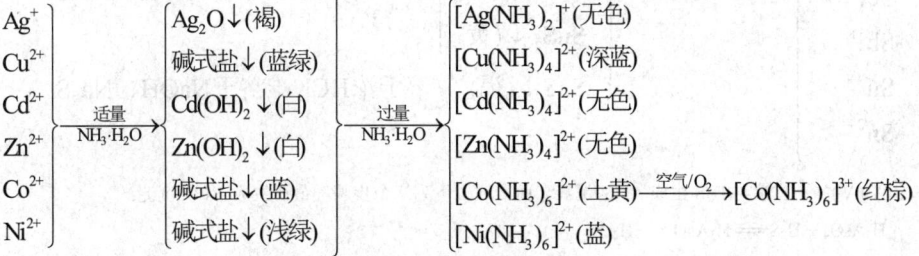

②生成氢氧化物或碱式盐沉淀，不与过量的 NH_3 生成氨合离子

$$
\begin{array}{l}
Al^{3+} \\
Cr^{3+} \\
Fe^{3+} \\
Fe^{2+} \\
Mn^{2+} \\
Sn^{2+} \\
Sn^{4+} \\
Pb^{2+} \\
Mg^{2+} \\
Hg^{2+} \\
Hg_2^{2+}
\end{array}
\Bigg\} \xrightarrow{NH_3 \cdot H_2O}
\begin{array}{l}
Al(OH)_3 \downarrow (白) \\
Cr(OH)_3 \downarrow (灰绿) \\
Fe(OH)_3 \downarrow (红棕) \\
Fe(OH)_2 \downarrow (白) \xrightarrow{空气中 O_2} FeO(OH) \downarrow (红棕) \\
Mn(OH)_2 \downarrow (白) \xrightarrow{空气中 O_2} MnO(OH)_2 \downarrow (棕黑) \\
Sn(OH)_2 \downarrow (白) \\
Sn(OH)_4 \downarrow (白) \\
碱式盐 \downarrow (白) \\
Mg(OH)_2 \downarrow (白) \\
HgNH_2Cl \downarrow (白) (溶液中有 Cl^- 共存) \\
HgNH_2Cl \downarrow (白) + Hg \downarrow (黑) (溶液中有 Cl^- 共存)
\end{array}
$$

（5）与 H_2S 或 $(NH_4)_2S$ 的反应

①在约 $0.3\ mol\cdot L^{-1}$ HCl 条件下通入 H_2S，能生成沉淀的金属离子

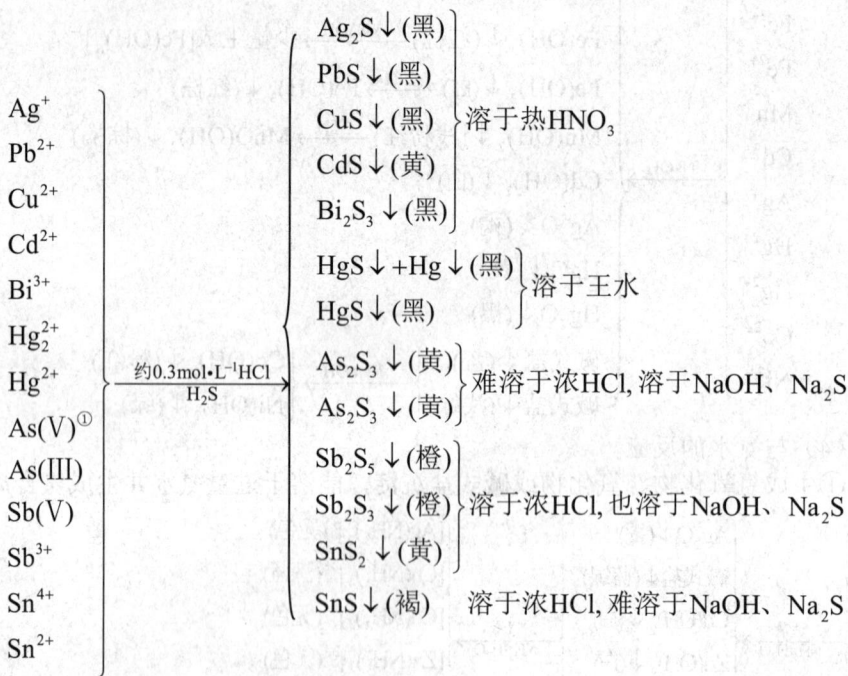

注：① As(V)并不直接与 H_2S 生成 As_2S_5 沉淀，而是通过下列三个步骤，最后生成 As_2S_3 沉淀：

$$H_3AsO_4 + H_2S = H_3AsO_3S + H_2O$$

$$H_3AsO_3S = H_3AsO_3 + S\downarrow$$

$$2\ H_3AsO_3 + 3\ H_2S = As_2S_3\downarrow + 6\ H_2O$$

这个过程是很慢的。为了加速反应，可以把溶液加热，促使 As(V)还原；或在溶液中加入 I^-，使 As(V)还原为 As(Ⅲ)。

HgS、As_2S_5、As_2S_3、Sb_2S_5、Sb_2S_3、SnS_2 等易溶于 Na_2S 溶液中，生成可溶性的硫代酸盐。

$$\left.\begin{array}{l}As_2S_5\\As_2S_3\\Sb_2S_5\\Sb_2S_3\\SnS_2\\HgS\end{array}\right\}\xrightarrow{Na_2S}\left\{\begin{array}{l}AsS_4^{3-}\\AsS_3^{3-}\\SbS_4^{3-}\\SbS_3^{3-}\\SnS_3^{2-}\\HgS_2^{2-}\end{array}\right.\text{酸化后又重新析出硫化物沉淀并产生硫化氢}$$

② 与 $(NH_4)_2S$ 作用（或在氨性溶液中通 H_2S），能生成沉淀的金属离子

$$
\left.\begin{array}{l}
Mn^{2+} \\
Fe^{2+} \\
Fe^{3+}① \\
Zn^{2+} \\
Co^{2+} \\
Ni^{2+} \\
Al^{3+} \\
Cr^{3+}
\end{array}\right\} \xrightarrow{(NH_4)_2S}
\begin{array}{l}
\left.\begin{array}{l}
MnS\downarrow(\text{肉色}) \\
FeS\downarrow(\text{黑}) \\
Fe_2S_3\downarrow(\text{黑}) \\
ZnS\downarrow(\text{白})
\end{array}\right\} \text{溶于稀HCl} \\
\left.\begin{array}{l}
\alpha-CoS\downarrow(\text{黑}) \\
\alpha-NiS\downarrow(\text{黑})
\end{array}\right\} \xrightarrow{\text{放置/加热}} \left.\begin{array}{l} \beta-CoS \\ \beta-NiS \end{array}\right\} \text{难溶于稀HCl，溶于}HNO_3 \\
\left.\begin{array}{l}
Al(OH)_3\downarrow(\text{白}) \\
Cr(OH)_3\downarrow(\text{灰绿})
\end{array}\right\} \text{溶于强碱及稀HCl}
\end{array}
$$

注：① Fe^{3+} 在酸性介质中与 H_2S 反应，Fe^{3+} 被还原为 Fe^{2+}，同时产生 S 沉淀，用 $NH_3·H_2O$ 中和时产生 FeS 沉淀。在 NH_4^+—$NH_3·H_2O$ 溶液中，Fe^{3+} 与 $(NH_4)_2S$ 反应生成 Fe_2S_3 沉淀。

5．常见阳离子的主要鉴定反应

表 1.9　常见阳离子的主要鉴定反应

离子	试剂（介质条件）	鉴定反应	主要干扰离子
Pb^{2+}	K_2CrO_4（中性或弱酸性）	$Pb^{2+}+CrO_4^{2-}=\!\!=\!\!=PbCrO_4\downarrow(\text{黄})$	Ba^{2+}、Sr^{2+}、Ag^+、Ni^{2+}、Zn^{2+} 等有干扰
Fe^{2+}	$K_3[Fe(CN)_6]$（酸性）	$K^++Fe^{2+}+[Fe(CN)_6]^{3-}=\!\!=\!\!=[KFe(CN)_6Fe]\downarrow$（滕氏蓝）	
Fe^{3+} ①	$K_4[Fe(CN)_6]$（酸性）	$K^++Fe^{3+}+[Fe(CN)_6]^{4-}=\!\!=\!\!=[KFe(CN)_6Fe]\downarrow$（普鲁士蓝）	氟化物、磷酸、草酸、酒石酸、柠檬酸、含 α-OH 或 β-OH 的有机酸及大量 Cu^{2+} 有干扰
	NH_4SCN（或 KSCN）（酸性）	$Fe^{3+}+nSCN^-=\!\!=\!\!=[Fe(NCS)_n]^{3-n}$ ($n=1\sim6$)（血红色）	
Co^{2+}	KSCN 饱和溶液（酸性）	$Co^{2+}+4SCN^-\xrightarrow{\text{丙酮}}[Co(NCS)_4]^{2-}$（蓝色）	Fe^{3+}

续表

离子	试剂（介质条件）	鉴定反应	主要干扰离子
Ni^{2+}	丁二酮肟（氨性或醋酸钠溶液,pH=5~10）	$Ni^{2+} + 2H_2L \rightleftharpoons Ni(HL)_2 \downarrow$（鲜红色）$+2H^+$ $H_2L = $ 丁二酮肟	Co^{2+}、Fe^{2+}、Bi^{3+}、Mn^{2+}、Fe^{3+}等有干扰
Cu^{2+}	$[Fe(CN)_6]^{4-}$（中性或酸性）	$2Cu^{2+} + [Fe(CN)_6]^{4-} = Cu_2[Fe(CN)_6] \downarrow$ （红棕色）	Fe^{3+}、Bi^{3+}、Co^{2+}
Ag^+	HCl（酸性）	$Ag^+ + Cl^- = AgCl \downarrow$（白）溶于过量氨水,用$HNO_3$酸化沉淀重新析出 $AgCl + 2NH_3 = [Ag(NH_3)_2]^+ + Cl^-$； $[Ag(NH_3)_2]^+ + 2H^+ + Cl^- = AgCl \downarrow + 2NH_4^+$	Pb^{2+}、Hg_2^{2+}干扰,但Hg_2Cl_2、$PbCl_2$难溶于氨水,可与AgCl分离
	$Cr_2O_7^{2-}$（中性或微酸性）	$4Ag^+ + Cr_2O_7^{2-} + H_2O$ $= 2Ag_2CrO_4 \downarrow$（砖红）$+ 2H^+$	Hg_2^{2+}、Ba^{2+}、Pb^{2+}等能与$Cr_2O_7^{2-}$生成深色沉淀的金属离子干扰
Hg_2^{2+}	$SnCl_2$（酸性）	$Hg_2^{2+} + Sn^{2+} + 4Cl^- = 2Hg \downarrow$（黑色）$+ SnCl_4$	
	KI 和 $NH_3 \cdot H_2O$（奈斯勒试剂）（强碱性）	(1)先加入过量KI $Hg_2^{2+} + 2I^- = HgI_2 + Hg$ $HgI_2 + 2I^- = [HgI_4]^{2-}$ (2)在上述溶液中加入$NH_3 \cdot H_2O$或NH_4^+并加入浓碱,则生成红棕色沉淀 $2[HgI_4]^{2-} + 4OH^- + NH_4^+ =$ $Hg_2NI \downarrow + 7I^- + 4H_2O$	凡能与I^-、OH^-生成深色沉淀的金属离子均有干扰
Hg^{2+}	$SnCl_2$（酸性）	$2Hg^{2+} + Sn^{2+}$（适量）$+ 6Cl^- =$ $Hg_2Cl_2 \downarrow$（白色）$+ SnCl_4$ $Hg_2Cl_2 + Sn^{2+}$（过量）$+ 2Cl^- =$ $2Hg \downarrow$（黑色）$+ SnCl_4$	
Zn^{2+} ②	二苯硫腙（强碱性）	$Zn^{2+} + 2HL \rightleftharpoons Zn(L)_2$（粉红色）$+ 2H^+$ $HL = $ 二苯硫腙	凡能与S^{2-}生成有色硫化物的金属离子均有干扰
	$(NH_4)_2S$ 或 Na_2S（$c(H^+) < 0.3 mol \cdot L^{-1}$）	$Zn^{2+} + S^{2-} = ZnS \downarrow$（白）	

续表

离子	试剂 （介质条件）	鉴定反应	主要干扰离子
Cd^{2+}	H_2S 或 Na_2S	$Cd^{2+} + S^{2-} = CdS\downarrow$ (黄)	凡能与 S^{2-} 生成有色硫化物的金属离子均有干扰
Mn^{2+}	$NaBiO_3$ (HNO_3 介质)	$2Mn^{2+}+14H^++5NaBiO_3$ $=2MnO_4^-$(紫红)$+5Bi^{3+}+5Na^++7H_2O$	
Cr^{3+} 或 CrO_4^{2-}	于碱性介质，用 H_2O_2 氧化 $Cr(III)$ 后，于弱酸性介质加 Pb^{2+}、Ag^+、Ba^{2+}	$Cr^{3+}+4OH^- = [Cr(OH)_4]^-$ $[Cr(OH)_4]^-+H_2O_2+2OH^- = CrO_4^{2-}+8H_2O$ $CrO_4^{2-} + Pb^{2+} = PbCrO_4\downarrow$ (黄色) $CrO_4^{2-} + 2Ag^+ = Ag_2CrO_4\downarrow$ (砖红) $CrO_4^{2-} + Ba^{2+} = BaCrO_4\downarrow$ (柠檬黄)	凡能与 CrO_4^{2-} 生成有色沉淀的金属离子均有干扰
NH_4^+ ③	NaOH (强碱性)	$NH_4^+ + OH^- \xrightarrow[OH^-]{\Delta} NH_3\uparrow + H_2O$	CN^-
	奈斯勒试剂 (强碱性)	$NH_4^+ + 2[HgI_4]^{2-} + 4OH^- =$ $Hg_2NI\downarrow$(红棕色)$+ 7I^- + 4H_2O$	Fe^{3+}、Cr^{3+}、Co^{2+}、Ni^{2+}、Ag^+、Hg^{2+} 等能与奈斯勒试剂生成有色沉淀妨碍 NH_4^+ 检出
Sb^{3+} ④	Sn 法 (酸性)	$2Sb^{3+} + 3Sn = 2Sb\downarrow$ (黑) $+ 3Sn^{2+}$	Ag^+、AsO_2^-、Bi^{3+} 等有干扰
Al^{3+} ⑤	pH=4~5 左右	Al^{3+} 与铝试剂形成红色絮状沉淀	Fe^{3+}、Cr^{3+}、Co^{2+}、Mn^{2+} 等有干扰
Bi^{3+} ⑥	$Na_2[Sn(OH)_4]$ (强碱性)	$2Bi(OH)_3 + 3[Sn(OH)_4]^{2-} = 2Bi\downarrow$ (黑) $+$ $3[Sn(OH)_6]^{2-}$	Hg_2^{2+}、Hg^{2+}、Pb^{2+} 等有干扰
Sn^{2+}	$HgCl_2$ (酸性)	$2Hg^{2+}+SnCl_2+6Cl^-=Hg_2Cl_2\downarrow+[SnCl_6]^{2-}$ $Sn^{2+} + Hg_2Cl_2 + 4Cl^- = 2Hg\downarrow + [SnCl_6]^{2-}$	
Na^+ ⑦	KH_2SbO_4 (中性或醋酸)	$Na^+ + H_2SbO_4^- = NaH_2SbO_4\downarrow$ (白色)	除碱金属离子以外的金属离子
K^+	$Na_3[Co(NO_2)_6]$ (中性或弱酸性)	$2K^+ + Na^+ + [Co(NO_2)_6]^{3-}$ $= K_2Na[Co(NO_2)_6]\downarrow$ (亮黄)	Rb^+、Cs^+、NH_4^+ 能与试剂形成相似的化合物，妨碍鉴定

离子	试剂 (介质条件)	鉴定反应	主要干扰离子
Mg^{2+} ⑧	镁试剂 (强碱性)	Mg^{2+}+镁试剂 $\xrightarrow{碱性}$ 天蓝色↓	Ag^+、Hg^{2+}、Ni^{2+}、Co^{2+}、Cr^{3+}、Cu^{2+}、Mn^{2+}、Fe^{3+}、大量 NH_4^+ 等有干扰
Ca^{2+} ⑨	$(NH_4)_2C_2O_4$ (中性或碱性)	$Ca^{2+}+C_2O_4^{2-}$ ══ $CaC_2O_4\downarrow$(白色)	Ag^+、Pb^{2+}、Cu^{2+}、Cd^{2+}、Hg^{2+}、Hg_2^{2+} 等有干扰
Ba^{2+} ⑩	K_2CrO_4 (中性或弱酸性)	$Ba^{2+}+CrO_4^{2-}$ ══ $BaCrO_4\downarrow$(黄色)	Sr^{2+}、Pb^{2+}、Ag^+、Ni^{2+}、Zn^{2+} 等有干扰

①氟化物、磷酸、草酸、酒石酸、柠檬酸、含 α-OH 或 β-OH 的有机酸均能与 Fe^{3+} 检出。大量 Cu^{2+} 存在时能与 SCN^- 生成墨绿色沉淀,干扰 Fe^{3+} 检出。

②在中性或弱碱性条件下,许多重金属离子都可能与二苯硫脲生成有色的配合物,因而必须注意鉴定时的介质条件。

③取 1 滴试液于表面皿中,加 6 mol·L^{-1} NaOH 使呈碱性,很快用另一粘有一小块潮湿的 pH 试纸(或浸过奈斯勒试剂的滤纸)的表面皿盖上,如此作成的气室,放在水浴上加热,如 pH 试纸变成碱色(或浸过奈斯勒试剂的滤纸有红棕色斑)时,示 NH_4^+ 存在。

CN^- 干扰:$CN^-+2H_2O \xrightarrow[OH^-]{\Delta} HCOO^- + NH_3\uparrow$

④Ag^+、AsO_2^-、Bi^{3+} 等也能与 Sn 发生氧化还原反应,析出相应的黑色金属,妨碍 Sb^{3+} 的检出。

⑤Fe^{3+}、Cr^{3+}、Co^{2+}、Mn^{2+} 等也能生成与铝试剂相似的红色沉淀而有干扰。

⑥Hg^{2+}、Hg_2^{2+}、Pb^{2+} 存在时,也会慢慢地被$[Sn(OH)_6]^{2-}$还原而析出黑色金属,干扰 Bi^{3+} 检出。$Na_2[Sn(OH)_4]$ 溶液必须临时配制。

⑦强酸的 NH_4^+ 盐水解后溶液所带的微酸性能促使产生白色 $HSbO_3$ 沉淀,从而产生干扰;除碱金属离子以外的金属离子亦能生成白色无定型沉淀而产生干扰。

⑧除碱金属外,Ag^+、Hg^{2+}、Ni^{2+}、Co^{2+}、Cr^{3+}、Cu^{2+}、Mn^{2+}、Fe^{3+} 等在强碱介质中形成有色沉淀的离子,对反应有干扰;大量 NH_4^+ 存在,降低了溶液中 OH^- 浓度,使 $Mg(OH)_2$ 难以析出,降低了反应的灵敏度。

⑨Ag^+、Pb^{2+}、Cu^{2+}、Cd^{2+}、Hg^{2+}、Hg_2^{2+} 等均能与 $C_2O_4^{2-}$ 作用生成沉淀,对反应有干扰,可在氨性试液中加入 Zn 粉,将它们还原为金属而除去。

⑩Sr^{2+}、Pb^{2+}、Ag^+、Ni^{2+}、Zn^{2+} 等均能与 CrO_4^{2-} 作用生成有色沉淀,影响 Ba^{2+} 检出。

1.4.5 阴离子的分析

1. 阴离子的系统分组

构成阴离子的元素较少,主要是处于元素周期表中右上部元素及中右部的某些元素(如 $Cr_2O_7^{2-}$、CrO_4^{2-}、MnO_4^- 等)。除少数几种阴离子外,大多数情况下阴离子鉴定时相互并不干扰,实际上许多阴离子共存的机会也较少,因此阴离子分析一般都采用分别分析的方法。但为了了解溶液中离子的存在情况,节省不必要的鉴定手续,进行阴离子的系统分析还是有必要的。阴离子分组的主要目的是应用组试剂来预先检查各组离子是否存在,并不是借分组把它们系统分离。如果在分组时已能确定某一组离子并不存在,就不必进行该组离子的鉴定,这样可以简化分析工作。

阴离子的分组方法较多,根据各阴离子在酸性介质中的稳定性不同和对应钡盐、银盐、钙盐溶解度的不同,可将阴离子分成四组(表1.10)。

表 1.10 阴离子的分组

组别	组试剂	各组阴离子	特性
第一组 (挥发组)	HCl	S^{2-}、SO_3^{2-}、$S_2O_3^{2-}$、CO_3^{2-}、NO_2^- 等	在酸性介质中不稳定,易形成挥发性或易分解的不稳定的酸
第二组 (钙、钡盐组)	$BaCl_2$ (中性或弱碱性介质)	SO_4^{2-}、PO_4^{3-}、SiO_3^{2-}、AsO_4^{3-} 等	钙盐、钡盐难溶于水
第三组 (银盐组)	$AgNO_3$ HNO_3	Cl^-、Br^-、I^- 等	银盐难溶于水及稀硝酸
第四组 (易溶组)	无组试剂	NO_3^-、ClO_3^-、CH_3COO^- 等	银盐、钡盐、钙盐等均易溶于水

2. 常见阴离子与常用试剂的反应

常见阴离子与常用试剂的反应分为沉淀实验、挥发性实验、氧化性试验和还原性试验等方面。

(1) 与 $BaCl_2$ 的沉淀实验

①在13支离心试管中分别滴加 SO_4^{2-}、SiO_3^{2-}、PO_4^{3-}、SO_3^{2-}、CO_3^{2-}、$S_2O_3^{2-}$、S^{2-}、Cl^-、Br^-、I^-、NO_3^-、NO_2^-、OAc^- 各2滴。

②然后各滴加1滴 $0.5\ mol\cdot L^{-1}\ BaCl_2$。

③再在有沉淀的试管中滴加 $6\ mol\cdot L^{-1}\ HCl$。

反应方程式如下：

$Ba^{2+} + SO_4^{2-} = BaSO_4\downarrow$（白），

$BaSO_4\downarrow + HCl \neq$；

$Ba^{2+} + SiO_3^{2-} = BaSiO_3\downarrow$（白），

$BaSiO_3 + 2HCl = H_2SiO_3\downarrow$（胶状）$+ BaCl_2$；

$3Ba^{2+} + 2PO_4^{3-} = Ba_3(PO_4)_2\downarrow$（白），

$Ba_3(PO_4)_2 + 6HCl = 3BaCl_2 + 2H_3PO_4$；

$Ba^{2+} + CO_3^{2-} = BaCO_3\downarrow$（白），

$BaCO_3 + 2HCl = BaCl_2 + H_2O + CO_2\uparrow$；

$Ba^{2+} + SO_3^{2-} = BaSO_3\downarrow$（白），

$BaSO_3 + 2HCl = BaCl_2 + H_2O + SO_2\uparrow$；

$Ba^{2+} + S_2O_3^{2-} = BaS_2O_3\downarrow$（白），

$BaS_2O_3 + 2HCl = BaCl_2 + H_2O + SO_2\uparrow + S\downarrow$

而 S^{2-}、Cl^-、Br^-、I^-、NO_3^-、NO_2^-、OAc^- 中加入 $BaCl_2$ 后无现象。

（2）与 $AgNO_3$ 的沉淀实验

①在 13 支离心试管中分别滴加 SO_4^{2-}、SiO_3^{2-}、PO_4^{3-}、SO_3^{2-}、CO_3^{2-}、$S_2O_3^{2-}$、S^{2-}、Cl^-、Br^-、I^-、NO_3^-、NO_2^-、OAc^- 各 2 滴。

②然后各滴加 $0.1\ mol\cdot L^{-1}\ AgNO_3$。

③再在有沉淀的试管中滴加 $2\ mol\cdot L^{-1}\ HNO_3$。

反应方程式如下：

$2Ag^+ + SO_4^{2-} = Ag_2SO_4\downarrow$（白），

$Ag_2SO_4 + HNO_3 \neq$；

$2Ag^+ + SiO_3^{2-} = Ag_2SiO_3\downarrow$（白），

$Ag_2SiO_3 + 2HNO_3 = H_2SiO_3 + 2AgNO_3$；

$3Ag^+ + PO_4^{3-} = Ag_3PO_4\downarrow$（黄），

$Ag_3PO_4 + 3HNO_3 = 3AgNO_3 + H_3PO_4$；

$2Ag^+ + CO_3^{2-} = Ag_2CO_3\downarrow$（白），

$Ag_2CO_3 + 2HNO_3 = 2AgNO_3 + H_2O + CO_2\uparrow$；

$2Ag^+ + SO_3^{2-} = Ag_2SO_3\downarrow$（白），

$Ag_2SO_3 + 2HNO_3 = 2AgNO_3 + H_2O + SO_2\uparrow$；

第1章 基本知识

$2Ag^+ + 2S^{2-} = Ag_2S\downarrow$（黑），

$Ag_2S + HNO_3 \neq$;

$Ag^+ + Cl^- = AgCl\downarrow$（白），

$AgCl + HNO_3 \neq$;

$Ag^+ + Br^- = AgBr\downarrow$（浅黄），

$AgBr + HNO_3 \neq$;

$Ag^+ + I^- = AgI\downarrow$（黄），

$AgI + HNO_3 \neq$

其他离子如 NO_3^-、NO_2^-、OAc^- 无明显现象。

（3）酸性条件下的挥发性实验

待检离子 SO_3^{2-}、CO_3^{2-}、$S_2O_3^{2-}$、S^{2-}、NO_2^- 反应方程式如下：

$2H^+ + CO_3^{2-} = H_2O + CO_2\uparrow$

$2H^+ + SO_3^{2-} = H_2O + SO_2\uparrow$

$2H^+ + S_2O_3^{2-} = H_2O + SO_2\uparrow + S\downarrow$（黄）

$2H^+ + S^{2-} = H_2S\uparrow$

$2H^+ + 2NO_2^- = NO\uparrow + H_2O + NO_2\uparrow$

（4）与 I_2—淀粉的还原性试验

$I_2 + S^{2-} = 2I^- + S\downarrow$

$I_2 + 2S_2O_3^{2-} = 2I^- + S_4O_6^{2-}$

$H_2O + I_2 + SO_3^{2-} = 2H^+ + 2I^- + SO_4^{2-}$

（5）与 $KMnO_4$ 的还原性试验

$2MnO_4^- + 5SO_3^{2-} + 6H^+ = 2Mn^{2+} + 5SO_4^{2-} + 3H_2O$

$8MnO_4^- + 5S_2O_3^{2-} + 14H^+ = 10SO_4^{2-} + 8Mn^{2+} + 7H_2O$

$2MnO_4^- + 10Br^- + 16H^+ = 5Br_2 + 2Mn^{2+} + 8H_2O$

$2MnO_4^- + 10I^- + 16H^+ = 2I_2 + 2Mn^{2+} + 8H_2O$

$2MnO_4^- + 5NO_2^- + 16H^+ = 5NO_3^- + 2Mn^{2+} + 8H_2O$

$2MnO_4^- + 10Cl^- + 16H^+ = 5Cl_2 + 2Mn^{2+} + 8H_2O$

$2MnO_4^- + 5S^{2-} + 16H^+ = 5S\downarrow$（黄）$+ 2Mn^{2+} + 8H_2O$

其余离子无明显现象。

（6）与 KI 的氧化性试验

$$2I^- + 4H^+ + 2NO_2^- =\!\!=\!\!= 2NO\uparrow + 2H_2O + I_2$$

其余离子无明显现象。

3. 常见阴离子的主要鉴定反应

常见阴离子的主要鉴定反应如表 1.11 所示。

表 1.11 常见阴离子的主要鉴定反应

离子	试剂（介质条件）	定性反应（鉴定反应）	主要干扰离子
CO_3^{2-}	HCl（或稀 H_2SO_4）（酸性）	$CO_3^{2-} + 2H^+ =\!\!=\!\!= CO_2\uparrow + H_2O$ CO_2 气体使饱和 $Ba(OH)_2$ 溶液变浑浊 $CO_2 + 2OH^- + Ba^{2+} =\!\!=\!\!= BaCO_3\downarrow + H_2O$	
SiO_3^{2-}	饱和 NH_4Cl（碱性）	$SiO_3^{2-} + 2NH_4^+ + 2H_2O =\!\!=\!\!= H_2SiO_3\downarrow$（白色胶状）$+ 2NH_3\cdot H_2O$	
$S_2O_3^{2-}$	稀 HCl（酸性）	$S_2O_3^{2-} + 2H^+ =\!\!=\!\!= S\downarrow$（白色）$+ SO_2\uparrow + H_2O$	SO_3^{2-}、S^{2-}
	$AgNO_3$（中性）	$S_2O_3^{2-} + 2Ag^+ =\!\!=\!\!= Ag_2S_2O_3\downarrow$（白） $Ag_2S_2O_3 + H_2O =\!\!=\!\!= Ag_2S\downarrow$（黑）$+ H_2SO_4$	S^{2-}
Cl^-	$AgNO_3$（酸性介质）	$Cl^- + 2Ag^+ =\!\!=\!\!= AgCl\downarrow$（白） AgCl 溶于过量氨水或 $(NH_4)_2CO_3$ 中，用 HNO_3 酸化，沉淀重新析出	
Br^-	Cl_2 水 CCl_4（或苯）（中性或酸性）	$2Br^- + Cl_2 =\!\!=\!\!= 2Cl^- + Br_2$ 析出的 Br_2，溶于 CCl_4（或苯）溶剂中橙黄（或橙红）色	
I^-	Cl_2 水 CCl_4（或苯）（中性或酸性）	$2I^- + Cl_2 =\!\!=\!\!= 2Cl^- + I_2$ 析出的 I_2，溶于 CCl_4（或苯）溶剂中紫红色	
SO_4^{2-}	$BaCl_2$（酸性）	$SO_4^{2-} + Ba^{2+} =\!\!=\!\!= BaSO_4\downarrow$（白）	
SO_3^{2-}	稀 HCl（酸性）	$SO_3^{2-} + 2H^+ =\!\!=\!\!= SO_2\uparrow + H_2O$ SO_2 可使 $KMnO_4$ 试纸、淀粉—I_2 试纸、品红溶液褪色	$S_2O_3^{2-}$、S^{2-}
NO_2^-	对氨基苯磺酸、α-奈胺、醋酸（中性或醋酸）	红色溶液	MnO_4^- 等强氧化剂存在有干扰

续表

离子	试剂 (介质条件)	定性反应（鉴定反应）	主要干扰离子
NO_3^-	$FeSO_4$、浓 H_2SO_4 （酸性）	$3Fe^{2+}+ NO_3^- +4H^+ \Longrightarrow 3Fe^{3+}+NO+2H_2O$ $[Fe(H_2O)_6]^{2+}+NO \Longrightarrow [Fe(NO)(H_2O)_5]^{2+}$(棕色)$+H_2O$	NO_2^- 有同样的反应，妨碍鉴定
PO_4^{3-} ①	过量 $(NH_4)_2MoO_4$ （HNO_3 介质）	$PO_4^{3-} +12\ MoO_4^{2-} +24H^+ +3\ NH_4^+ \Longrightarrow$ $(NH_4)_3PO_4 \cdot 12MoO_3 \cdot 6H_2O\downarrow$(黄)$+6H_2O$	SO_3^{2-}、$S_2O_3^{2-}$、S^{2-}、I^-、Sn^{2+}、SiO_3^{2-}、大量 Cl^-、AsO_4^{3-} 存在有干扰
S^{2-}	稀 HCl （酸性介质）	$S^{2-}+2H^+ \Longrightarrow H_2S\uparrow$ 有臭鸡蛋气味的 H_2S 可使 $Pb(NO_3)_2$ 或 $Pb(OAc)_2$ 试纸变黑	SO_3^{2-}、$S_2O_3^{2-}$ 存在有干扰

① SO_3^{2-}、$S_2O_3^{2-}$、S^{2-}、I^-、Sn^{2+}等还原性物质存在时，易将$(NH_4)_2MoO_4$还原为低价钼的化合物——钼蓝，而使溶液呈深蓝色，严重干扰 PO_4^{3-} 的检出。SiO_3^{2-}、AsO_4^{3-} 与钼酸铵试剂也能形成相似的黄色沉淀，妨碍鉴定。大量 Cl^- 存在时，可与 $Mo(VI)$ 形成配合物，从而降低反应的灵敏度。

1.4.6 离子混合液的分离与鉴定

定性分析中遇到的试样，其组成有简单的、复杂的；有已知混合物的分析，也有未知物的分析。因此，应该根据试样的性质和分析的具体要求，灵活运用所掌握的离子性质，拟出简便可靠的分析方法。

1. 已知离子混合液的分析

拟定分析方案的原则是

（1）如果混合溶液中存在的各离子之间在鉴定时无干扰，则可直接取试样进行分别分析，不需要进行系统分析。

（2）如果混合溶液中存在的各离子在鉴定时有干扰，则需要根据具体情况确定合理的系统分析方案。

例 1.4 S^{2-}、SO_3^{2-}、$S_2O_3^{2-}$ 混合液的分析。

取 S^{2-} 试液 2 滴及 SO_3^{2-}、$S_2O_3^{2-}$ 试液各 4 滴，混匀

（1）S^{2-} 的鉴定

取混合液 1 滴于白色点滴板 $\xrightarrow{Na_2[Fe(CN)_5NO](1滴)}$ 溶液变为紫色（示有 S^{2-} 存在）

有关化学方程式：

$S^{2-} + [Fe(CN)_5NO]^{2-} = [Fe(CN)_5NOS]^{4-}$（紫色）

（2）S^{2-} 的除去

向其余的混合液中加入固体 $CdCO_3 \xrightarrow{\text{搅拌、离心分离}}$ 至上清液中不含 S^{2-}

有关化学方程式：

$CdCO_3$（s，白色）$+ S^{2-} = CdS$（s，淡黄）$+ CO_3^{2-}$

（3）$S_2O_3^{2-}$ 的鉴定

① 取上述离心液 1 滴于白色点滴板 $\xrightarrow{AgNO_3}$ 沉淀由白色 → 黄色 → 黑色（示有 $S_2O_3^{2-}$ 存在）

② 取上述离心液 2 滴于离心管中 $\xrightarrow[\text{加热}]{6.0\ mol·L^{-1}HCl}$ 溶液变浑（示有 $S_2O_3^{2-}$ 存在）

有关化学方程式：

$S_2O_3^{2-} + 2Ag^+ = Ag_2S_2O_3\downarrow$（白色）

$Ag_2S_2O_3 + H_2O = Ag_2S\downarrow$（黑）$+ SO_4^{2-} + 2H^+$

（4）SO_3^{2-} 的鉴定

在剩余的离心液中加入 $SrCl_2$ 至沉淀完全 $\xrightarrow{\text{加热 3 min}}$ 冷却 $\xrightarrow{\text{离心分离}}$ 沉淀 $\xrightarrow{\text{洗涤2~3次}}$ 沉淀 $\xrightarrow{3\ mol·L^{-1}HCl}$ 完全溶解 $\xrightarrow{\text{碘—淀粉溶液}}$ 蓝色褪去（示有 SO_3^{2-} 存在）

有关化学方程式：

$SO_3^{2-} + Sr^{2+} = SrSO_3\downarrow$（白色）

$SrSO_3 + 2H^+ = Sr^{2+} + SO_2\uparrow + H_2O$

$SO_3^{2-} + I_2 + H_2O = SO_4^{2-} + 2I^- + 2H^+$

例 1.5 Cl^-、Br^-、I^- 混合液的分析。

（1）卤素离子的沉淀

取 Cl^-、Br^-、I^- 各 3 滴于离心试管 $\xrightarrow{6\ mol·L^{-1}HNO_3}$ $\xrightarrow{AgNO_3}$ 沉淀完全 $\xrightarrow[\text{加热}]{\text{搅拌}}$ 离心分离得沉淀 $\xrightarrow{\text{洗涤2~3次}}$ 沉淀保留

有关化学方程式：

$Cl^- + Ag^+ = AgCl\downarrow$

$Br^- + Ag^+ = AgBr\downarrow$

$I^- + Ag^+ = AgI\downarrow$

（2）Cl^- 的分离与鉴定

在上述沉淀上 $\xrightarrow{12\%(NH_4)_2CO_3(12\sim15\text{滴})}$ 搅拌

$\xrightarrow{\text{离心分离}}$ $\begin{cases} \text{沉淀} \xrightarrow{\text{洗涤}} \text{沉淀（保留）} \\ \text{清液} \xrightarrow{6\ mol\cdot L^{-1}HNO_3} \text{白色沉淀（示有}Cl^-\text{存在）} \end{cases}$

有关化学方程式：

$AgCl + (NH_4)_2CO_3 == [Ag(NH_3)_2]Cl + H_2O + CO_2\uparrow$

$[Ag(NH_3)_2]Cl + 2HNO_3 == AgCl\downarrow + 2NH_4NO_3$

（3）$AgBr$，AgI 的分离与 Br^-、I^- 的鉴定

上述沉淀 $\xrightarrow{5\text{滴}H_2O+Zn(\text{粉})}$ 搅拌

$\xrightarrow{\text{离心分离}}$ 清液 $\xrightarrow{H_2SO_4,\ CCl_4,\ \text{边振荡边滴加氯水}}$ CCl_4 层出现紫色（示 I^- 存在）

$\xrightarrow{\text{滴加氯水}}$ CCl_4 层紫色褪去 $\xrightarrow{\text{滴加氯水}}$ CCl_4 层变为黄色（示 Br^- 存在）

有关化学方程式：

$2AgBr + Zn == 2Ag + 2Br^- + Zn^{2+}$

$2AgI + Zn == 2Ag + 2I^- + Zn^{2+}$

$2I^- + Cl_2 == I_2 + 2Cl^-$

$I_2 + 5Cl_2 + 6H_2O == 2IO_3^- + 10Cl^- + 12H^+$

$2Br^- + Cl_2 == 2Cl^- + Br_2$

2. 未知试样的分析

实际工作中遇到的大多是未知试样的分析。对于未知试样的分析，一般有以下分析方法：

（1）初步试验

未知试样可按照下列步骤进行初步试验，以确定可能存在的离子和不可能存在的离子。

①根据试样的物理性质和试液的酸碱性来鉴别

根据试样的外观特征（如晶型、硬度等）、试样或试液的颜色、溶解性、相对密度及试液的酸碱性来鉴别。

例如，如果试液有色，则根据试液的特定颜色，估计某些离子可能存在；如果溶液呈强酸性反应，则易被酸分解的离子（如 CO_3^{2-}、NO_2^-、$S_2O_3^{2-}$、S^{2-} 等）不可能存在；如果是固体试样，且不溶于水，一般不可能含有 NO_3^-、NO_2^-、OAc^- 等离子。

② 从化学性质鉴别

根据试样与常用试剂（如稀酸、稀碱、Ba^{2+}盐、Ag^+盐、H_2S、$(NH_4)_2S$ 等）的反应情况，预测哪些离子可能存在，哪些离子不可能存在。例如，加入稀 HCl 有沉淀产生，试液中可能有 Ag^+、Hg_2^{2+}、大量 Pb^{2+}、WO_4^{2-} 等；如果加入稀 HCl（或稀 H_2SO_4）有气体产生，试液中可能有 CO_3^{2-}、SO_3^{2-}、$S_2O_3^{2-}$、S^{2-}、NO_2^-、CN^- 等离子，根据气体的性质，还可以初步判断可能是什么阴离子。在酸性条件下加入 H_2S 水溶液（或硫代乙酰胺溶液并加热），如果有沉淀生成，溶液中可能有 Cu^{2+}、Ag^+、As(III)、As(V)、Sn^{2+}、Sn^{4+}、Sb^{3+}、Sb(V)、Hg^{2+}、Pb^{2+}、Bi^{3+} 等离子，根据沉淀的颜色还可以进一步确定哪些离子存在。如果在 HNO_3 介质中加入 $AgNO_3$ 有沉淀生成，则溶液中可能存在 Cl^-、CN^-、Br^-、I^-、S^{2-} 等离子，根据沉淀的颜色还可以进一步确定有哪些离子存在。

利用化学性质初步检试时，还可以借助离子的氧化或还原性进行检验，以确定是否可能有氧化性或还原性离子存在。在阴离子检试时常用此法。

试样一般不大可能同时存在很多离子，经过上述初步试验后留下来要进行检试的离子不会太多。从而大大简化了分析步骤，节省了分析时间。

（2）确证性试验

在上述实验的基础上，根据具体情况设计合理的分析方案，进行各组分的确证性试验。

1.5 无机化合物的提纯、制备和表征

目前已知的化学物质超过 1 300 万种，其中绝大多数是用人工方法合成的。目前世界上每年都有数万种新的无机化合物（包括新的物相）被合成出来，从而为相关领域提供了新的研究课题，推动了无机化学及相关学科的发展。

无机合成有多种分类方法。按反应物的状态可分为单相与多相反应，多相化学反应发生在相的界面上，如气—固相反应、固—液相反应、气—液相反应、固—固相反应等。按制备物质的典型方法可分为水溶液中的合成与非水溶液中的合成等。按照各种特殊实验技术和方法又可分为：高温合成、低温合成、真空条件下的合成、水热合成、高压合成、电解合成、光化学合成、等离子合成等。随着合成技术的发展，许多新的合成方法、合成路线不断产生。现在已发展到对于特定结构和性能的无机材料的定向设计合成阶段。

1.5.1 选择合成路线的基本原则

新的合成路线的研究与设计，既要从热力学角度考虑实现反应的可能性，

又要从动力学角度考虑实现反应的现实性，以减少工作的盲目性。这就需要查阅相关文献，对候选的设计方案作出理论评价。

合成路线的先进性至少应从以下几方面进行评价：工艺简单、原料价廉易得、成本低、产率高、产品质量高、生产安全性好等。如试剂氧化铜的制备，通常有三种方法：第一种方法 $Cu(NO_3)_2$ 加热分解法，由于有 NO_2 生成，污染严重，所以很少被采用；第二种方法 $Cu(OH)_2$ 加热分解法，由于 $Cu(OH)_2$ 呈两性，易溶于过量碱，且 $Cu(OH)_2$ 为胶状沉淀，难以过滤和洗涤，产率低，产品纯度也低；第三种方法 $[Cu(OH)]_2CO_3$ 加热分解法，在生产过程中无污染，且产品纯度高。因此一般采用碱式碳酸铜热分解法生产氧化铜。我们在实验室合成一种化合物时，首先要理解原有的合成方案，但又不能把合成方法看成凝固不变的，要学会在新的反应条件下通过实验选择新的反应条件以达到最佳实验效果。

1.5.2 选择合适的溶剂来制备无机化合物

水价廉易得到并易纯化，无毒且容易操作，因此，水是一种理想的溶剂。在水溶液中主要涉及四类平衡：弱酸弱碱的解离平衡、沉淀—溶解平衡、氧化还原平衡和配位平衡。在水溶液中利用离子反应制备化合物时，若产品是沉淀或气体，通过分离沉淀和收集气体，即可获得产品。如果产品也溶于水，就要用结晶或重结晶等方法进行分离提纯。

当目标化合物在水溶液中发生水解、配体取代或氧化还原等反应时，我们就只能选择非水溶剂来合成目标化合物。

1.5.3 无机化合物的分析和表征

物质的合成工作与物质的分析和表征是密切相关的。当一种新的物质被制备出来，接下来必须解决它的组成、结构和性质等问题。当我们对所合成物质的结构有了足够的认识，我们就可以更加主动地去完善合成方法，以进一步解决更复杂物质的合成问题。

在无机化合物和无机材料的制备过程中，需要对合成产物的结构进行表征，对其性质进行测定。因此"制备—结构测试与分析—性能与应用"是研究新物质的一般思路，也是本教材中设计无机化合物制备实验的一般模式。

常用的物质分析和表征方法有物理法、化学分析法和仪器分析法。

物理法可测定物质的熔点、沸点、电导率、黏度等，纯净的化合物具有固定的上述常数，把测定值与文献值作比较。

化学分析法是以物质的化学反应为基础的分析方法，它分为重量分析和滴定分析，主要用于测定物质的主要成分。

　　仪器分析法是以物质的光、电、磁、热等物理性质或物理化学性质为基础的分析方法，主要使用的仪器包括可见分光光度计、紫外—可见分光光度计、红外光谱仪、核磁共振仪、X射线衍射仪、酸度计、电导仪、电导率仪、通用离子计、极谱分析仪、磁天平、热分析仪、色谱仪、电子显微镜等等，主要用来测定化合物的结构或含量。随着科学技术的发展，仪器分析不仅是重要的分析测试方法，而且是强有力的科学研究手段，成为现代实验化学的支柱。

第 2 章 基本操作和基本仪器

2.1 无机化学实验常用仪器简介

无机化学实验常用仪器如表 2.1 所示。

表 2.1 无机化学实验常用仪器简表

仪器	规格	用途及注意事项
烧杯	以容积表示，如 50 mL、100 mL、150 mL、200 mL、400 mL、500 mL、1 000 mL、2 000 mL 等规格。此外还有 1 mL、5 mL、10 mL 等微型烧杯	常温或加热条件下，用作反应物较多时的反应容器，还可以用来配制溶液 加热时将烧杯外壁擦干，烧杯底部要垫石棉网，所盛反应液体积一般不能超过烧杯容积的 $\frac{2}{3}$
锥形瓶	以容积表示，如 100 mL、250 mL、500 mL 等	用作反应容器，振荡方便，适用于滴定操作或作接收器 加热时底部要垫石棉网，使其受热均匀
试管 离心试管	普通试管是以管外径×长度表示。如 12 mm×150 mm、15 mm×100 mm、30 mm×200 mm 等离心试管以容积表示，如 5 mL、10 mL、15 mL 等。此外还有 0.5 mL、1 mL、2 mL 等微型离心试管	普通试管用作少量试剂的反应容器，离心试管用于沉淀的离心分离 防止振荡或受热时液体溅出；加热后不能骤冷，以防炸裂；反应液体一般不能超过试管容积的 $\frac{1}{2}$，加热时不能超过试管容积的 $\frac{1}{3}$；离心试管不能用火直接加热；加热试管时管口不要对人，且要不断移动试管，使其受热均匀

续表

仪器	规格	用途及注意事项
量桶　量杯	以最大容积表示，如10 mL、20 mL、50 mL、100 mL、200 mL、500 mL等	用于液体体积的计量 不能量热的液体，不可加热
移液管　吸量管	以最大容积表示，如1 mL、2 mL、5 mL、10 mL、25 mL、50 mL等	用于精确量取一定体积的液体，常与容量瓶配合使用 不能加热。管口上无"吹出"字样者，使用时，末端的溶液不允许吹出
滴定管和滴定管架	常用碱式滴定管（左侧）、酸式滴定管（右侧）。以容积表示，如25 mL、50 mL等。有无色和棕色之分	滴定管用于滴定操作或精确量取一定体积的液体。滴定管架由滴定台与蝴蝶夹组成，用于夹持固定滴定管 碱式滴定管盛装碱性溶液或还原性溶液；酸式滴定管盛装酸性溶液或氧化性溶液，不能混用。见光易分解的滴定液应用棕色滴定管盛装。活塞要原配，以防漏液。量取溶液时必须先排除滴定管尖端部分的气泡

续表

仪器	规格	用途及注意事项
容量瓶	以容积表示，如 25 mL、50 mL、100 mL、250 mL、500 mL、1000 mL 等	用于配制准确浓度的标准溶液或被测溶液，一般与移液管配合使用 不可直接加热；不能量热的液体；不能在其中溶解固体；定容时溶液温度应与室温一致；不能长时间存储溶液；塞与瓶配套使用，不能更换
滴瓶	以容积表示，如 30 mL、60 mL、125 mL 等。有无色和棕色两种。	盛放少量液体试剂 见光易分解的试剂应用棕色瓶，碱性物质用带橡皮塞的滴瓶。对于无特殊要求的实验，严禁滴管伸入试管口内；一只滴瓶上的滴管不能用来移取其他试剂瓶中的试剂；不能用实验者的滴管伸入试剂瓶去吸取试剂
长颈漏斗 短颈漏斗	以口径表示，如 4 cm、6 cm 等	漏斗用于过滤操作 不得用火加热
漏斗架	漏斗架有木制和铁制两种	漏斗架用于固定漏斗，漏斗板的高度可以调节

续表

仪器	规格	用途及注意事项
梨形、球形分液漏斗	以容积表示，如 60 mL、100 mL 等。	分液漏斗用于分离互不相溶的液体，或用作发生气体装置的加液漏斗。不能加热；活塞与漏斗配套使用，不能互换
干燥器	以直径表示，如 10 cm、15 cm、18 cm 等。分普通干燥器和真空干燥器	存放样品保持干燥。定量分析时，将灼烧过的坩埚或烘干的称量瓶等置于其中冷却。使用时应检查干燥剂是否失效，注意及时更换。磨口处要涂凡士林。不得放入过热物体。温度较高的物体放入后，在短时间内应把干燥器盖打开一、二次，以免器内造成负压
研钵	以口径表示，如 9 cm、12 cm 等。材质有瓷、玻璃、玛瑙等	用于研磨固体物质。按固体的性质、硬度和测定的要求选用不同材质的研钵。不能加热。大块物质只能压碎，不能敲击。放入固体量不能超过容积的 $\frac{1}{3}$
坩埚	以容积表示，如 30 mL、50 mL 等。材质有瓷、铁、铂、镍、银、石英等	用于灼烧固体。坩埚能直接在泥三角上加热，可耐高温，注意瓷坩埚加热后不能骤冷。应视试样性质选用不同材质的坩埚。取高温坩埚时，坩埚钳要预热

续表

仪器	规格	用途及注意事项
泥三角	泥三角有不同大小,由瓷管和铁丝组成	泥三角用于承放坩埚和蒸发皿 高温时泥三角不能骤冷 坩埚钳用来夹持坩埚和坩埚盖
坩埚钳		
蒸发皿	以容积表示,如 50 mL、100 mL、125 mL 等。材质有瓷、石英或金属等,以瓷质常用	用作反应容器,还可用于蒸发液体 能直接加热,可耐高温,但高温时不能骤冷。根据液体性质不同,选用不同质地的蒸发皿
表面皿	以直径表示,如 6 cm、7 cm、9 cm、12 cm 等。玻璃质	盖在烧杯或蒸发皿上以防液体溅出。也用来盛放要干燥的固体样品 不能直接加热
点滴板	按凹穴数目分六穴、九穴、十二穴等。瓷质。有黑白两种颜色	用于点滴反应,特别是显色反应 不能加热。白色沉淀用黑色板,有色沉淀或者溶液用白色板
水浴锅	有铜、铝制品之分	用于间接加热,也可用于粗略的控温实验 所选择的圈环正好使加热器皿浸入锅中 $\frac{2}{3}$。不要让锅里的水烧干,用完后应将锅擦干保存

续表

仪器	规格	用途及注意事项
洗瓶	以容积表示，如 250 mL、500 mL 等	盛装蒸馏水用于洗涤沉淀或容器 塑料洗瓶不能加热
铁架台(铁夹、铁圈)	铁架台以底座、杆长、杆径表示，如底座 170 mm×100 mm、杆长 450 mm、杆径 10 mm 等。铁夹分为大、中、小型号，材质有铁、铜等。铁圈以内径、外径表示，如内径 50 mm、外径 61 mm 等	铁架台用于固定反应容器 安装仪器时要按照"从下到上"的顺序；用十字头固定铁圈、铁夹时，要使十字头夹的螺口朝上。可以根据情况适当调整铁圈、铁夹的高度
石棉网	规格以边长表示，如 10 cm×10 cm、20 cm×20 cm 等。由铁丝编成，中间涂有石棉	石棉导热性差，能使加热的物体受热均匀，不致造成局部高温。石棉网用于支撑受热容器，使受热均匀 不能与水接触，以免石棉脱落和铁丝锈蚀
试剂瓶	以容积表示，如 50 mL、100 mL、500 mL 等。玻璃或塑料材质。有无色或棕色、广口或细口之分	广口瓶盛装固体试剂，细口瓶盛装液体试剂 不能加热。取用试剂时瓶盖倒放在桌上。碱性物质用橡皮塞或塑料。见光易分解的试剂用棕色瓶

2.2 加热与冷却操作

2.2.1 灯的使用

1. 酒精灯的使用

酒精灯的加热温度为 400~500℃，适用于温度不需太高的实验，特别是在没有煤气设备时经常使用。

（1）酒精灯和灯焰的构造。

酒精灯由灯帽、灯芯和灯壶三大部分组成。火焰应分为焰心、内焰和外焰三部分，外焰的温度最高，内焰次之，焰心温度最低（图2.1）。

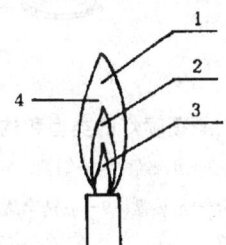

图 2.1　酒精灯灯焰的构造

1—外焰；2—内焰；3—焰心；4—最高温度处

（2）酒精灯的使用方法

①新购置的酒精灯应首先配置灯芯。灯芯通常是用多股棉纱线拧在一起的，灯芯不要太短，一般浸入酒精后还要长 4~5 cm。对于旧灯，特别是长时间未用的灯，在取下灯帽后，应提起灯芯瓷套管，用洗耳球轻轻地向灯内吹一下，以赶走其中聚集的酒精蒸气。灯芯应用剪刀修整平。

②灯壶内酒精少于其容积 $\frac{1}{2}$ 时，应添加酒精。酒精量以不超过灯壶容积的 $\frac{2}{3}$ 为宜。添加酒精时一定要借助一个小漏斗，燃着的酒精灯必须先熄灭火焰再添加酒精。

③加完酒精后，须将灯芯放入酒精中浸泡，才能点燃。点燃酒精灯一定要用火柴。

④加热时若无特殊要求，一般用温度最高的外焰来加热，决不允许用手直接拿仪器加热。

⑤加热完毕或要添加酒精时，应用灯帽将其盖灭，决不允许用嘴吹灭。

2. 酒精喷灯的构造和使用

（1）酒精喷灯的构造如图 2.2 所示。

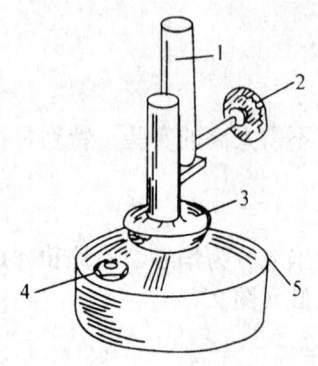
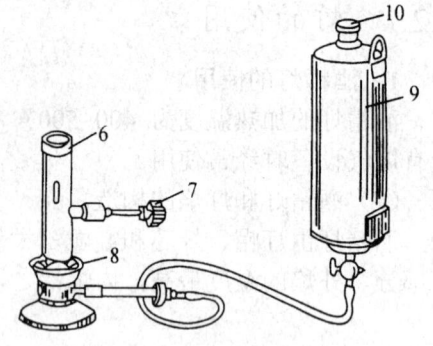

（a）座式　　　　　　　　　　　（b）挂式

图 2.2　酒精喷灯的类型和构造

1—灯管；2—空气调节器；3—预热盘；4—铜帽；5—酒精壶；6—灯管；
7—空气调节器；8—预热盘；9—酒精储罐；10—盖子

（2）酒精喷灯的使用方法

①添加酒精与预热。打开酒精壶铜帽或关闭酒精储罐下口开关，添加酒精，座式灯酒精壶内酒精容量不能超过容积的 $\frac{2}{3}$，预热盘中加少量酒精，然后点燃预热盘酒精，进行预热，可多次进行点燃预热，但两次不出气必须在火焰熄灭后加酒精，并用探针疏通酒精蒸气出口后方可再预热。

②火焰调节与熄灭。旋转空气调节器，调节火焰和熄灭火焰，熄灭火焰也可用木板盖住火焰出口而熄灭，座式喷灯连续使用不能超过半小时，如果要超过半小时，必须到半小时时暂时先熄灭喷灯，冷却，添加酒精后再继续使用。挂式喷灯用毕，必须关好酒精储罐的下口开关。

酒精喷灯一般能达到与煤气灯一样的高温。

（3）使用酒精喷灯时的注意事项

①在点燃喷灯前灯管必须充分燃烧，否则酒精在灯管内难以全部气化，会导致液态酒精从管口喷出，形成"火雨"，这是很危险的。

②不用时，在关闭开关的同时必须关闭储罐的活塞，以免酒精漏失，造成后患。

③不得将储罐内酒精耗尽，当剩余 50 mL 左右时，应停止使用。如继续使用，应添加酒精。

2.2.2 加热方法

1. 液体加热

常用的加热液体的方式有直接加热和水浴加热两种。当加热液体时，液体不宜超过容器总容量的一半。

(1) 直接加热

①加热试管中的液体。如图 2.3 所示，一般可直接在火焰上加热试管中的液体。加热前试管外面要擦干，应该用试管夹夹持试管的中上部，试管应稍微向上倾斜，以免烧坏试管夹。应使液体各部分受热均匀，先加热液体的中上部，再慢慢往下移动，同时不停地上下移动，不要集中加热某一部分，否则将使液体局部受热骤然产生蒸气，液体冲出管外。不要将试管口对着别人或自己，以免溶液溅出时把人烫伤。并将试管倾斜与桌面成 45°，同时不断振荡，火焰上端不能超过管里液面。加热硬质试管可以加热至高温，但不宜骤冷；软质试管在温度急剧变化时极易破裂。离心管只能用水浴加热。

②加热烧杯、烧瓶等玻璃仪器中的液体。在烧杯、烧瓶等玻璃仪器中加热液体时，玻璃仪器必须放在石棉网上，否则容易因受热不均而破裂。

(2) 水浴加热

如果要在一定温度范围内进行较长时间的加热，则可使用水浴。水浴常用具有可移动的同心圆盖的铜制水锅，有时也可用烧杯代替水浴锅。蒸发浓缩一般在水浴上进行，常用的蒸发器是蒸发皿，蒸发皿内盛放液体的量不应超过其容量的 $\frac{2}{3}$。

2. 固体加热

(1) 加热试管中的固体。如图 2.4 所示，加热试管中的固体时，必须使试管口稍微向下倾斜、以免凝结在试管上的水珠流到灼热的管底，而使试管炸裂。试管可用试管夹夹持起来加热，有时也可用铁夹固定起来加热。

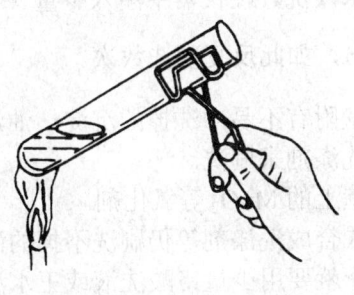

图 2.3 加热试管中的液体

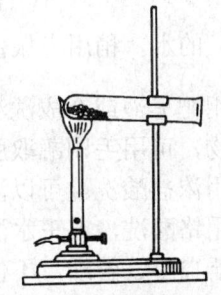

图 2.4 加热试管中的固体

(2)加热蒸发皿中的固体。可把较多的固体放在蒸发皿中加热，但应注意充分搅拌，使固体受热均匀。蒸发皿灼热时，可放在泥三角上，如需移动，则必须用坩埚钳夹取。加热前必须将器皿外壁的水擦干，加热后，不能立即与潮湿的物体接触。

2.2.3　冷却方法

在化学实验中，有些反应和操作要求在低温下进行，这就需要选择合适的制冷技术。

（1）自然冷却

热的物质在空气中放置一定时间，会自然冷却至室温。

（2）吹风冷却

当实验需要快速冷却时，可用吹风机或鼓风机吹冷风冷却。

（3）冷水冷却

最简便的冷却方法是将要冷却的容器放在冷水浴中。如果要求在低于室温下进行，可用水和碎冰的混合物做冷却剂，效果比单独用冰块要好，因为它能和容器更好地接触。如果水的存在不妨碍反应的进行，则可把碎冰直接投入反应物中，这能更有效地利用低温。

（4）冰盐冷却

实验室常用冰盐冷却剂来维持 0℃以下的低温。制冰盐冷却剂时，应把盐研细，将冰用刨冰机刨成粗砂糖状，然后按一定比例均匀混合。

2.3　玻璃仪器的洗涤与干燥

2.3.1　玻璃仪器的洗涤

1. 洗涤方法的选择

（1）用水刷洗。对于可溶性污物可用水冲洗，往仪器中注入少量（不超过容量的 $\frac{1}{3}$）的水，稍用力振荡后，把水倾出，如此反复冲洗数次。

（2）用肥皂液或合成洗涤剂刷洗。内壁附有不易冲洗掉的沉淀、油污或一些有机污物，可用毛刷蘸取肥皂液或合成洗涤剂来刷洗。

（3）用浓盐酸洗。可以洗去附着在器壁上的 MnO_2 等氧化剂。

（4）用铬酸洗液或王水洗。用肥皂液或合成洗涤剂等仍刷洗不掉的污物，或者因仪器口小、管细，不便用毛刷刷洗，就要用少量铬酸洗液或王水洗涤。用铬酸洗液或王水洗涤时，可往仪器内注入少量铬酸洗液或王水，使仪器倾斜并慢慢转动,让仪器内壁全部被洗液湿润。再转动仪器,使铬酸洗液或王水在内壁流动。流动几圈后,把铬酸洗液或王水倒回原瓶,再用水刷洗或冲洗,决不允许将毛刷放入洗液中!

对沾污严重的仪器可用洗液浸泡一段时间,用热铬酸洗液进行洗涤,效率更高。当所用铬酸洗液变成暗绿色后,需再生才能使用。

(5)用含 $KMnO_4$ 的 NaOH 水溶液洗。将 10 g $KMnO_4$ 溶于少量水中,向该溶液中注入 100 mL 10% NaOH 溶液即配成洗涤剂。该洗涤剂适用于洗涤油污及有机物。洗后在玻璃器皿上留下 MnO_2 沉淀,可用浓 HCl 或 Na_2SO_3 溶液将其冲掉。

2. 仪器洗净的检查

仪器是否洗净,可加入少量水振荡一下,将水倒出,如果仪器透明,器壁不挂水珠,说明已洗净。洗净的仪器再用少量清水涮洗数次,必要时还应用少量蒸馏水洗 2~3 次。凡是已洗净的仪器内壁,决不能再用布(或纸)去擦拭,因为布(或纸)的纤维将会留在器壁上反而沾污仪器。

2.3.2 玻璃仪器的干燥

1. 晾干法

通常是将洗净的仪器,倒置在干净的仪器柜或搪瓷盘中,让仪器上残存的水分自然挥发干燥。

2. 快干法

一般只在实验中临时使用。将仪器洗净后倒置控水,注入少量(3~5 mL)能与水互溶且挥发性较大的有机溶剂(常用无水乙醇、丙酮或乙醚等),将仪器转动使溶剂在内壁流动,待内壁全部浸湿后倾出溶剂(应回收),并擦干仪器外壁,再用电吹风机的热风迅速将内壁残留的易挥发物赶出,达到快干的目的。

3. 烤干法

利用加热使水分迅速蒸发而使仪器干燥。此法常用于可加热(或耐高温)的仪器,如试管、烧杯、烧瓶等。加热前先将仪器外壁擦干,然后用小火烤。加热时应用试管夹或坩埚钳将仪器夹住,并转动使仪器受热均匀。带有刻度的计量仪器不能使用加热的方法进行干燥,因为这会影响仪器的精度。

4. 烘干法

通常使用电热干燥箱(电烘箱)。一般将洗净的仪器倒置放入电烘箱内的隔板上,关好门,将箱内温度控制在 105℃左右,恒温约半小时即可。对于厚壁瓷质的仪器不能烤干,但可烘干。

2.4 玻璃加工操作和塞子的使用

2.4.1 玻璃加工操作

1. 玻璃管（棒）的截断、熔光与缘口

（1）玻璃管（棒）的切割。如图 2.5 所示，切割时，将玻璃管平放在桌面上，左手按住要切割的部位，右手用挫刀的棱在要切割的部位按一个方向用力向前挫一次，挫出一道深而短的凹痕，凹痕应与玻璃管垂直，将两个拇指齐放于挫痕背面，然后两拇指轻轻地由挫痕的背面向外推折，同时两食指分别向外拉，将玻璃管截断。切断粗玻璃管（棒）时，可将锉刀沿管轴转动而切割，截断时应将玻璃管（棒）用布包住，以免划伤手指。

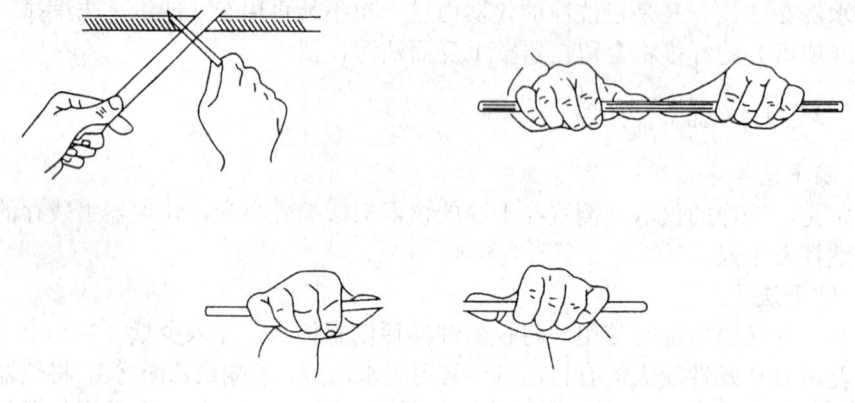

图 2.5 玻璃管（棒）的切割

（2）玻璃管的熔光与缘口。新截断的玻璃管截面很锋利，容易划伤皮肤，且难以插入塞子的圆孔内，所以必须将玻璃管熔烧（熔光）。方法是将刚切割的玻璃管的一头斜插入酒精喷灯的氧化焰中加热，一般为 45°，并不断来回转动玻璃管，直至管口变成红热平滑为止。熔光时，加热时间过长过短都不好。过短，管口不平滑；过长，管径会变小，转动不匀，也会使管口不圆。玻璃管加热后，应放在石棉网上冷却，切不可直接放在实验台上，以免烧焦台面，也不要用手去摸，以免烫伤。切割的玻璃棒的断面也可用同样的操作方法熔光。管口需套胶皮乳头（如滴管帽）等时，须扩口和缘口。如图 2.6（a）所示，管口灼烧至红热后，用金属挫刀柄斜放管口内迅速而均匀旋转，使管口略为扩大，这就是扩口。如图 2.6（b）所示，待管口稍向外翻时，迅速将玻璃管放在石棉板上轻轻压平，这样就能得到比较整齐厚实的管口，即缘口。

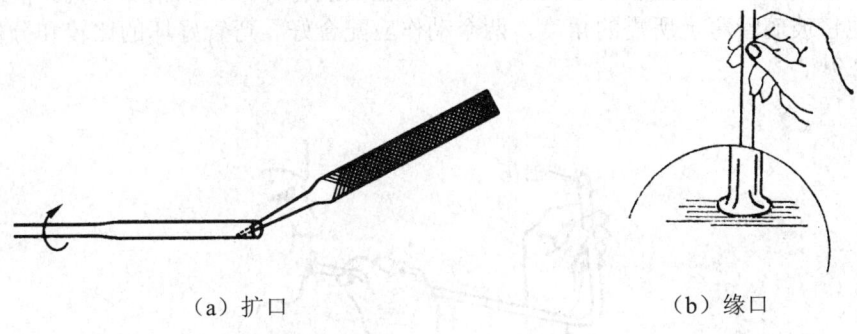

（a）扩口　　　　　　　　　　　　（b）缘口

图 2.6　玻璃管的扩口和缘口

2．玻璃管的弯曲

（1）不吹气法弯曲。先用抹布把玻璃管外壁擦净，内壁用棉球擦净（把棉球塞进管口，不要太紧，用铁丝把棉球从另一端推出）。如图 2.7 所示，双手持玻璃管，把要弯曲的部位插入氧化焰内（先用小火预热）。两手用力要均匀，并缓慢均匀地转动玻璃管，以免玻璃管在火焰中扭曲。当玻璃管烧成黄色并足够软时，移开火焰，稍等一、两秒，待温度均匀后，再准确地把它弯成一定的角度。弯管时应按"V"形手法正确操作，即两手在上方，玻璃管的弯曲部分在两手中间的下方。

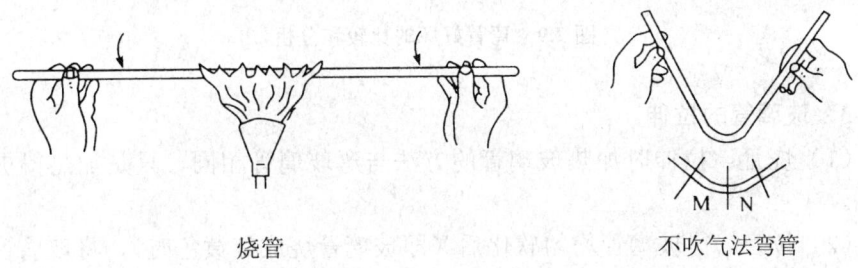

烧管　　　　　　　　　　　　不吹气法弯管

图 2.7　玻璃管的弯曲

120°以上的角度一次弯成。较小的角度，可分几次弯成，先弯成 120°左右的角度，待玻璃管稍冷后，进行第二次加热，再弯成较小的角度（如 90°）。但玻璃管第二次受热的位置应较第一次受热位置略偏左或偏右一些。需要弯成更小的角度时，应进行第三次加热和弯曲操作。

（2）吹气法弯曲。如图 2.8 所示，为了使玻璃管的弯曲部分保持原来的粗细，可将玻璃管的一端用橡皮胶头、木塞或棉花封住，放在灯焰上加热，均匀转动至玻璃管发黄变软时移出灯焰，然后在玻璃管开口一端稍加吹气，同时缓慢地将玻璃管弯至所需的角度，两个动作应配合好。弯管好坏的比较和分析见图 2.9。

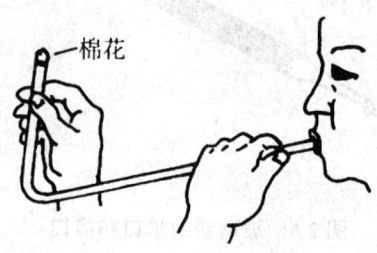

图 2.8　吹气法弯管

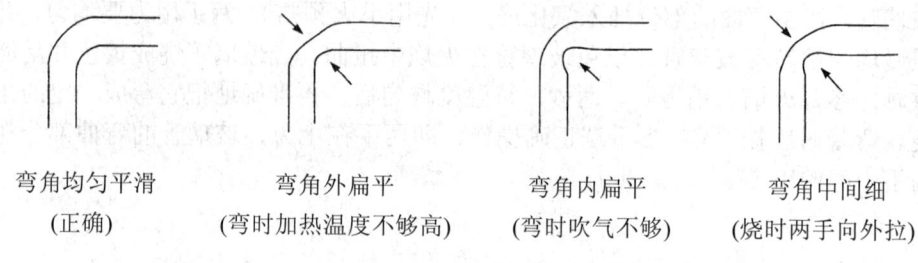

弯角均匀平滑　　　弯角外扁平　　　　弯角内扁平　　　弯角中间细
（正确）　　（弯时加热温度不够高）　（弯时吹气不够）　（烧时两手向外拉）

图 2.9　弯管好坏的比较和分析

3. 玻璃管的拉伸

（1）烧管。拉伸时加热玻璃管的方法与弯玻璃管相同，只是加热得更软一些。

（2）拉管。待玻璃管均匀软化后（即玻璃管烧成红黄色时），将玻璃管轻缓地向内压缩，减短它的长度，使管壁增厚，再移开火焰，沿水平方向向两边一边拉动，一边来回转动，到狭部拉至所需要的细度为止（图 2.10（a））。要注意不可拉断，拉断的管壁常嫌太薄。拉伸后，右手持玻璃管，将玻璃管下垂片刻，使拉成的毛细管的轴与原玻璃管的轴位于同一直线上，然后放在石棉网上。在拉伸操作中，应注意使玻璃管受热均匀且受热部位要足够大。如果受热部分不够大，拉得又很快时，得到的是既细又薄的尖管，不合要求（图 2.10（b））。

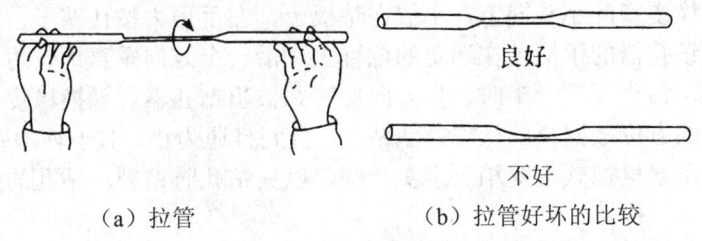

（a）拉管　　　　　　（b）拉管好坏的比较

图 2.10　玻璃管的拉伸

（3）熔光与缘口

冷却后按所需长度要求在拉细的部位折断玻璃管，断口熔光即成两个尖嘴。如需制备滴管还需要扩口和缘口。

2.4.2　塞子的选择和钻孔

1. 塞子的种类

（1）软木塞。软木塞由于质地松软，严密性较差，而且易被酸、碱损坏，但与有机物作用小，不被有机溶剂所溶胀。

（2）橡皮塞。橡皮可以把瓶子塞得很严密，并可以耐强碱性物质的侵蚀，是无机实验中最常用的，但易被强酸和某些有机溶剂（如汽油、苯、氯仿、丙酮或二硫化碳等）侵蚀而溶胀。

（3）玻璃磨口塞。玻璃磨口塞是试剂瓶的配套塞子，可把瓶子塞得很严密，但可被碱和氢氟酸腐蚀，所以它适用于盛放除碱和氢氟酸以外的一切液体或固体物。由于磨口配套，塞子和瓶子切勿弄乱。

2. 塞子的选择

同一种塞子有大小不同的型号，另外，瓶口和仪器口的大小也不一样，同时还应按所盛或所接触物质的性质来选用不同种类的塞子。

3. 钻孔器的选用

如图 2.11 所示，钻孔器是一组直径不同的金属管，管的一端有柄，另一端管口很锋利。另外，每套钻孔器还有一个带柄的捅条，用来捅出进入钻孔器的橡皮或软木。通常要根据塞子的种类和塞子上所要插的温度计或玻璃导管的管径大小来选择合适的钻孔器，这样钻出的孔在插上温度计或玻璃导管后才能保证严密。对于橡皮塞，应选用比欲插的管外径稍大的钻孔器，而对于软木塞则应选用比管径稍小的钻孔器，导管可稍用力挤插进去，而保持严密。

4. 钻孔方法

如图 2.12 所示，将所选用的钻孔器的前端涂少许润滑剂（如凡士林、甘油、肥皂水、稀碱液或水），以减少钻孔时的摩擦力。实验台上放一块木垫板，并将要钻孔的橡皮塞的小头向上，平放在垫板上，左手用力按住塞子，不得移动，右手握住钻孔器的手柄，在选定的位置上，沿一个方向垂直地、边轻压边转动地往下钻，钻到深度一半时，反方向旋转并拔出钻孔器。调换橡皮塞的大头，对准原孔的方位按同样的操作方法钻孔，直到打通为止。对于软木塞，钻孔前，应首先用压塞机把软木塞稍压紧实一些，以免钻孔时钻裂。钻孔的操作方法与橡皮塞完全一样。

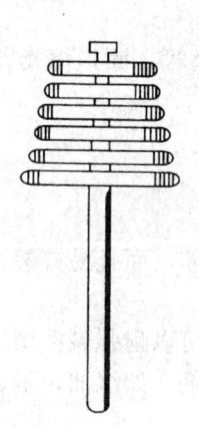

图 2.11　钻孔器

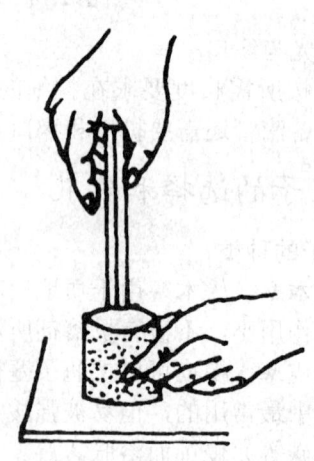

图 2.12　钻孔方法

5. 玻璃导管与塞子的连接

将玻璃导管插入已钻孔的塞子，要求导管与塞孔严密套接，如果塞孔太小，可以用圆锉把孔锉大一些。如果玻璃导管可以毫不费力地插入塞孔，表示塞孔太大，不合要求。将玻璃导管插入玻璃管时，可用少许水湿润管口，然后手握玻璃管的前半部，把玻璃管慢慢旋入塞孔至合适位置。为了安全，初学者操作时最好垫布。整个操作要注意把塞子拿牢，揉力旋入，且不可用力过猛或手离塞子太远，以免折断玻璃管划破手指。

2.5　称量操作

2.5.1　台秤的构造和使用

台秤又叫托盘天平，用于精度不高的称量，一般能称准到 0.1 g。

1. 台秤的构造（图 2.13）

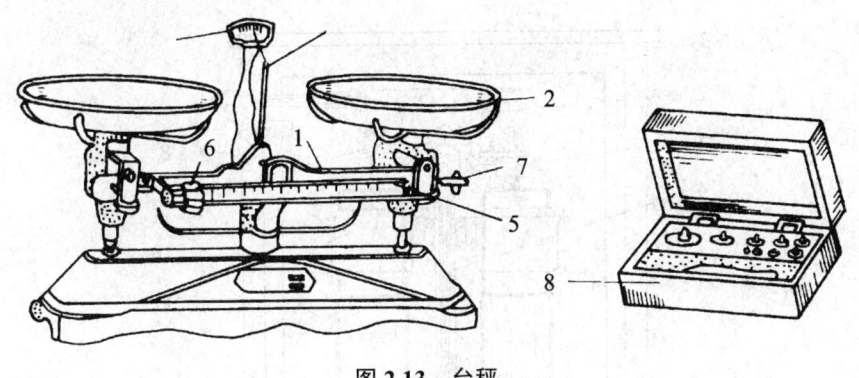

图 2.13 台秤
1—横梁；2—盘；3—指针；4—刻度盘；5—游码标尺；
6—游码；7—平衡调节螺丝；8—砝码、砝码盒

2. 台秤的使用方法

（1）调零

先将游码拨至游码标尺左端"0"处，观察指针摆动情况。如果指针在刻度尺的左右摆动距离几乎相等，即表示台秤可以使用；如果指针在刻度的左右摆动的距离相差很大，应调节托盘下面的平衡调节螺丝，使指针在中心线左右等距离摆动，或停在中心线上不动为止。

（2）物品称量

被称量的物品放在左盘，被称物不能直接放在托盘上，依其性质可选择放在纸上、表面皿上或其他容器里。10 g（或 5 g）以上的砝码放在右盘中，10 g（或 5 g）以下的质量用移动标尺上的游码来调节。砝码与游码所示的总质量就是被称量物品的质量。

3. 注意事项

不能称量热的物体；称量完毕后，把砝码放回砝码盒中，将游码退到刻度"0"处，取下托盘上的物品，即令台秤与砝码恢复原状；要保持台秤清洁；要用镊子夹取砝码，不要用手拿。

2.5.2 分析天平的构造和使用

1. 构造

半自动电光分析天平的构造如图 2.14 所示。

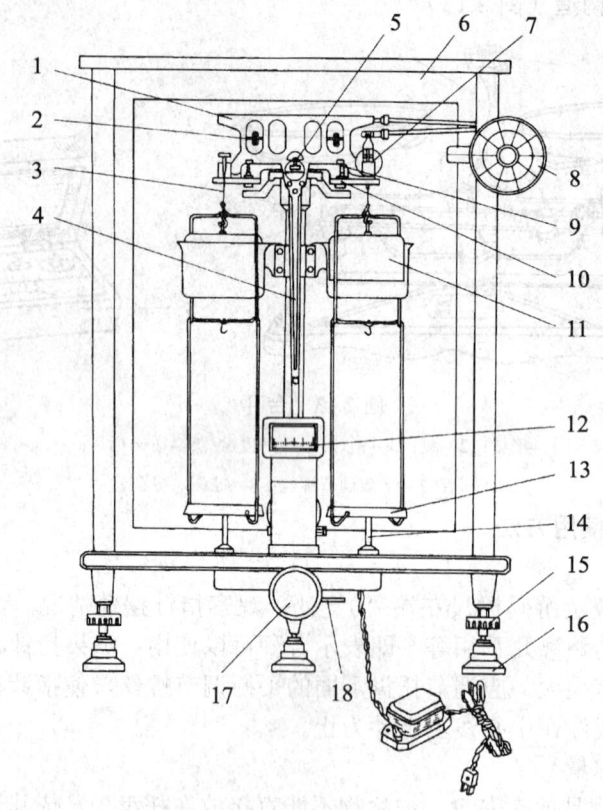

图 2.14 半自动电光分析天平

1—天平横梁；2—平衡螺丝；3—吊耳；4—指针；5—玛瑙刀口；6—框罩；7—圈码；8—圈码指数盘；9—支力销；10—托梁架；11—空气阻尼器；12—投影屏；13—天平盘；14—盘托；15—螺旋脚；16—垫脚；17—升降旋钮；18—调零杆

2. 使用步骤

（1）称量前先检查天平是否处于水平状态、两盘是否洁净、圈码和天平盘是否在 0.00 位置及圈码有无脱落等。

（2）接通电源，开启旋钮，此时在投影屏上可以看到标尺的投影在移动，当标尺稳定后，如果屏幕中央刻线与标尺上的 0.00 不重合，可拨动升降旋钮下边的调零杆，挪动屏幕的位置，直到刻线恰好与 0.00 重合，即为零点。如屏幕的位置已移动到尽头仍不能与 0.00 重合，则需通过调节天平梁上的平衡螺丝调节零点。

（3）把被称量物体在托盘天平上粗称后，放在天平左盘中心，在右盘上加、减砝码到克位，关闭两边天平门。转动圈码指数盘，加减圈码，直到投影屏上零点标线与标尺投影上某一读数重合为止。

（4）待标尺停稳后，就可读数。

$$被称物的质量（g）= 砝码质量读数 + \frac{圈码读数}{1000} + \frac{标尺读数}{1000}$$

（5）称量的数据可以读到 $\pm 0.0001\,g$，应及时写在记录本上。

（6）关闭天平，将砝码放回盒内，将圈码指数盘拨回零位，关闭两侧天平门，盖上防尘罩。

3．称量方法

（1）递减称量法（减量法）

①将试样或基准物质装入称量瓶内，直接在天平上称量（适于称量易吸潮的试样）。称量瓶用洁净的纸条套住，再用手捏住纸条。称量瓶加试样重，记为 m_1（g）。

②取下称量瓶，放在容器上方，将称量瓶倾斜，用称量瓶盖轻敲瓶口上部，使试样慢慢落入容器中（图 2.15）。当倾出的试样已接近所需要的重量时，慢慢地将瓶竖起，再用称量瓶盖轻敲瓶口上部，使粘在瓶口的试样落在容器中，然后盖好瓶盖（上述操作都应在容器上方进行），将称量瓶再放回天平盘，称得重量，记为 m_2（g）。如此继续进行，可称取多份试样。

第一份试样质量 $= m_1 - m_2$（g）

第二份试样质量 $= m_2 - m_3$（g）

⋮

如果一次倾出的试样不足所需要的重量范围时，可按上述的操作继续倾出。但如超出所需要的重量范围，不准将倾出的试样再倒回称量瓶中，此时只能弃去倾出的试样，洗净容器，重新称量。

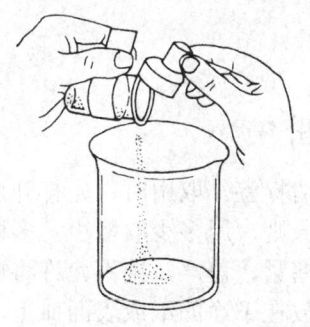

图 2.15 从称量瓶中倾出试样

（2）固定质量称量法（增量法）
常以表面皿、称量铲或称量纸作称量器皿，其称量方法如下：
①确定称取试样的准确质量 m_1（g）。
②准确称出称量器皿的质量 m_2（g）。
③紧接着，在右边天平盘上加相当于试样质量的砝码和圈码，在左盘的称量器皿中加入略少于欲称量质量的试样，然后轻轻振动牛角勺逐渐往称量器皿中增加试样，使平衡点达到所需数值（m_1+m_2）g（要求试样性质稳定）；称量完毕，须将所称取的试样完全转移至实验容器中。

（3）天平的使用规则
①称量前先将天平护罩取下叠好，放在天平箱上面，检查天平是否处于水平状态，盘上有无污垢，如有应用软毛刷拭去，并检查和调整天平的零点，检查砝码是否缺少。
②不能称量过冷或过热的物体，被称物温度应与天平箱内的温度一致，试样应盛在洁净的器皿中，必要时须加盖密闭，以防样品吸湿或腐蚀性气体逸出。取放称量器皿时要用纸条，要始终保证容器内外部的洁净，以防沾污天平。
③开启升降旋钮时应缓慢小心，轻开轻关。取放物体、加减砝码时，都必须把天平横梁托起，以免损坏玛瑙刀口。
④称量前要先粗称试样，天平载重不能超过限度。
⑤取放砝码必须用镊子夹取，严禁用手拿。加减砝码的原则一般是"由大到小，折半加入"，砝码应放在天平盘的中央处。电光天平自动加减圈码时要轻缓，不要过快转动圈码指数盘，避免圈码跳落或变位。
⑥称的数据及时写在记录本上，不得记在纸片或其他地方。
⑦称量完毕后，托起天平，取出被称物和砝码。将圈码指数盘拨回零位。切断电源，最后罩上护罩。

2.6 化学试剂的取用

2.6.1 固体试剂的取用

（1）取用药品前，要看清标签。取用时，先打开瓶盖和瓶塞，将瓶塞反放在实验台上。应本着节约的原则，用多少取多少，多取的药品不能倒回原瓶。药品取完后，一定要把瓶塞塞紧、盖严，绝不允许将瓶塞张冠李戴。
（2）称量固体试剂时应放在干净的纸或表面皿上，但具有腐蚀性、强氧化性或易潮解的固体试剂应放在玻璃容器内称量。

(3) 要用干燥、洁净的药匙取试剂,不能用手接触化学试剂。药匙的两端有大小不同的两个匙,分别用于取大量固体和少量固体(取用的固体要放入小试管时,必须用小匙)。应专匙专用。用过的药匙必须洗净擦干后方可再使用。

(4) 如图 2.16 所示,往试管(特别是湿的试管)中加入固体试剂时,可用牛角匙把固体直接加入容器中(如果试管的口径足够大)。往湿的或口径小的试管中加入固体试剂时,为了避免试剂沾在试管上,可将取出的药品放在宽度合适、长度比试管稍长且比较硬的对折的纸片上,然后将其送入试管底部,用手轻轻抽出纸条使纸上试剂全部落入管底。往试管中加入块状固体时,应将试管倾斜,使固体沿管壁慢慢滑入试管内,以免撞破管底。如固体颗粒较大,应先放在干燥洁净的研钵中研碎。

(5) 取用有毒药品应在教师指导下进行。

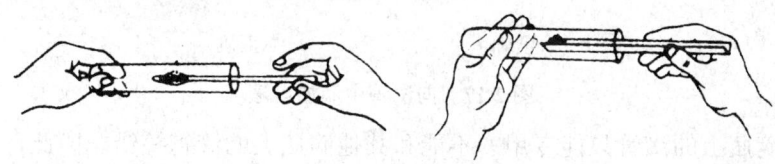

图 2.16　往试管中加入固体试剂的操作

2.6.2　液体试剂的取用

(1) 从试剂瓶取用试剂。用左手持量筒(或试管),并用大姆指指示所需体积刻度处。右手持试剂瓶(注意:试剂标签应向手心避免试剂沾污标签),慢慢将液体注入量筒到所指刻度。读取刻度时,视线应与液体凹面的最低处保持水平。倒完后,应将试剂瓶口在容器壁上靠一下,再将瓶子竖直,以免试剂流至瓶的外壁。如果是平顶塞子,取出后应倒置桌上,如瓶塞顶不是扁平的,可用食指和中指(或中指和无名指)将瓶塞夹住(或放在洁净的表面皿上),切不可将它横置桌上。取用试剂后应立即盖上原来的瓶塞,把试剂瓶放回原处,并使试剂标签朝外,应根据所需用量取用试剂,不必多取,如不慎取出了过多的试剂,只能弃去,不得倒回或放回原瓶,以免沾污试剂。

(2) 从滴瓶中取用少量试剂。瓶上装有专用滴管的试剂瓶称作滴瓶。滴管上部装有橡皮头,下部为细长的管子。使用时,提起滴管,使管口离开液面,用手指紧捏滴管上部的橡皮头,以赶出滴管中的空气,然后把滴管伸入试剂瓶中,放开手指,吸入试剂。再提起滴管将试剂滴入试管或烧杯中。使用滴瓶时,必须注意下列几点:

① 将试剂滴入试管中时,可用无名指和中指夹住滴管,将它悬空地放在靠

近试管口的上方（图 2.17），然后用大姆指和食指挤捏橡皮头，使试剂滴入试管中。绝对禁止将滴管伸入试管中。否则，滴管的管端将很容易碰到试管壁上沾附的其他溶液，使试剂被污染。

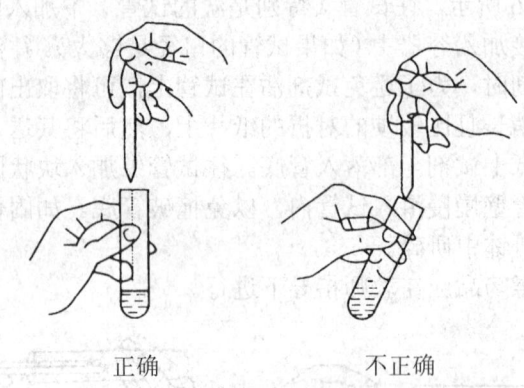

正确　　　　　　　不正确

图 2.17　向试管中滴加溶液

②滴瓶上的滴管只能专用，不能和其他滴瓶上的滴管搞错。因此，使用后应立即将滴管插回原来的滴瓶中。

③滴管从滴瓶中取出试剂后，应保持橡皮头在上，不要平放或斜放，以免试液流入滴管的橡皮头内，污染试剂。

（3）定量取用液体时，要用一定规格的量筒、移液管或吸量管取。

2.7　无机化学实验常用的分离手段

2.7.1　固液分离方法

溶液与沉淀的分离方法有三种：倾析法、过滤法和离心分离法。

1. 沉淀的倾析法分离与洗涤

沉淀先静置，不要搅动沉淀，使沉淀沉降。待沉淀完全沉降后，将沉淀上面的清液小心地沿玻璃棒倾出，而让沉淀留在烧杯内进行分离。

对烧杯内的沉淀进行洗涤时，由洗瓶吹入蒸馏水，并用玻璃棒充分搅动，然后让沉淀沉降，用上面同样的方法将清液倾出，让沉淀仍留在烧杯中，这是对沉淀的一次洗涤。根据需要可以重复洗涤数次。这样洗涤沉淀的好处是：沉淀和洗涤液能很好地混合，杂质容易洗净；沉淀留在烧杯中，只倾出上层清液过滤，滤纸的小孔不会被沉淀堵塞，洗涤液容易过滤，洗涤沉淀的速度较快。

2. 沉淀的过滤法分离

(1) 常压过滤。常压过滤中最常用的过滤器是贴有滤纸的漏斗。先将滤纸对折两次（若滤纸不是圆形的，此时应剪成扇形），拨开一层即成圆锥形，内角适成 60°（标准的漏斗内角为 60°，若漏斗角度不标准，应适当改变滤纸折叠的角度，使滤纸与漏斗密合），一面是三层，一面是一层，在圆锥体厚的外层处撕去一角留于后用，使滤纸的边缘更好地紧贴漏斗壁（图 2.18）。再把这圆锥形滤纸平整地放入干净的漏斗中（漏斗宜干，若刚用蒸馏水洗涤干净，可在洗涤后，用滤纸碎片擦干），使滤纸与漏斗壁靠紧，用左手食指按住滤纸，右手持洗瓶挤水使滤纸湿润，然后用清洁的玻璃棒轻压，使之紧贴在漏斗壁上，此时滤纸与漏斗应当密合，其间不应留有空气泡。一般滤纸边应低于漏斗边 3~5 mm，将漏斗放在漏斗架上，下面承以接受滤液的容器，使漏斗颈末端与容器内壁接触，过滤时采用倾析法，即过滤前不要搅拌溶液，过滤时先将上层清液沿着玻璃棒靠近三层滤纸这一边（注意玻璃棒端不接触滤纸）慢慢倾入漏斗中（图 2.19），然后将沉淀转移到滤纸上，这样不使沉淀物堵塞滤孔，可节省过滤时间，倾入溶液时，应注意使液面低于滤纸边缘约 1 cm，切勿超过滤纸边缘，过滤完毕后，从洗瓶中挤出少量水淋洗盛放沉淀的容器及玻璃棒（玻璃棒未洗前不能随便放在桌子上），洗涤液也必须全部滤入接收器中，如果需过滤的混合物中含有能与滤纸作用的物质（如浓硫酸），则可用石棉或玻璃丝在漏斗中铺成薄层作为滤器。

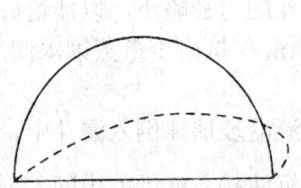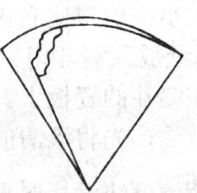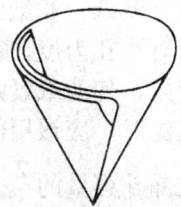

图 2.18 常压过滤滤纸折叠

(2) 减压过滤。减压过滤可加快过滤速度，并使沉淀抽得较干燥，但不宜过滤胶状沉淀和颗粒太小的沉淀。减压过滤的装置由吸滤瓶、布氏漏斗、安全瓶和真空泵组成。布氏滤斗是瓷质的，中间为具有许多小孔的瓷板，以便使溶液通过滤纸从小孔流出。布氏漏斗必须装在橡皮塞上，橡皮塞的大小应和吸滤瓶的口径相配合，橡皮塞塞进吸滤瓶的部分一般不超过整个橡皮塞高度的 $\dfrac{2}{3}$。如果橡皮塞太小而几乎能全部塞进吸滤瓶，则在吸滤时整个橡皮塞将被吸进吸滤瓶而不易取出。吸滤瓶的支管用橡皮管和安全瓶的短管相连接，而安全瓶的长管则和真空泵相连接。

减压过滤操作注意事项如下：

①做好吸滤前准备工作，检查装置。安全瓶的长管接真空泵，短管接吸滤瓶；布氏漏斗颈下方的斜口应与吸滤瓶的支管口相对，便于吸滤（图 2.20）。

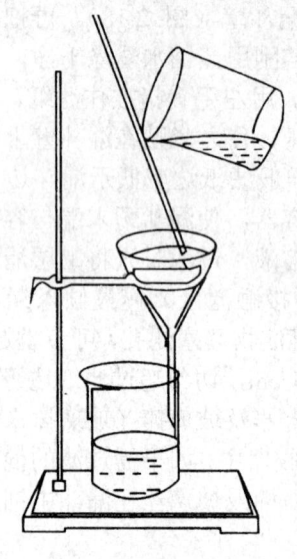

图 2.19　常压过滤操作

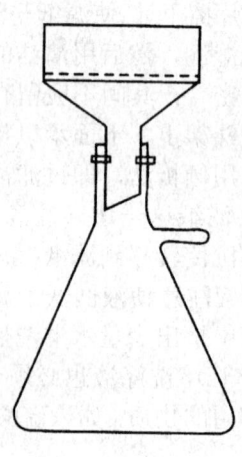

图 2.20　布氏漏斗和吸滤瓶

②贴好滤纸。滤纸的大小应剪得比布氏漏斗的内径略小，以能恰好盖住瓷板上的所有小孔为度，把滤纸放入漏斗内。先由洗瓶挤出少量蒸馏水润湿滤纸，开启真空泵，使滤纸紧贴在漏斗的瓷板上。

③过滤时，应该用倾析法，先将澄清的溶液沿玻璃棒倒入漏斗中，加入量不要超过漏斗容量的 $\frac{2}{3}$。待溶液快流尽时再将沉淀移入滤纸的中间部分。

④过滤时，吸滤瓶内的滤液面不能达到支管的水平位置，否则滤液将被真空泵抽出。因此，当滤液液面快上升至吸滤瓶的支管口处时，应拔去吸滤瓶上的橡皮管，取下漏斗，从吸滤瓶的上口倒出滤液后再继续吸滤，但须注意，滤液不能从支管口倒出，以免弄脏滤液。

⑤在吸滤过程中，不得突然关闭真空泵，如需要取出滤液或停止吸滤，应先将吸滤瓶支管的橡皮管拆下或打开三通，然后再关上真空泵，否则水将倒灌进入安全瓶。

⑥在布氏漏斗内洗涤沉淀时，应停止吸滤，让少量洗涤剂缓慢通过沉淀，

然后进行吸滤。

⑦为了尽量抽干漏斗上的沉淀，最后可用一个平顶的试剂瓶塞挤压沉淀。过滤完后，应先将吸滤瓶支管的橡皮管拆下再关闭真空泵，取下漏斗；将漏斗的颈口朝上，轻轻敲打漏斗边缘，即可使沉淀脱离漏斗，落在预先准备好的滤纸上或容器中。

3．离心分离法

少量溶液与沉淀的混合物可用离心机进行离心分离以代替过滤，操作简单而迅速，常用的离心机为电动离心机（图 2.21）。

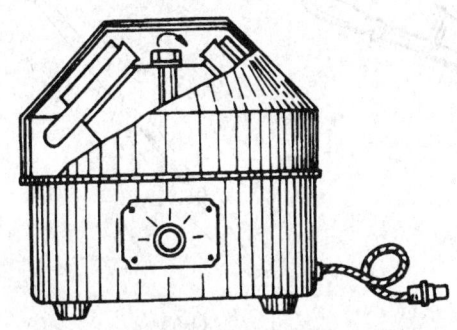

图 2.21　电动离心机

操作时，将盛有溶液和沉淀混合物的离心试管放入离心机的试管套筒内，在与之相对称的另一套管内装入一支盛有相同体积水的离心试管，使离心机的两臂保持转动平衡。然后缓慢起动离心机，再逐渐加快，转动 1~3 min 后，关闭电源，待离心机自然停止转动。在任何情况下起动离心机都不能启动太猛，也不能用外力强制停止，否则会使离心机损坏而且易发生危险。离心操作完毕后，从套管中取出离心试管，此时沉淀微粒因受离心力的作用而紧密地积聚于离心试管的尖端，上方为澄清液。离心沉降后可用滴管（或毛细管）将澄清液吸出。如图 2.22（a）和（b）所示，先用手指捏上端的橡皮乳头，排出其中的空气，将离心试管倾斜，把滴管（或毛洗管）的尖端伸入液面下，但不可触及沉淀；然后慢慢放松橡皮乳头，则溶液被吸入滴管（或毛细管）。将滴管（或毛细管）从溶液中取出，把溶液移入另一清洁的离心试管中。如有必要可重复上述操作。如图 2.22（c）所示，沉淀表面上少量的溶液用去掉橡皮乳头的毛细管的尖端小心地浸入溶液（此时毛细管上部应靠在离心试管口），液体借毛细作用进入毛细管中，注意毛细管尖端与沉淀表面的距离不应小于 1 mm，当液体沿毛细管停止上升时，将其从离心试管中取出，溶液可并入同一离心试管中。用这种方法可将沉淀与溶液完全分离。

如要洗涤试管中的沉淀,可由洗瓶挤入约为沉淀体积 2~3 倍的蒸馏水,用玻璃棒充分搅拌沉淀,再进行离心分离,按上法将上层清液尽可能地移去,重复洗涤沉淀 2~3 遍即可。分离溶液用的胶帽滴管和玻璃棒,用后要立即用蒸馏水洗涤干净,置于另一盛蒸馏水的烧杯中待用。

如需将沉淀分成几份,可在洗净后的沉淀上加少许蒸馏水,用玻璃棒搅匀后,用滴管吸出浑浊液,转移至其他干净的小试管中。

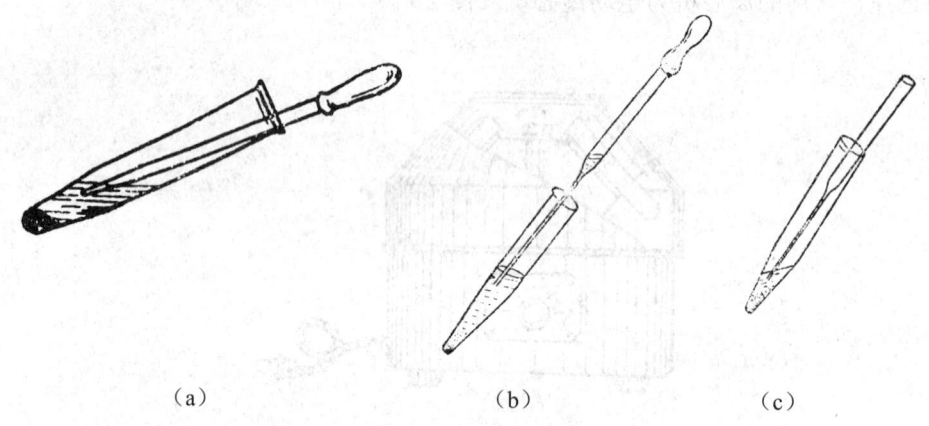

(a)　　　　　　　　(b)　　　　　　　　(c)

图 2.22　离心试管中上层清液的移去

2.7.2　结晶(重结晶)

结晶是指溶液经过蒸发、浓缩达到饱和或过饱和后,从溶液中析出晶体的过程。一般而言,溶液的过饱和程度越大,晶体析出的速度越快。过饱和是一种不稳定的状态,如在过饱和溶液中加入一粒晶体(晶种)、搅拌溶液或用玻璃棒摩擦器皿内壁都可以加速晶体的析出。

晶体颗粒大小,决定于溶质溶解度和结晶条件,如果溶液浓度较高、溶质的溶解度小,冷却较快,并不断搅拌溶液,所得到晶体就比较小;如果溶液浓度不高,缓慢冷却,就能得到较大的晶体,这种晶体夹带杂质少,易于洗涤,但母液中剩余的溶质较多,损失较大。

重结晶是结晶提纯的一个重要方法,它是利用待提纯物中各组分在某种溶剂中溶解度不同,或在同一溶剂中不同温度时的溶解度不同,而达到使它们相互分离的目的。

重结晶提纯法的一般过程为:选择溶剂→溶解固体→除去杂质→晶体析出。如果析出的晶体纯度还不合要求,可以反复操作,直至达到要求。

选择适宜的溶剂是重结晶操作的关键，通常应根据"相似相溶"的一般原理，但所选的溶剂必须具备下列条件：不与被提纯物质起反应；待提纯物质的溶解度随温度的变化有明显的差异；杂质的溶解度很大（结晶时留在母液中）或很小（趁热过滤即可除去）；溶剂的沸点不可太高，应低于待提纯物质的熔点，因为太高时，附着于晶体表面的溶剂不易除去；溶剂的价格低廉，毒性低，回收率高。

2.8 气体的制备、净化与干燥

2.8.1 气体的制备

在实验室制备气体，可以根据所使用反应原料的状态及反应条件，选择不同的反应装置进行制备。这里仅介绍利用启普发生器（图2.23）制备气体。

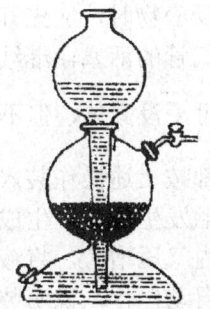

图 2.23 启普发生器

实验室常用启普发生器来制备 H_2、CO_2 和 H_2S 等气体。

$$Zn + 2HCl = ZnCl_2 + H_2S\uparrow$$

$$CaCO_3 + 2HCl = CaCl_2 + H_2O + CO_2\uparrow$$

$$FeS + H_2SO_4 = FeSO_4 + H_2S\uparrow$$

启普发生器主要由球形漏斗、葫芦状的玻璃容器和导管旋塞三部分组成。葫芦状的容器又可分为球体、半球体、下口塞三部分。当导管旋塞打开时，固体与液体接触发生反应，气体由导管导出。当导管旋塞关闭时，由于装置是密闭的，产生的气体使球体内的压力增大，将溶液压回到半球体和球形漏斗，固液反应物因脱离接触而停止反应。因此，启普发生器适用于不溶于水的块状（或粒状）固体与溶液反应物常温下的反应，特别是制取较大量的气体更为适宜。

使用启普发生器的注意事项如下：

（1）若是新的启普发生器，在检查前，应把球形漏斗及导气管活塞等磨砂部分先涂上一层薄薄的凡士林，并插入磨口内旋转，使之装配严密，检查气密性。检查漏液的方法如下：打开导气管的活塞，从球形漏斗口注入水至充满半球体，检查半球体的下口塞是否漏水。若漏水，则将塞子取出，擦干、塞紧，或更换塞子后再检查。检查漏气的方法如下：关闭导气管的活塞，继续从球形漏斗注入水至漏斗的$\frac{1}{2}$处时，停止加水，并标记水面的位置，静置，观察水面是否下降。若水面不下降，则表明不漏气，相反，则漏气。若漏气，则应从导气管活塞、胶塞和球形漏斗与容器的连接处去检查原因，并加以处理。

（2）在发生器中间圆球的底部与球形漏斗下部之间的间隙处，垫一些玻璃棉（或玻璃布）以避免固体试剂落入下半球溶液中。从气体出口处加入块状固体试剂（加入量不要超过球体容积的$\frac{1}{3}$），再装好气体出口的橡皮塞及活塞导气管（活塞也需涂凡士林）。

（3）从球形漏斗注入溶液反应物时，应先开启导气管的活塞，一直待注入的液体与固体接触后，关闭导气管的活塞，继续加入液体至球形漏斗上部球体的$\frac{1}{4} \sim \frac{1}{3}$处，以便反应时液体可浸没固体，但不能过多。

（4）将固体和溶液反应物都按上述操作装入后，打开导气管活塞，液体就从半球体进入球体并与固体接触发生反应，生成的气体就由导气管导出。然后关闭导气管的活塞，由于球体内气压增大，将液体压回半球体和球形漏斗。这时液体与固体脱离接触，反应自动停止，说明装置功能正常，可正式使用。

（5）反应中途固体反应物将近用完时，先关闭导气管的活塞，将球体内的液体压出，使其与固体脱离接触，然后用橡皮塞塞严球形漏斗的上口，再拔下导气管上的塞子，从导气管塞孔添加固体，重新塞紧带导气管的塞子，拔下球形漏斗口上的橡皮塞即可。反应中途液体反应物变稀时，先关闭导气管的活塞，将液体压入球形漏斗中，使其与固体脱离接触，然后用橡皮塞塞严球形漏斗的上口，把启普发生器先仰着放在废液缸上，使下口塞附近无液体，再拔下塞子（戴上橡皮手套或用钳子去拔，不要用手直接拔，以免腐蚀皮肤），然后使发生器下倾，让废液缓缓流出。废液流出后，再把塞子塞紧，直立启普发生器，从球形漏斗口注入新液体。若要搬动或移动启普发生器，则要注意用手握住容器的凹进部分，绝不能只用一只手握住球形漏斗提着它移动。启普发生器使用以后，如放置一段时间再用，则最好将球形漏斗中的液体试剂放出一部分。

2.8.2 气体的净化与干燥

实验室制得的气体都带有酸雾和水汽，使用时要进行净化与干燥。酸雾可用水或玻璃棉除去；水汽可用浓硫酸、无水氯化钙或硅胶吸收。一般情况下使用洗气瓶、干燥塔（图2.24和图2.25）或干燥管等仪器装置进行净化与干燥。液体（如水、浓硫酸）装在洗气瓶内，无水氯化钙或硅胶装在干燥塔或干燥管内。气体如还有其他杂质，则应根据具体情况分别用不同的洗涤液或固体吸收。具有还原性或碱性的气体如 H_2S 和 NH_3 等，不能用浓硫酸来干燥，可分别用无水氯化钙和氢氧化钠来干燥。

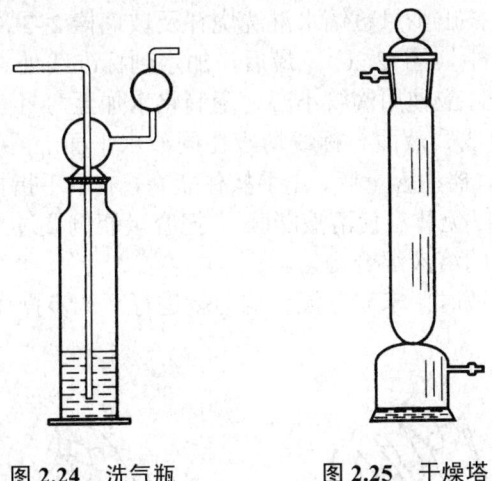

图 2.24　洗气瓶　　　图 2.25　干燥塔

2.9　滴定操作

滴定操作中需使用容量瓶、移液管和滴定管等。与量筒相比，容量瓶、移液管和滴定管有较高的精确度，容积在 100 mL 以下的这些滴定仪器的精度一般可到 0.01 mL。

2.9.1　容量瓶的使用

容量瓶是一个细颈梨形的平底瓶，带有磨口塞，瓶颈上有一环形标线表示在所指温度下液体充满至标线时的容积（一般为 20℃），通常有 25 mL、50 mL、100 mL、250 mL、500 mL、1 000 mL 等数种规格。主要是用来精确地配制一定体积和一定浓度的溶液。

1. 使用容量瓶之前的检查和准备工作

（1）容量瓶容积与所要求的是否一致。
（2）检查瓶塞是否严密。在瓶中放水到标线附近，塞紧瓶塞，使其倒立 2 min，用干滤纸片沿瓶口缝处检查，看有无水珠渗出。如果不漏，再把塞子旋转 180°，塞紧，倒置，试验在新的方向上有无渗漏。这样做两次检查是必要的，因为有时瓶塞与瓶口不是在任何位置都密合的。

(3) 用橡皮圈把磨口瓶塞系在瓶颈上，以防摔碎或张冠李戴。

2. 使用容量瓶配制标准溶液

配制标准溶液时，如果是用固体溶质配制溶液，应先将精确称量的固体溶质放入烧杯中用少量蒸馏水溶解，然后，将杯中的溶液沿玻璃棒小心地注入容量瓶中，再从洗瓶中挤出少量蒸馏水淋洗烧杯及玻璃棒 2~3 次，并将每次淋洗的蒸馏水注入容量瓶中（图 2.26）。最后，加水到标准线处。但需注意，当液面距离标准线 1 cm 时，应使用滴管小心地逐滴将水加至弯月面最低处与标线相切（注意：观察时视线、液面与标线均应在同一水平面上）。定容以后，如图 2.27 所示，塞紧瓶塞，摇动容量瓶，左手按住瓶塞，右手手指抵住瓶底边缘（不可用手心握住瓶身，以免体温使溶液膨胀），把容量瓶倒置过来缓慢地摇动，如此重复多次，使瓶中的溶液混合均匀。

用容量瓶配制溶液时，未充分混合均匀就进行下一步操作，往往是产生过失误差的主要原因。

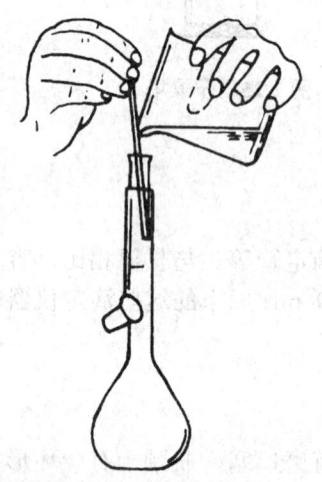
图 2.26　定量转移操作

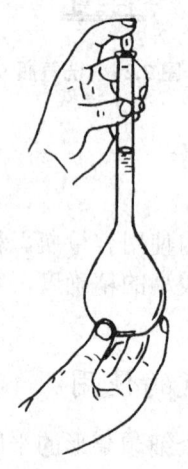
图 2.27　持容量瓶的方法

2.9.2　滴定管的使用

1. 滴定管的精度

滴定管主要是滴定时用作精确量度液体的量器，刻度由上而下从 0 增大到最大容量限度，恰好与量筒刻度顺序相反。常用滴定管的容量限度为 50 mL，最小刻度为 0.1 mL，而读数可估计到 0.01 mL。

2. 滴定管的分类

滴定管的阀门有两种，一种是玻璃活塞，另一种是装在乳胶管中的玻璃小球，对前者，旋转玻璃活塞（切勿将活塞横向移动，以致活塞松开或脱出，使液体从活塞旁边漏失），可使液体沿活塞当中的小孔流出；对后者，用大姆指与食指稍微捏挤玻璃小球旁侧的乳胶管，使之形成一缝隙，液体即可从缝隙流出。若要量度对玻璃有腐蚀作用的液体如碱液，只能使用带乳胶管的滴定管（碱式滴定管）。若要量度能腐蚀橡皮的液体（如 $KMnO_4$、$AgNO_3$ 溶液等），则必须使用带玻璃活塞的滴定管（酸式滴定管）。

3. 滴定管的使用步骤

（1）洗涤　使用滴定管前，根据滴定管的被污染程度，选用洗涤剂、洗液及自来水洗涤，洗净后，管的内壁上不应附着有液滴。

（2）检查是否漏水及漏水的处理措施　用自来水洗净后检查是否漏水，如果发现酸管有漏水或活塞转动不灵活的现象，需将酸管活塞拆下，用滤纸擦干活塞和活塞槽，用手指在活塞孔的两边沿圆周涂上一薄层凡士林，不能堵塞小孔（图 2.28），将活塞插进塞槽后，按同一方向旋转活塞多次，直至从外面观察全部透明且不漏水，最后用橡胶圈套在活塞的末端，以防活塞脱落；如果发现碱管漏水，则需要更换玻璃珠和橡皮管。

（3）蒸馏水洗涤和润洗　检查活塞不漏水以后，用蒸馏水洗涤 3 次，每次约 10 mL。最后用少量滴定用的待装溶液洗涤 2 次，每次约 10 mL，以免加入滴定管内的待装溶液被沾附于管壁上的蒸馏水稀释而改变浓度。

（4）装液　将待装溶液加入滴定管中到刻度"0"以上，开启活塞或挤压玻璃圆球，把滴定管下端的气泡逐出，然后把管内液面的位置调节到刻度"0"。把滴定管下端的气泡逐出的方法如下：如果是酸式滴定管，可使滴定管倾斜（但不要使溶液流出），启开活塞，气泡就很容易被流出的溶液逐出；如果是碱式滴定管，可把橡皮管稍弯向上抬起，然后挤压玻璃圆球，气泡也可被逐出（图 2.29）。

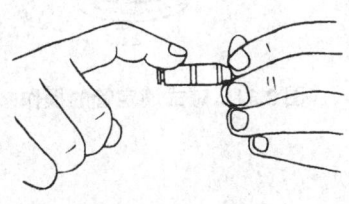
图 2.28　酸管活塞上涂凡士林

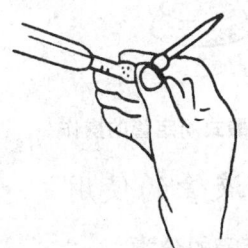
图 2.29　赶走碱式滴定管下端气泡

（5）读数　常用滴定管的容量为 50 mL，每一大格为 1 mL，每一小格为 0.1 mL，管中液面位置的读数可读到小数点后两位，如 34.43 mL。滴定前后均需记录读数，读数时，滴定管应保持垂直。视线应与管内液体凹面的最低处保持水平，偏高或偏低都会带来误差。读数时，可以在滴定液体凹面的后面衬一张白纸，以便于观察。

（6）滴定操作　如图 2.30 所示，使用酸式滴定管时，应用左手控制滴定管的活塞，大拇指在前，食指和中指在后，手指略微弯曲，轻轻向内扣住活塞，手心空握，以免碰活塞使其松动，甚至可能顶出活塞。右手握持锥形瓶，边滴边摇动，向同一方向作圆周旋转，而不能前后振动，否则会溅出溶液。滴定速度一般为 10 mL/min，即每秒 3~4 滴。临近滴定终点时，应一滴或半滴地加入，并用洗瓶吹入少量蒸馏水冲洗锥形瓶内壁，使附着的溶液全部流下，然后摇动锥形瓶。如此继续滴定至准确到达终点为止。

如图 2.31 所示，使用碱式滴定管时，左手拇指在前，食指在后，捏住乳胶管中的玻璃球所在部位稍上处，向手心捏挤乳胶管，使其与玻璃球之间形成一条缝隙，溶液即可流出。应注意，不能捏挤玻璃球下方的乳胶管，否则易进入空气形成气泡。为防止乳胶管来回摆动，可用中指和无名指夹住尖嘴的上部。

为了便于判断终点时指示剂颜色的变化，可把锥形瓶放在白色瓷板或白纸上观察。最后，必须待滴定管内液面完全稳定后，方可读数（在滴定刚完毕时，常有少量沾在滴定管壁上的溶液仍在继续往下流）。

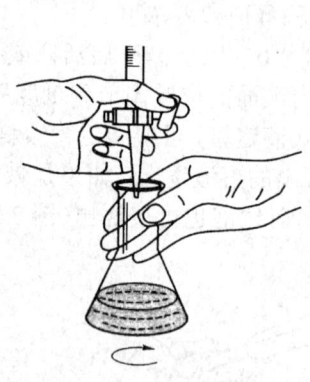

图 2.30　酸式滴定管的操作

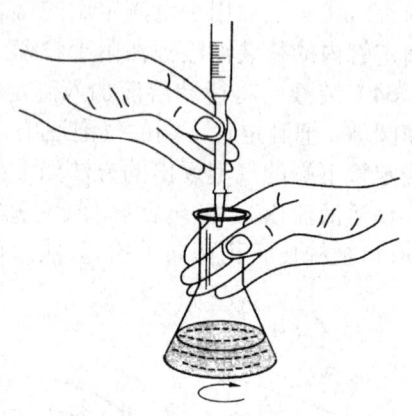

图 2.31　碱式滴定管的操作

2.9.3　移液管的使用

1. 移液管的分类

移液管是精确量取一定体积液体的仪器，有两种形式：球形移液管和刻度移液管（也称吸量管）。

2．移液管的洗涤

移液管在使用前的洗涤方法与滴定管相仿，除分别用洗涤液、自来水及蒸馏水洗涤外，还需用少量被移取的液体洗涤。可先慢慢地吸入少量洗涤水或液体至移液管中，用食指按住管口，然后将移液管平持，松开食指，转动移液管，使洗涤的水或液体与管口以下的内壁充分接触，再将移液管持直，让洗涤水或液体流出，如此反复洗涤数次。

3．移液管的使用

如图 2.32 所示，用移液管移取液体的操作方法是把移液管的尖端插入液体中 1~2 cm，左手拿洗耳球，先把球中空气压出，然后将球的尖端接在移液管口，慢慢松开左手使溶液吸入管内，当液面升高到刻度以上约 2 cm 时，移去洗耳球，立即用右手的食指按住管口（不要用大姆指），将移液管下口提出液面，管的末端仍靠在盛溶液器皿的内壁上，略微放松食指，用拇指和中指轻轻捻转管身，使液面平稳下降，直到管内溶液的凹液面与标线相切时，立即用食指压紧管口，使液体不再流出。取出移液管，以干净的滤纸片擦去移液管末端外部的溶液，但不得接触下口，然后插入盛溶液的器皿中（如容量瓶），使管的末端仍靠在器皿的内壁上。此时移液管应垂直，承接的器皿倾斜，松开食指，让管内溶液自然地全部沿器壁流下（图 2.33）。等待 10~15 s 后，拿出移液管。如移液管未标"吹"字，残留在移液管末端的溶液，不可用外力使其流出，因移液管的容积不包括末端残留的溶液。如果移液管或吸量管上刻有"吹"字，使用时，末端的溶液必须吹出，不允许保留。只要固定使用一支移液管，其系统误差比较一致，实验结果不会受到影响。为了精确地移取小量的不同体积（如 1.00 mL、2.00 mL、5.00 mL 等）的液体，也常用标有精细刻度的吸量管。吸量管的使用方法与移液管相仿。

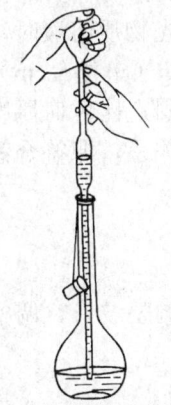

图 2.32 用移液管吸取溶液

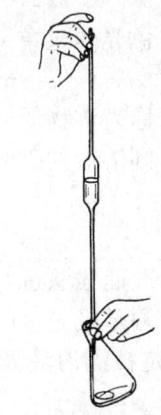

图 2.33 从移液管中放出一定体积的溶液

2.10 无机化学实验常用测试仪器工作原理

2.10.1 紫外及可见分光光度计

化合物的紫外和可见光谱是与不同电子能级间的跃迁相联系的。这种跃迁通常是在成键轨道或者孤对电子轨道与未占有的非键轨道或者反键轨道之间进行，因此吸收光谱的波长就是有关轨道之间的能级差的量度。最大的能级差是当σ键的电子被激发时出现，它的吸收在120~200 nm范围内。这个区域称为真空紫外，因为必须从测量装置中排除空气，它的测量较为困难，同时能提供的信息也比较有限。然而在200 nm以上，从p轨道和d轨道以及π轨道激发电子，特别是从π共轭体系，能较为容易地测量并给出包含较多信息的吸收光谱。

分光光度计主要由光源、单色器、样品吸收池、检测系统和信号显示系统组成。钨灯或卤钨灯（适用的波长为350~1 000 nm）在可见区发光强度大，被用作可见区测定的光源；氢灯（适用的波长为150~400 nm）在紫外区发光强度大，被用作紫外区测定的光源。当一束平行的单色光照射在均匀的有色溶液上时，光的一部分被溶液吸收，一部分透过溶液，一部分被比色槽的表面反射。如果入射光的强度为I_0，透射光的强度为I_t，吸收光的强度为I_a，不考虑反射光，则有：

$$I_0 = I_a + I_t \tag{1}$$

$$\text{定义 透射比} \quad T = \frac{I_t}{I_0} \times 100\% \tag{2}$$

$$\text{定义 吸光度(也称光密度)} \quad A = -\lg T \tag{3}$$

当一束平行单色光通过单一均匀的、非散射的吸光物质溶液时，溶液的吸光度与溶液的浓度c（单位：mol·L^{-1}）和液层厚度b（单位：cm）的乘积成正比，比例常数ε称为该物质的摩尔吸光系数。如果固定比色皿厚度，测定有色溶液的吸光度，则溶液的吸光度与浓度之间有线性关系，即符合朗伯－比耳定律：

$$A = \varepsilon bc \tag{4}$$

据此，可用标准曲线法进行定量分析。

用分光光度计测定吸光度时一般包括仪器预热、调整波长、调整T=0%、调整T=100%、测定被测溶液吸光度等步骤。

2.10.2 红外分光光度计

当红外光照射化合物时,部分红外光被吸收,并引起化合物分子振动和转动能级跃迁而形成的分子吸收光谱称为红外光谱。红外光谱一般是以波长 λ 或波数 σ 为横坐标,表示吸收峰的位置,以透射比 T(以百分数表示)为纵坐标,表示吸收强度。

物质的红外光谱是其分子结构的客观反映,每一种化合物都有自己特征的红外光谱(表 2.2),组成分子的各种基团都有自己特定的红外吸收区域,分子的其他部分对其吸收位置仅有较小的影响,把这种能代表某基团存在的吸收峰称作特征吸收峰。

可利用特征吸收峰来推断物质的结构。在确认化合物中存在的官能团和官能团周围环境方面,红外光谱优于其他的分析手段。在无机化学实验中用红外光谱研究顺反异构、氢键形成、配合物形成等结构信息。

例如,为了确定 SCN^- 基团在配合物中与金属的成键方式,有两条特征谱带是值得注意的,即位于 $2\,050\text{ cm}^{-1}$ 附近的 C≡N 伸缩振动带与 750 cm^{-1} 附近的 C—S 伸缩振动带。一般而言,硫氰酸根配合物中的 C≡N 键比自由 SCN^- 中的 C≡N 键有所增强,而 C—S 键的强度则有一定减弱;在异硫氰酸根配合物中则 C≡N 键强度变化较小,而 C—S 键强度增大。因此前者的 C≡N 伸缩振动 (C≡N)通常大于 $2\,100\text{ cm}^{-1}$,而后者的 C≡N 伸缩振动 (C≡N)通常小于 $2\,100\text{ cm}^{-1}$。测定以硫氰酸根为配体的配位化合物的红外光谱图,根据特征吸收频率便可确定配体与中心离子的键合方式。

表 2.2 常见基团和化学键的红外吸收特征频率举例

化合物	基团	频率/cm^{-1}	强度	振动类型
烯烃	C=C(共轭)	~1 600	强	C=C 伸缩
芳烃	C—H	3 070~3 030	强	C—H 伸缩
	C—C	1 600~1 450	中	C—C 伸缩
	C—H	900~695	强	C—H 弯曲
酚	O—H	3 612~3 593	强	O—H 伸缩
	C—O	1 230~1 140	强	C—O 伸缩
	O—H	1 410~1 310	中	O—H 弯曲
羧基化合物	COO$^-$	1 610~1 560	强	C=O 伸缩
		1 420~1 300	中	C=O 伸缩
无机化合物	PO$_4^{3-}$	1 100~1 000	强	P—O 伸缩
	ClO$_4^-$	1 140~1 060	极强	Cl—O 伸缩

续表

化合物	基团	频率/cm^{-1}	强度	振动类型
无机化合物	SCN$^-$	2 200~2 000	强	C≡N 伸缩
	NO$_2^-$	1 250~1 230	强	N—O 伸缩
		1 360~1 340	强	N—O 伸缩
		840~800	弱	N—O 弯曲

2.10.3 旋光仪

一般光源发出的光，其光波在垂直于传播方向的一切方向上振动，这种光称为自然光，而只在一个方向上有振动的光称为平面偏振光。当一束平面偏振光通过某些物质时，其振动方向会发生改变，此时光的振动面旋转一定的角度，这种现象称为物质的旋光现象，这种物质称为旋光物质。旋光物质使偏振光振动面旋转的角度称为旋光度。

旋光仪的主要元件是两块尼柯尔棱镜。尼柯尔棱镜由两块方解石直角棱镜沿斜面用加拿大树脂黏合而成（图2.34）。

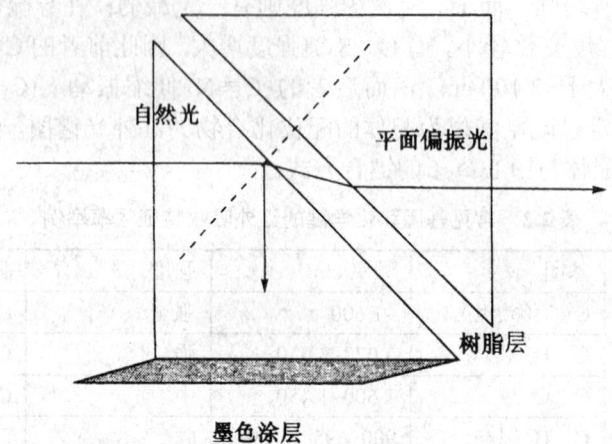

图 2.34 尼柯尔棱镜

当一束单色光照射到尼柯尔棱镜时，分解为两束相互垂直的平面偏振光，一束折射率为 1.658 的寻常光，一束折射率为 1.486 的非寻常光，这两束光线到达加拿大树脂黏合面时，折射率大的寻常光（加拿大树脂的折射率为 1.550）被全反射到底面上的墨色涂层而被吸收，而折射率小的非寻常光通过棱镜，这样就获得了一束单一的平面偏振光。用于产生平面偏振光的棱镜称为起偏镜，如让起偏镜产生的偏振光照射到另一个透射面与起偏镜透射面平行的尼柯尔棱镜，则这束平面偏振光也能通过第二个棱镜；如果第二个棱镜的透射面与起偏镜的透射面垂直，则由起偏镜出来的偏振光完全不能通过第二个棱镜。如果第二个棱镜的透射面与起偏镜的透射面之间的夹角在 0~90°之间，则光线部分通过第二个棱镜，此时第二个棱镜称为检偏镜。通过调节检偏镜，能使透过的光线强度在零和最强之间变化。如果在起偏镜和检偏镜之间放有旋光性物质，由于物质的旋光作用，使光的偏振面改变了某一角度，此时只有检偏镜也旋转同样的角度，才能补偿旋光改变的角度，使透过的光的强度与原来相同。

WZZ 型自动数字显示旋光仪的结构如图 2.35 所示。

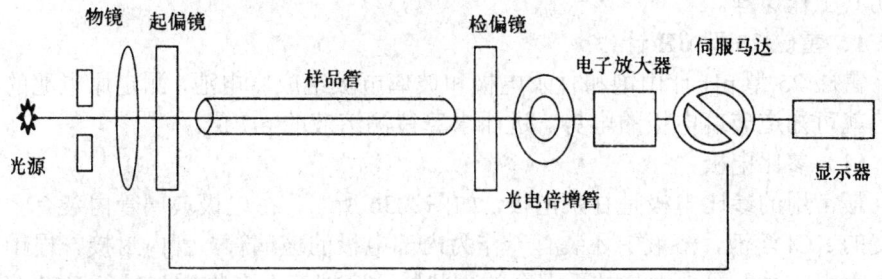

图 2.35　WZZ 型自动数字显示旋光仪的结构原理图

物质的旋光度与测定时所用溶液的浓度、样品管长度、温度、所用光源的波长及溶剂的性质等因素有关，因此，常用比旋光度来表示物质的旋光性。当光源、温度和溶剂一定时，比旋光度 $[\alpha]_\lambda^T$ 等于样品管单位长度、单位浓度时的旋光度 $[\alpha]$。通常表示比旋光度时还需标明测定时所用的溶剂。比旋光度与旋光度的关系为：

$$[\alpha]_\lambda^T = \frac{[\alpha]}{cl} \tag{5}$$

式中：$[\alpha]_\lambda^T$ 表示旋光性物质 T℃、光源波长为 λ 时的比旋光度；$[\alpha]$ 表示旋光仪在上述条件下实测的旋光度读数；l 为旋光管的长度(dm)；c 为旋光性溶液浓度($g \cdot mL^{-1}$)；当光源为钠光 D 线时，$[\alpha]_\lambda^T$ 也表示为 $[\alpha]_D^T$。

许多物质的比旋光度可从化学手册中查到。因此，在实验中可通过测定某一旋光物质的 $[\alpha]$，得到该旋光物质的浓度。

2.10.4 酸度计

酸度计（又称 pH 计）是一种通过在零电流条件下测量两电极间电势差的方法来测定溶液 pH 值的仪器，除可以测量溶液的 pH 值外，还可以测量氧化还原电对的电极电势值（mV）及配合电磁搅拌进行电位滴定等。

不同类型的酸度计都是由测量电极、参比电极和精密电位计三部分组成。两个电极插入待测溶液组成工作电池。参比电极是测量工作电池电动势过程中计算电极电位的基准，因此要求其电极电位已知而且恒定，而测量电极的电极电势随溶液中 H^+ 的浓度变化而变化，当溶液中的 H^+ 浓度变化时，电动势就会发生相应变化。酸度计的型号很多，这里以 pHSW-3D 型和雷磁 25 型为例分别说明其工作原理。

1. 雷磁 25 型 pH 计

雷磁 25 型 pH 计由饱和甘汞电极和玻璃电极组成原电池，测定原电池的电动势就可知道玻璃电极的电势，进而求算待测溶液的 pH 值。

（1）参比电极

最常用的参比电极是甘汞电极，如图 2.36 所示，在电极玻璃管内装有一定浓度的 KCl 溶液，溶液中还装有一作为内部电极的玻璃管，管内封接一根铂丝插入汞中，汞下面是汞与甘汞混合的糊状物，底端有多孔物质与外部 KCl 溶液相通。甘汞电极下端用能使离子传递的多孔玻璃砂芯或素烧瓷把被测溶液与 KCl 溶液隔开。

组成可用下式表示： $Hg \mid Hg_2Cl_2 (s) \mid KCl\ (c)$

其电极反应是： $Hg_2Cl_2(s) + 2e^- \rightleftharpoons 2Hg + 2Cl^-$

甘汞电极的电极电势与溶液 pH 值无关，与电极中的 KCl 浓度和温度有关：

$$E(Hg_2Cl_2/Hg) = E^{\ominus} - \frac{RT}{F}\ln a(Cl^-) \tag{6}$$

在 25 ℃时，饱和甘汞电极的电极电势值为 0.241 5 V。当温度为 t ℃时，可用下式计算该电极的电极电势：

$$E(Hg_2Cl_2/Hg) = 0.241\ 5 - 7.76\times10^{-4}(t-25)\ \ (V) \tag{7}$$

（2）玻璃电极

酸度计中的测量电极一般使用玻璃电极，其结构如图 2.37 所示。玻璃电极的外壳使用高阻玻璃制成，其下端是由特殊玻璃膜制成的玻璃球泡（膜厚约为 0.1 mm），称为电极膜，它对氢离子有敏感作用，是决定电极性能的最重要组成部分。玻璃球内装有 0.1 mol·L^{-1} HCl 内参比溶液，溶液中插有一支 Ag－AgCl 内参比电极。将玻璃电极插入待测溶液中，便组成下述电极：

$$Ag\,|\,AgCl(s)\,|\,HCl\,(0.1\ mol\cdot L^{-1})\,|\,\underset{\text{玻璃膜}}{待测溶液}$$

由于球内[H^+]是固定的,该电极的电势随待测溶液 pH 值而变:

$$E_{玻} = E_{玻}^{\ominus} + 0.0591\lg[H^+] = E_{玻}^{\ominus} - 0.0591\text{pH} \tag{8}$$

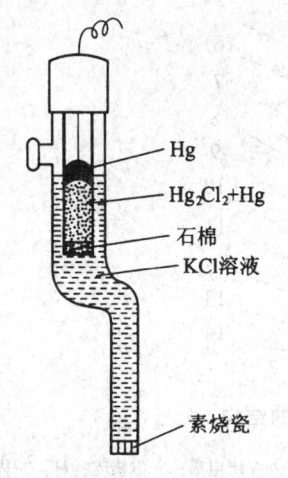

图 2.36　甘汞电极结构示意图　　图 2.37　玻璃电极结构示意图

(3) 原电池

将玻璃电极与饱和甘汞电极同时浸入待测溶液中组成原电池,用精密电位计测该电池的电动势:

$$E = E_+ - E_- = E_{甘汞} - E_{玻} = 0.2415 - E_{玻}^{\ominus} + 0.0591\text{pH} \tag{9}$$

所以

$$\text{pH} = \frac{E - 0.2415 + E_{玻}^{\ominus}}{0.0591} \tag{10}$$

当测定标准缓冲溶液时,利用定位器把读数调整到已知 pH 值,测定 $E_{玻}^{\ominus}$(称为定位或校正),在测量未知溶液时,从酸度计上就可以直接读出 pH 值。

2. pHSW-3D 型 pH 计

复合电极的结构如图 2.38 所示。

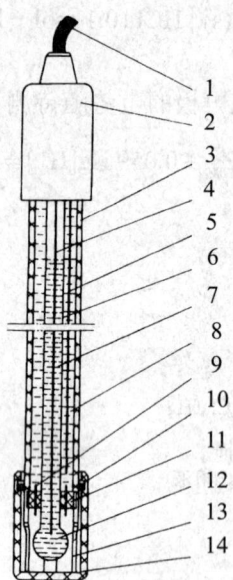

图 2.38 复合电极的结构

1-电极导线；2-电极帽；3-电极塑壳；4-内参比电极；5-外参比电极；6-电极支持杆；7-内参比溶液；8-外参比溶液；9-液接界；10-密封圈；11-硅胶圈；12-电极球泡；13-球泡护罩；14-护套

复合电极在溶液中组成如下电池：

(−) 内参比电极|内参比溶液|电极球泡|被测溶液|外参比溶液|外参比电极 (+)

$E_{内参}$　　　$E_{内玻}$　　　$E_{外玻}$　　　$E_{液接}$　　　$E_{外参}$

$$E = -E_{内参} - E_{内玻} + E_{外玻} + E_{液接} + E_{外参}$$

其中 $E_{外玻} = E_{玻}^{\ominus} - \dfrac{2.303RT}{F}\text{pH}$。

设 $A = -E_{内参} - E_{内玻} + E_{液接} + E_{外参} + E_{玻}^{\ominus} = 常数$，

则有：
$$E = A - \dfrac{2.303RT}{F}\text{pH} \tag{11}$$

可见电动势与被测溶液的成线性关系，其斜率为 $-\dfrac{2.303RT}{F}$。

2.10.5 离子选择性电极和离子计

离子选择性电极是一种新型的电化学传感器，它能将溶液中待测离子的浓度转化成相应的电位,实现了由化学量到电量的转换,从而完成对溶液中某种离子浓度的测量。玻璃电极是最早使用的离子选择性电极,对溶液中的氢离子具有选择性,能把氢离子的活度转换成相应的电位,从 pH 计上将这种电位读出,从而指示出氢离子活度的大小,所以玻璃电极也称为氢离子选择性电极。近年来,用于测量其他离子含量的离子选择性电极陆续研制成功,使得 F^-、Cl^-、I^-、CN^-、NO_3^-、BF_4^-、S^{2-}、Pb^{2+}、Hg^{2+}、Ag^+、Na^+、K^+、NH_4^+、Cu^{2+}、Cd^{2+}、Ba^{2+}、Ca^{2+}等离子的定量测定变得便捷而准确。各种离子选择性电极的构造随敏感膜的不同而略有不同,但一般都由薄膜及其支持体、内参比溶液(含有与待测离子相同的离子)、内参比电极(Ag/AgCl 电极)等组成。用离子选择性电极测定有关离子,一般都是基于内部溶液与外部溶液之间产生的电位差,即所谓膜电位。

如图 2.39 所示,氟离子选择性电极的敏感膜是 LaF_3 单晶膜,为改善导电性能掺杂了少量的 EuF_2。电极管内放入 NaF+NaCl 混合溶液作为内参比溶液,以 Ag｜AgCl 作内参比电极。当将氟电极浸入含氟离子的溶液中时,在其敏感膜内外产生膜电位 ΔE_M

$$\Delta E_M = 常数 - \frac{RT}{F}\ln a(F^-) \tag{12}$$

以氟电极作指示电极,饱和甘汞电极为参比电极,浸入试液组成工作电池如下:
(−) Hg, Hg_2Cl_2｜KCl(饱和)‖F^-试液｜LaF_3｜NaF, NaCl(均为 0.1 mol·L^{-1})｜AgCl, Ag (+)
298 K 时,工作电池的电动势与氟离子活度之间有如下关系:

$$E = K - 0.0591\lg a(F^-) \tag{13}$$

氯化银、溴化银及碘化银能分别作为氯电极、溴电极及碘电极的敏感膜。氯化银和溴化银在室温下均具有较高的电阻,并有较强的光敏性。把氯化银或溴化银晶体和硫化银研匀后一起压制,使氯化银或溴化银分散在硫化银的骨架中,再制成敏感膜,能改善上述缺陷。氯电极(图 2.40)、溴电极及碘电极一般均制成不需内参比体系的全固态形式。制造时,可在内膜表面加上银粉,再压制成型;或在膜表面上真空喷镀银。然后,再在此银膜表面上焊接银丝引出即成。也可以采用石墨棒与内膜直接接触,构成电的通路。

pXD-2 型通用离子计与各种离子选择性电极配套使用,整个仪器由指示电极(离子选择性电极)、参比电极(饱和甘汞电极)和与离子选择性电极配套使用的测量仪器组成。

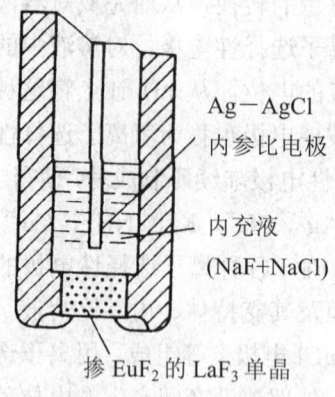

图 2.39 氟离子选择性电极

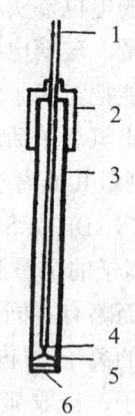

图 2.40 氯离子选择性电极结构示意图

1—屏蔽导线；2—电极帽；3—电极管；4—银丝；
5—焊锡或导电胶；6—AgCl 与 Ag$_2$S 固体膜片

2.10.6 电导率仪

导体导电能力的大小，通常用电阻或电导表示。电导是电阻的倒数，关系式为：

$$G = \frac{1}{R} \tag{14}$$

电阻的单位是欧姆（Ω），电导的单位是西门子（S），显然 1 S=1 Ω^{-1}。

导体的电阻与导体的长度 L 成正比，与面积 A 成反比：

$$R = \frac{\rho L}{A} \tag{15}$$

ρ 为电阻率，表示长度为 1 m，截面积为 1 m^2 时的电阻，单位为 Ω·m。和金属导体一样，电解质水溶液体系也符合欧姆定律。当温度一定时，两极间溶液的电阻与电极间距离 L 成正比，与电极面积 A 成反比。对于电解质水溶液体系，常用电导（G）或电导率（κ）表示其导电能力。

$$G = \frac{A}{\rho L} \tag{16}$$

令

$$\kappa = \frac{1}{\rho} = \frac{L}{R \cdot A} \tag{17}$$

则

$$G = \kappa \frac{A}{L} \tag{18}$$

式中，κ 为电阻率的倒数，称为电导率，是与电极本身无关反映溶液导电能力的物理量。它表示在相距 1 m，面积为 1 m² 的两极之间溶液的电导，其单位为 S·m⁻¹。对于一个电极而言，电极面积 A 与间距 L 都是固定不变的，因此 $\frac{L}{A}$ 是常数，称为电极常数。

电解质溶液的摩尔电导率（Λ_m）是指把含有 1 mol 电解质的溶液置于相距为 1 m 的两个电极之间的电导，Λ_m 的单位是 S·m²·mol⁻¹。溶液的浓度为 c，通常用 mol·L⁻¹ 表示，则含有 1 mol 电解质溶液的体积为 $\frac{1}{c} \times 10^{-3}$ m³，此时溶液的摩尔电导率等于电导率与溶液体积的乘积：

$$\Lambda_m = \kappa \times \frac{10^{-3}}{c} \tag{19}$$

在无限稀释的溶液中，每一种离子都是独立移动的，即每种离子都对 Λ_m 有贡献，此时的电导率 Λ_m^∞ 是溶液中正、负离子的摩尔电导率 λ_m^∞ 的总和，即

$$\Lambda_m^\infty = \sum \lambda_{m,+}^\infty + \sum \lambda_{m,-}^\infty \tag{20}$$

在无限稀释时，每种离子的 λ_m^∞ 是一定值，不受其他离子影响。故不同类型的电解质在不同溶剂中的 Λ_m 有其特征的变化范围。

用两个电极插入溶液，测出两极之间的电阻 R，进而计算电导率 κ 和摩尔电导率 Λ_m。将 Λ_m 与不同类型的已知电解质溶液的 Λ_m 做对比，即可确定该物质的电离类型。

2.10.7 磁天平

物质置于磁场中会被磁化，产生一个附加磁场 H'。此时物质内部的磁感应强度 B 等于外磁场强度 H 和附加磁场强度 H' 之和：

$$B = H + H' = H + 4\pi\kappa H \tag{21}$$

式(21)中，κ 是物质的体积磁化率，它是单位体积内磁场强度的变化，无量纲。化学上常用单位质量磁化率或摩尔磁化率表示物质的磁化能力，分别定义为：

$$\chi_m = \frac{\kappa}{\rho} \tag{22}$$

$$\chi_M = M\chi_m = \frac{M\kappa}{\rho} \tag{23}$$

式中，χ_m ——单位质量磁化率，m³·kg⁻¹；

χ_M ——摩尔磁化率，m³·mol⁻¹；

ρ ——物质的密度，kg·m⁻³。

根据 κ 的特点可将物质分成三类：$\kappa>0$ 的物质称为顺磁性物质；$\kappa<0$ 的物质称为反磁性物质；若其 κ 值与外磁场强度 H 有关，它随外磁场强度的增加而急剧增加，且往往有剩磁现象，则该类物质称为铁磁性物质，如铁、钴、镍等。

物质的磁性与其分子的微观结构有着密切的联系。对于第一过渡系元素的离子形成的配合物其磁矩与未成对电子数有如下关系：

$$\mu = \sqrt{n(n+2)}\mu_B \tag{24}$$

式中，μ_B 是玻尔磁子，$\mu_B = 9.274\ 078\times 10^{-24} \text{J}\cdot\text{T}^{-1}$

分子的总摩尔磁化率是分子的自旋磁矩产生的顺磁化率和由分子的诱导磁矩产生的反磁化率之和，即

$$\chi_M = \chi_{顺} + \chi_{反} \tag{25}$$

对于一般的无机顺磁配合物，由于 $\chi_{顺} \gg \chi_{反}$，顺磁性物质的反磁性被掩盖而总体表现为顺磁性，在不是很精确的计算中，可近似处理为

$$\chi_M = \chi_{顺} \tag{26}$$

在温度不太低、磁场强度不太高且不考虑粒子间相互作用时，分子或离子的磁矩与物质的摩尔顺磁化率之间一般遵从居里定律。

$$\chi_{顺} = \frac{N_A \mu^2 \mu_0}{3kT} \approx \chi_M \tag{27}$$

式中，N_A—阿伏伽德罗常数；k—玻耳兹曼常数；

μ—分子磁矩，$\text{J}\cdot\text{T}^{-1}$；$\mu_0$—真空磁导率，$4\pi\times 10^{-7}\text{H}\cdot\text{m}^{-1}$。

将常数代入式（27），有

$$\mu = \sqrt{\frac{3kT}{N_A\mu_0}\chi_M} = 797.7\mu_B \times \sqrt{\frac{\chi_M}{\chi_M T}\times\frac{T}{K}} \tag{28}$$

因此，只要测得物质的 χ_M，就可求得分子磁矩 μ，进而求出分子中未成对电子数 n。

由磁化率的测定来计算分子或离子中的未成对电子数，对研究自由基和顺磁分子的结构，研究过渡元素离子的价态及判断配合物分子的配键类型有着重要意义。

磁化率的测定方法有多种，本教材涉及的是用 Gouy 磁天平（图 2.41）法测定磁化率。可以推导出横截面积为 A 的样品在一个不均匀磁场中的作用力为：

$$F = \frac{1}{2}AH^2\left(\frac{\rho\chi_M}{M}\right) = \frac{1}{2}AH^2\left(\frac{m}{Ah} \times \frac{\chi_M}{M}\right) = \frac{H^2 m \chi_M}{2hM} = \frac{H^2 m \chi_m}{2h} \tag{29}$$

式中：A—样品的横截面积；

m—样品的质量；

M—样品的摩尔质量；

h—样品的实际高度；

H—磁场中心强度。

作用力 F 可通过样品在有磁场和无磁场的两次称量后求出：

$$F = (\Delta m_{样} - \Delta m_{空管})g \tag{30}$$

式中：$\Delta m_{样}$—装有样品的样品管在有磁场与无磁场时的质量差；

$\Delta m_{空管}$—空样品管在有磁场与无磁场时的质量差；

g —重力加速度。

由式（29）和式（30）整理得：

$$\chi_M = \frac{2(\Delta m_{样} - \Delta m_{空管})ghM}{mH^2} \tag{31}$$

$$或 \chi_M = \frac{2(\Delta m_{样} - \Delta m_{空管})gh}{mH^2} \tag{32}$$

H 可用特斯拉计直接测量，也可用已知磁化率的标准物质如摩尔盐进行间接测量，摩尔盐单位质量磁化率 χ_m 与热力学温度 T 的关系为

$$\chi_m = 4\pi \times \frac{9\,500}{T+1} \times 10^{-9}\,(\text{m}^3 \cdot \text{kg}^{-1}) \tag{33}$$

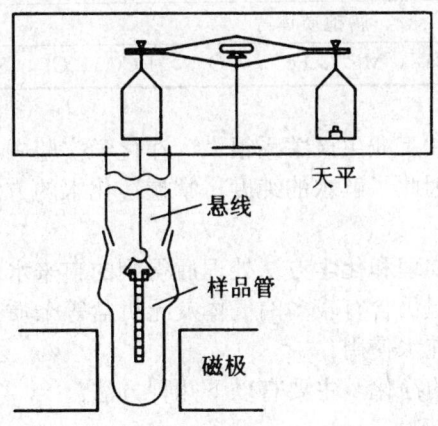

图 2.41　磁天平结构示意图

第3章 基本操作与基本理论的验证性实验

实验1 离子交换法纯化水

实验目的

1. 了解离子交换法的一般原理和使用离子交换树脂的基本方法;掌握用离子交换法纯化水的原理和方法。
2. 掌握水质检验的原理和方法。
3. 学会电导率仪的正确使用方法。

实验原理

水是常用的溶剂,其溶解能力很强,很多物质易溶于水,因此天然水中有很多杂质。一般水中的杂质如表3.1所示。

表3.1 天然水中的杂质

杂质种类	杂 质
悬浮物	泥沙、藻类、植物遗体等
胶体物质	粘土胶粒、溶胶、腐植质体等
溶解物质	Na^+、K^+、Ca^{2+}、Mg^{2+}、Fe^{3+}、CO_3^{2-}、HCO_3^-、Cl^-、SO_4^{2-}、O_2、N_2、CO_2等

水的纯度与科研和工业生产关系很大,在化学实验中,水的纯度直接影响实验结果的准确度。因此了解水的纯度,掌握净化水的方法是每个化学工作者应具有的基本知识。

天然水经简单的物理和化学方法处理后得到的自来水,虽然除去了悬浮物质及部分无机盐类,但仍含有较多的气体及无机盐等杂质。因此,在化学实验中,自来水不能作为纯水使用。

天然水和自来水的净化,主要有以下几种方法。

1. 蒸馏法

将自来水(或天然水)在蒸馏装置中加热汽化,然后冷凝水蒸气即得到蒸馏水。该法可除去一般固体杂质、细菌及部分杂质离子，但蒸馏水中仍含有少量杂质。尽管如此，蒸馏水仍是化学实验中最常用的较为纯净廉价的洗涤剂和溶剂。在 25 ℃时其电阻率为 $1\times10^5\ \Omega\cdot cm$ 左右。常用于清洗仪器、配制溶液、无机制备实验及分析化学实验等。

2. 电渗析法

电渗析法是将自来水通过电渗析器，除去水中阴、阳离子，实现净化的方法。

电渗析器主要由离子交换膜、隔板、电极等组成。离子交换膜是由具有离子交换性能的高分子材料制成的薄膜，是整个电渗析器的关键部分。其特点是对阴、阳离子的通过具有选择性。阳离子交换膜（简称阳膜）只允许阳离子通过；阴离子交换膜（简称阴膜）只允许阴离子通过。所以，电渗析法除杂质离子的基本原理是，在外电场作用下，利用阴、阳离子交换膜对水中阴、阳离子的选择透过性，达到净化水的目的。电渗析水的电阻率一般为 $10^4\sim10^5\ \Omega\cdot cm$，比蒸馏水的纯度略低。

3. 离子交换法

离子交换法是使自来水通过离子交换柱(内装阴、阳离子交换树脂)除去水中杂质离子，实现净化的方法。用此法得到的去离子水纯度较高，25 ℃时的电阻率达 $5\times10^6\ \Omega\cdot cm$ 以上。

（1）离子交换树脂

离子交换树脂是一种人工合成的含有能与其他物质进行离子交换的活性基团的高分子化合物。它的特点是性质稳定，与酸、碱及一般有机溶剂都不起作用。在其网状结构的骨架上，含有许多可与溶液中的离子起交换作用的"活性基团"。根据树脂可交换活性基团的不同，把离子交换树脂分为阳离子交换树脂和阴离子交换树脂两大类。

阳离子交换树脂是含有酸性活性基团的树脂，如磺酸基（R－SO_3H）、羧基（R－COOH）等，R 表示树脂中网状结构的骨架部分。活性基团中含有的 H^+ 可与溶液中的阳离子发生交换反应，把这种阳离子交换树脂称为酸型阳离子交换树脂(或 H 型阳离子交换树脂)。按活性基团酸性强弱的不同，又分为强酸型和弱酸型离子交换树脂。例如 R－SO_3H 为强酸型离子交换树脂（如国产"732"树脂）；R－COOH 为弱酸型离子交换树脂（如国产"724"树脂）；应用最广泛的是强酸型磺酸型聚乙烯树脂。

阴离子交换树脂是含有碱性活性基团的树脂，树脂中的活性基团可与溶液中的阴离子发生交换反应。例如：

$$R-NH_3^+OH^- \qquad\qquad R-N^+(CH_3)_3$$
$$\qquad\qquad\qquad\qquad\qquad\quad |$$
$$\qquad\qquad\qquad\qquad\qquad OH^-$$

活性基团中含有 OH^- 的称为 OH 型阴离子交换树脂，含有 Cl^- 的称为 Cl 型阴离子交换树脂。按活性基团碱性强弱的不同，又分为弱碱型和强碱型离子交换树脂。

在制备去离子水时，使用强酸型和强碱型离子交换树脂。它们具有较好的耐化学腐蚀性、耐热性和耐磨性，在酸性、碱性及中性介质中都可以使用，同时离子交换效果好。

(2) 离子交换法制备纯水的原理

离子交换法制备纯水的原理是基于树脂中的活性基团和水中各种杂质离子间的可交换性。

离子交换过程是水中的杂质离子先通过扩散进入树脂颗粒内部，再与树脂活性基团中的 H^+ 或 OH^- 发生交换，被交换出来的 H^+ 或 OH^- 又扩散到溶液中去，并相互结合成 H_2O 的过程。

例如 $R-SO_3^-H^+$ 型阳离子交换树脂，交换基团中的 H^+ 与水中的阳离子杂质（如 Na^+、Ca^{2+}、Mg^{2+} 等）进行交换，使水中的 Na^+、Ca^{2+}、Mg^{2+} 等离子结合到树脂上，并交换出 H^+ 于水中。反应如下：

$$R-SO_3^-H^+ + Na^+ \rightleftharpoons R-SO_3^-Na^+ + H^+$$
$$2R-SO_3^-H^+ + Mg^{2+} \rightleftharpoons (R-SO_3^-)_2Mg^{2+} + 2H^+$$

经过阳离子交换树脂交换后流出的水中有过剩的 H^+，因此显酸性。

同样，水通过阴离子交换树脂，交换基团中的 OH^- 与水中的阴离子杂质（如 Cl^-、SO_4^{2-} 等）发生交换反应而交换出 OH^-，经过离子交换树脂交换后流出的水中有过剩的 OH^-，因此显碱性。反应如下：

$$R-N^+(CH_3)_3 + Cl^- \rightleftharpoons R-N^+(CH_3)_3 + OH^-$$
$$\quad | \qquad\qquad\qquad\qquad\qquad\qquad |$$
$$\quad OH^- \qquad\qquad\qquad\qquad\qquad\quad Cl^-$$

由以上分析可知，如果含有杂质离子的原料水（工业上称为原水）单纯地通过阳离子交换树脂或阴离子交换树脂后，虽然能达到分别除去阳（或阴）离子的作用，但所得的水是非中性的。如果将原水通过阴、阳混合离子交换树脂，则交换出来的 H^+ 和 OH^- 又发生中和反应结合成水，从而得到纯度很高的去离子水。

$$H^+ + OH^- \rightleftharpoons H_2O$$

在离子交换树脂上进行的交换反应是可逆的。杂质离子可以交换出树脂中

H$^+$和OH$^-$，而H$^+$和OH$^-$又可以交换出树脂所包含的杂质离子。反应主要向哪个方向进行，与水中两种离子（H$^+$或OH$^-$与杂质离子）浓度的相对大小有关。当水中杂质离子较多时，杂质离子交换出树脂中的H$^+$或OH$^-$的反应是矛盾的主要方面，但当水中杂质离子减少，树脂上的活性基团大量被杂质离子所交换时，则水中大量存在的H$^+$或OH$^-$反而会把杂质离子从树脂上交换下来，使树脂又转变成H型或OH型。由于交换反应的这种可逆性，所以只用两个离子交换柱（阳离子交换柱和阴离子交换柱）串联起来所生产的水仍含有少量的杂质离子未经交换而遗留在水中。为了进一步提高水质，可再串联一个由阳离子交换树脂和阴离子交换树脂均匀混合的交换柱，其作用相当于串联了很多个阳离子交换柱和阴离子交换柱，而且在交换柱本层任何部位的水都是中性的，从而减少了逆反应发生的可能性。

利用上述交换反应可逆的特点，既可以将水中的杂质离子除去，达到纯化水的目的，又可以将盐型的失效树脂，经过适当处理后重新复原，恢复交换能力，解决树脂循环再使用的问题，这一过程称为树脂的再生。

另外，由于树脂是多孔网状结构，具有很强的吸附能力，可以同时除去电中性杂质。又由于装有树脂的交换柱本身就是一个很好的过滤器，所以颗粒状杂质也能一同除去。

预习要点提示

1. 学习离子交换法的一般原理和使用离子交换树脂的基本方法。
2. 了解天然水和自来水的常用净化方法。
3. 学习电导率仪的使用方法。

实验用品

仪器：DDS—11A电导率仪，离子交换柱三支($\varnothing$7 mm×160 mm)，自由夹四个，烧杯。

液体试剂：钙试剂(0.1%)，镁试剂(0.1%)，NaOH(5%，2 mol·L^{-1})，HCl(5%，2 mol·L^{-1})，HNO$_3$(2 mol·L^{-1})，AgNO$_3$(0.1 mol·L^{-1})，BaCl$_2$(1 mol·L^{-1})。

固体试剂：732型强酸型离子交换树脂，717型强碱型离子交换树脂。

材料：乳胶管，橡皮塞，直角玻璃弯管，直玻璃管。

实验内容

一、装柱

用两只10 mL小烧杯，分别量取再生过的阳离子交换树脂约7 mL(湿)或阴离子交换树脂约10 mL(湿)。按照装柱操作要求进行装柱，第一个柱子中装入

约为 $\frac{1}{2}$ 柱容积的阳离子交换树脂，第二个柱子中装入约 $\frac{2}{3}$ 柱容积的阴离子交换树脂，第三个柱子中装入 $\frac{2}{3}$ 柱容积的阴阳离子混合交换树脂（阳离子交换树脂与阴离子交换树脂按 1∶2 体积比混合）。装柱完毕，按图 3.1 所示将三个柱子进行串联，在串联时注意尽量排出连接管内的气泡，以免液柱阻力过大而使交换不能畅通。

二、离子交换与水质检验

依次使原料水流经阳离子交换柱、阴离子交换柱、混合离子交换柱，并依次接收原料水、阳离子交换柱流出水、阴离子交换柱流出水、混合离子交换柱流出水样品，进行以下项目检验。

1. 用电导率仪测定各样品的电导率。

2. 取各样品水 2 滴分别放入点滴板的圆穴内，分别按下面的方法检验 Ca^{2+}、Mg^{2+}、Cl^-、SO_4^{2-}，将检验结果填入表 3.2 中，并根据检验结果作出结论。

检验 Ca^{2+} 的方法：加入 1 滴 2 mol·L^{-1} NaOH 和 1 滴钙试剂，观察有无红色溶液生成。

检验 Mg^{2+} 的方法：加入 1 滴 2 mol·L^{-1} NaOH 和 1 滴镁试剂，观察有无蓝色沉淀生成。

检验 Cl^- 的方法：加入 1 滴 2 mol·L^{-1} HNO_3 酸化，再加入 1 滴 0.1 mol·L^{-1} $AgNO_3$，观察有无白色沉淀生成。

检验 SO_4^{2-} 的方法：加入 1 滴 1 mol·L^{-1} $BaCl_2$，观察有无白色沉淀生成。

表 3.2 水质检验报告

检验项目	电导率/μS·cm^{-1}	Ca^{2+}	Mg^{2+}	Cl^-	SO_4^{2-}	结论
自来水						
阳离子交换柱流出水						
阴离子交换柱流出水						
混合离子交换柱流出水						

三、离子交换树脂的再生

1. 阳离子交换树脂的再生

按图 3.2 装置，在 30 mL 的试剂瓶中装入约 6~10 倍于阳离子交换树脂体积量的 2 mol·L^{-1}（或 5%~10%）HCl，通过虹吸管以每秒约一滴的流速淋洗树脂。可用夹子 2 控制酸液的流速，用夹子 1 控制树脂上液层的高度。注意在操作中切勿使液面低于树脂层。如此用酸淋洗，直到交换柱中流出液不含 Na^+ 为止（如何检验?)。然后用蒸馏水洗涤树脂,直到流出液的 pH≈6 为止。

2. 阴离子交换树脂的再生

阴离子交换树脂的再生,可用大约 6~10 倍于阴离子交换树脂体积量的 2 mol·L^{-1}(或 5%~10%)NaOH 溶液。再生操作同 1,直到交换柱中流出液不含 Cl$^-$为止(如何检验?)。然后用蒸馏水洗涤树脂,直到流出液的 pH≈7~8 为止。

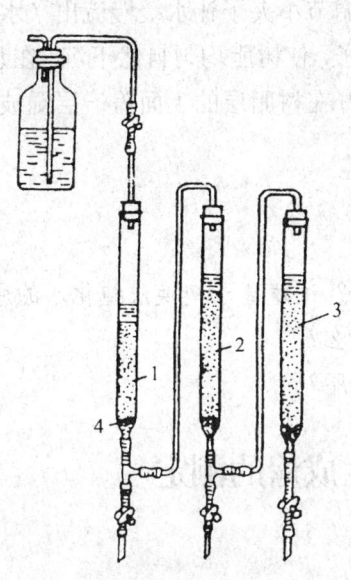

图 3.1 树脂交换装置

1—阳离子交换柱;2—阴离子交换柱;
3—混合离子交换柱;4—玻璃纤维

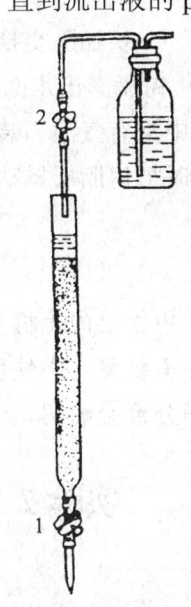

图 3.2 树脂再生装置

1—出液控制夹;2—进液控制夹

知识介绍

1. 树脂的预处理

阳离子交换树脂的预处理:自来水冲洗树脂至水为无色后,改用纯水浸泡 4~8 h,再用 5%盐酸浸泡 4 h。倾去盐酸溶液,用纯水洗至 pH=3~4。纯水浸泡备用。

阴离子交换树脂的预处理:将树脂如同上法漂洗和浸泡后,改用 5% NaOH 溶液浸泡 4 h。倾去 NaOH 溶液,用纯水洗至 pH=8~9。纯水浸泡备用。

2. 离子交换树脂的装柱

本实验中的交换柱采用 ∅=7 mm 的玻璃管拉制而制成,把玻璃管的下端拉成尖咀,管长 16 cm,在尖咀上套一根细乳胶管,用小夹子控制出水速度。将预处理好的树脂（阳离子交换树脂处理成 H 型、阴离子交换树脂处理成 OH 型），按如下方法装柱：

将少许润湿的玻璃棉塞在交换柱的下端，以防树脂漏出。然后在交换柱中加入柱高 $\frac{1}{3}$ 的纯水，排除柱下部和玻璃棉中的空气。用小滴管将处理好的湿树脂（连同纯水）一块加入交换柱中，同时调节小夹子让水缓慢流出（水的流速不能太快，防止树脂露出水面），并轻敲柱子，使树脂均匀自然下沉。在装柱时，应防止树脂层中夹有气泡。装柱完毕，最好在树脂层的上面盖一层湿玻璃棉，以防加入溶液时把树脂层掀动。

问题与思考

1. 天然水中主要的无机盐杂质是什么？试述离子交换法纯化水的原理。
2. 用电导率仪测定水纯度的根据是什么？
3. 如何筛分混合的阴、阳离子交换树脂？

实验 2 氯化铵生成焓的测定

实验目的

1. 掌握测量物质生成焓的一般方法。
2. 通过物质生成焓的计算，进一步掌握 Hess 定律的应用。
3. 熟练使用移液管和滴定管。

实验原理

在热力学标准状态和 $T\,K$ 条件下，由纯态的稳定单质生成 1 mol 某物质的等压反应热（焓变），称为该物质的标准摩尔生成焓，以符号 $\Delta_f H_m^{\ominus}(T)$ 表示，简称生成焓。有些物质往往不能由单质直接生成，这些物质的生成焓则无法直接测定，只能依靠间接的方法，通过 Hess 定律，求得该物质的生成焓。

例如，$NH_4Cl(aq)$ 的生成可以设想通过下列不同途径来实现。

$$\frac{1}{2}N_2(g) + \frac{3}{2}H_2(g) + \frac{1}{2}H_2(g) + \frac{1}{2}Cl_2(g) \xrightarrow{\Delta_f H_m^{\ominus}(NH_4Cl,s)} NH_4Cl(s)$$

$$\Delta H_1^{\ominus} \Big\downarrow H_2O(l) \qquad \Delta H_2^{\ominus} \Big\downarrow H_2O(l) \qquad\qquad \Delta H_4^{\ominus} \Big\downarrow H_2O(l)$$

$$NH_3(aq) \quad + \quad HCl(aq) \xrightarrow{\Delta H_3^{\ominus}} NH_4Cl(aq)$$

根据 Hess 定律

$$\Delta_f H_m^{\ominus}(NH_4Cl,s) = \Delta H_1^{\ominus} + \Delta H_2^{\ominus} + \Delta H_3^{\ominus} - \Delta H_4^{\ominus}$$

这样，利用文献能查到的 $NH_3(aq)$ 和 $HCl(aq)$ 的标准摩尔生成焓，再通过实验测定 $NH_3 \cdot H_2O\ (aq)$ 和 $HCl(aq)$ 反应的中和焓和 $NH_4Cl(s)$ 的溶解焓即可确定 $NH_4Cl(s)$ 的生成焓。

为了提高实验的准确度，减小实验误差，本实验要求 $NH_3 \cdot H_2O$ 和 HCl 的中和反应在低浓度条件下进行；实验要求在绝热、保温良好的量热器中进行，以确保热损失最小。本实验采用的简易量热器是保温杯式量热计，如图 3.3 所示。

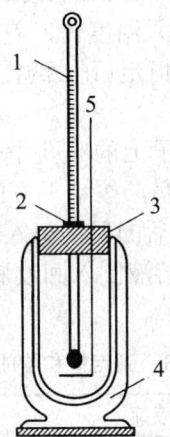

图 3.3 简易量热器装置图

1—温度计；2—小橡皮塞；3—软木塞或泡沫塑料塞；4—保温杯；5—环形搅拌

中和焓和 $NH_4Cl(s)$ 溶解焓可以通过溶液的比热和反应过程中溶液温度的改变来计算。计算公式为：

$$\Delta H = -\frac{\Delta t \cdot C \cdot V \cdot d}{1000n}$$

式中：ΔH —反应的焓变/kJ·mol^{-1}（中和焓或溶解焓）；Δt —反应前后温差/℃；C—溶液比热/J·g^{-1}·K^{-1}；V—溶液体积/mL；d—溶液密度/g·mL^{-1}；n—V mL 溶液中 NH_4Cl 的物质的量/mol。

预习要点提示

1．复习 Hess 定律的内容及应用，领会通过设计热化学循环的方法对体系进行热力学研究。
2．提前分析该简易实验的误差来源，并思考减小实验误差的可行方法。
3．学习碱式滴定管的使用方法。

实验用品

仪器：保温杯，搅拌器，移液管，温度计（0.1℃），滴定管，天平（0.01 g）。
液体试剂：HCl（1.500 mol·L^{-1}），$NH_3·H_2O$（1.6 mol·L^{-1}）。
固体试剂：$NH_4Cl(s)$。

实验内容

一、中和焓的测定

1．用 50 mL 移液管移取 50.00 mL 1.500 mol·L^{-1} HCl 放入事先洗净且干燥的保温杯中，在软木塞盖上插入温度计，盖上此盖，如图 3.3 所示。水平方向不断摇动量热器，至溶液温度恒定后(大约需 3~5 min)，把中和反应前的温度记入表 3.3 中。

2．用滴定管从保温杯盖子上的小孔中快速放入 50.00 mL 1.6 mol·L^{-1} $NH_3·H_2O$，立即盖上小橡皮塞，按水平方向不断地摇动，并记下中和反应后上升的最高温度。将中和反应后的温度记入表 3.3 中。

3．测定完毕，将 NH_4Cl 溶液倒入回收瓶中，洗净并擦干量热器和温度计，准备下一个实验用。

表 3.3 测定中和焓的数据记录

中和反应前					中和反应后溶液最高温度/℃	中和反应温升 Δt /℃
HCl			$NH_3·H_2O$			
温度/℃	浓度/(mol·L^{-1})	体积/mL	浓度/(mol·L^{-1})	体积/ mL		

二、溶解焓的测定

1. 在 $\dfrac{1}{100}$ 天平上准确称取 10 g $NH_4Cl(s)$。

2. 用移液管准确量取 100.00 mL 蒸馏水放入干净的保温杯中，插入塑料搅拌器，盖上量热器盖，上下移动搅拌器，不断搅拌溶液至水温保持恒定为止（大约需要 3~5 min），把水温记入表 3.4 中。

迅速将称取的 $NH_4Cl(s)$ 倒入量热器中，立即盖紧软木塞并不断搅拌，也可以按水平方向摇动量热器，直至温度下降至稳定的最低值后，把水温记入表 3.4 中。

表 3.4 测定溶解焓的数据记录

$NH_4Cl(s)$摩尔质量/(g·mol^{-1})	$NH_4Cl(s)$ 的质量/g	溶解 NH_4Cl 前蒸馏水温度 t_1/℃	溶解 NH_4Cl 后溶液最低温度 t_2/℃	$\Delta t = t_2-t_1$/℃

测量完毕后把保温杯中的 NH_4Cl 溶液倒入回收瓶，洗净量热器、温度计和搅拌器，放回原处。

数据处理

1. 根据实验原理中的公式计算反应热（中和焓或溶解焓）。

设溶液的比热为 4.18 J·g^{-1}·℃$^{-1}$；NH_4Cl 溶液的密度 $d \approx 1.00$ g·mL^{-1}；反应器的热容可以忽略不计。

$\Delta H_3^{\ominus} =$ _____ kJ·mol^{-1} $\Delta H_4^{\ominus} =$ _____ kJ·mol^{-1}

2. 计算测得的 $NH_4Cl(s)$ 的标准摩尔生成焓

$\Delta H_1^{\ominus} = -81.2$ kJ·mol^{-1} $\Delta H_2^{\ominus} = -165.1$ kJ·mol^{-1}

$\Delta_f H_m^{\ominus}(NH_4Cl, s, 实验) = \Delta H_1^{\ominus} + \Delta H_2^{\ominus} + \Delta H_3^{\ominus} - \Delta H_4^{\ominus}$

$\Delta_f H_m^{\ominus}(NH_4Cl, s, 文献) = -314.5$ kJ·mol^{-1}

计算实验的相对误差：

$$相对误差 = \dfrac{\Delta_f H_m^{\ominus}(NH_4Cl, 实验) - \Delta_f H_m^{\ominus}(NH_4Cl, 理论)}{\Delta_f H_m^{\ominus}(NH_4Cl, 理论)} \times 100\%$$

问题与思考

1. 在中和焓测定中,为什么以 HCl 为基准,$NH_3 \cdot H_2O$ 必须过量?
2. 实验中所用量热器(包括保温杯、搅拌器及温度计等)是否允许有残留的洗涤水?为什么?
3. 本实验中造成误差的主要原因是什么?能否通过详细采集数据和作图的方法来减小实验误差?
4. 在对反应热做定量测定时,是否要考虑所研究反应的完全程度和反应速率对实验结果的影响?
5. 试设计用该实验提供的仪器测定 H_2O_2 分解热的实验方案。

实验 3 化学反应速率和活化能的测定

实验目的

1. 测定过二硫酸铵与碘化钾反应的反应速率,计算反应级数、反应速率常数和反应的活化能。
2. 掌握浓度、温度对反应速率的影响规律。
3. 掌握用作图法归纳和处理实验数据的方法。

实验原理

在酸性介质中,过二硫酸铵与碘化钾发生如下反应

$$S_2O_8^{2-} + 3I^- = 2SO_4^{2-} + I_3^- \tag{1}$$

该反应对应的速率方程可表示为:

$$v = -\frac{dc(S_2O_8^{2-})}{dt} = kc^m(S_2O_8^{2-})c^n(I^-) \tag{2}$$

式中 $dc(S_2O_8^{2-})$ 为 $S_2O_8^{2-}$ 在 dt 时间内浓度的改变量, $c(S_2O_8^{2-})$ 和 $c(I^-)$ 分别为 $S_2O_8^{2-}$ 和 I^- 的浓度, k 为反应速率常数。由于在实验中无法测得 dt 时间内微观量的变化值 $dc(S_2O_8^{2-})$,故在本实验中以宏观时间的变化 Δt 代替 dt,以宏观量的变化 $\Delta c(S_2O_8^{2-})$ 代替微观量的变化 $dc(S_2O_8^{2-})$,即以平均速率($\Delta c(S_2O_8^{2-})/\Delta t$)代替瞬时速率($dc(S_2O_8^{2-})/dt$)。这是本实验产生误差的主要原因。在上述原则下,则有:

$$\bar{v} = -\frac{\Delta c(S_2O_8^{2-})}{\Delta t} = kc^m(S_2O_8^{2-})c^n(I^-) = v \tag{3}$$

为了能够测出在一定时间 Δt 内 $S_2O_8^{2-}$ 浓度的变化,在 $(NH_4)_2S_2O_8$ 溶液和 KI 溶液混合的同时,加入一定体积已知浓度并含有淀粉指示剂的 $Na_2S_2O_3$ 溶液,这样在反应(1)进行的同时,还进行着下列反应:

$$2S_2O_3^{2-} + I_3^- = S_4O_6^{2-} + 3I^- \qquad (4)$$

反应(4)进行得非常快,几乎瞬时即可完成,而反应(1)比反应(4)慢得多,所以由反应(1)生成的 I_3^- 立即与 $S_2O_3^{2-}$ 作用,生成无色的 $S_4O_6^{2-}$ 和 I^-。因此开始一段时间内溶液呈无色,当 $Na_2S_2O_3$ 一旦耗尽,则由反应(1)生成的微量 I_3^- 就很快与淀粉作用,使溶液显出蓝色。

从反应(1)和反应(4)可以看出,$S_2O_8^{2-}$ 浓度减少的量等于 $S_2O_3^{2-}$ 浓度减少量的一半,所以 $S_2O_8^{2-}$ 在 Δt 时间内的减少量可以从下式求得:

$$\Delta c(S_2O_8^{2-}) = \frac{\Delta c(S_2O_3^{2-})}{2} \qquad (5)$$

由于在 Δt 时间内 $S_2O_3^{2-}$ 基本上全部耗尽,浓度近似等于零,所以 $\Delta c(S_2O_3^{2-})$ 的绝对值实际上就是已知的 $Na_2S_2O_3$ 的初始浓度,这样据式(3)和式(5)即可求得在一定初始浓度条件下的平均速率 $\bar{v}$;再由不同初始浓度下测得的反应速率,即可计算出该反应的反应级数($m+n$);根据式(3)和式(5)可得:

$$k = -\frac{\Delta c(S_2O_8^{2-})}{\Delta t c^m(S_2O_8^{2-})c^n(I^-)} = -\frac{\Delta c(S_2O_3^{2-})}{2\Delta t c^m(S_2O_8^{2-})c^n(I^-)} \qquad (6)$$

求出反应级数 m 和 n 以后,根据式(6)可求得一定温度下的反应速率常数 k。

根据阿仑尼乌斯方程式,反应速率常数与反应温度之间有如下关系:

$$\lg k = -\frac{E_a}{2.303RT} + \lg A \qquad (7)$$

可见 $\lg k$ 与 $\frac{1}{T}$ 呈线性关系。

$$直线的斜率 = -\frac{E_a}{2.303R} \qquad (8)$$

式中 E_a 为反应的活化能,R 为摩尔气体常数($8.314 \text{ J} \cdot \text{mol}^{-1} \cdot \text{K}^{-1}$),$A$ 为给定反应的特征常数。测得不同温度时的 k 值,以 $\lg k$ 对 $\frac{1}{T}$ 作图,可得一直线。根据式(8),由直线的斜率即可求得反应的活化能 E_a。

在本实验中,每份混合液中 $Na_2S_2O_3$ 的初始浓度都是相同的,因此,

$\Delta c(S_2O_3^{2-})$ 也是不变的，这样，只要记下从反应开始到溶液出现蓝色所需要的时间 Δt，即可通过数据处理得到 $\bar{v}$、m、n、k、E_a 等一系列结论。

预习要点提示

1. 了解量筒、移液管、滴定管等常用量器的精度，并从实际出发考虑如何为本实验选择合适的量器。
2. 学习秒表的使用，分析本实验的计时误差来源。
3. 学习用作图法处理实验数据。
4. 总结影响反应速率的因素。

实验用品

仪器：一次性医用注射器（2 mL，1 mL），秒表、烧杯（500 mL，10 mL），温度计。

液体试剂：KI（0.2 mol·L^{-1}），Na$_2$S$_2$O$_3$（0.01 mol·L^{-1}），淀粉溶液（0.4%），(NH$_4$)$_2$S$_2$O$_8$（0.2 mol·L^{-1}），KNO$_3$（0.2 mol·L^{-1}），(NH$_4$)$_2$SO$_4$（0.2 mol·L^{-1}）。

材料：热水，冰。

实验内容

一、浓度对化学反应速率的影响，反应级数的测定

在室温下，按照表3.5用量进行1号实验，用注射器量取 2.0 mL 0.2 mol·L^{-1} KI 溶液，0.8 mL 0.01 mol·L^{-1} Na$_2$S$_2$O$_3$ 溶液和 0.2 mL 0.4%淀粉溶液，加到 10 mL 小烧杯中混合均匀，再用注射器量取 2.0 mL 0.2 mol·L^{-1} (NH$_4$)$_2$S$_2$O$_8$ 溶液迅速加到烧杯中，立即计时，不断用玻璃棒搅拌，当溶液刚出现蓝色时，停止计时。

用同样的方法，按照表 3.5 用量进行 2~5 号实验。为了使每次实验中溶液的总体积和离子强度保持不变，和 1 号实验相比，不足的 KI 和(NH$_4$)$_2$S$_2$O$_8$ 的量分别用 0.2 mol·L^{-1} KNO$_3$ 溶液或 0.2 mol·L^{-1} (NH$_4$)$_2$SO$_4$ 溶液补充。

将反应温度和每次反应时间记入表 3.5 中。

注意：根据实验室为每组同学提供的注射器的规格和数量，合理使用注射器，必要时给注射器贴上标签，以免混淆。

二、温度对化学反应速率的影响，活化能的测定

按照表 3.5 实验序号 4 的用量，量取 KI、Na$_2$S$_2$O$_3$、KNO$_3$ 和淀粉溶液放入 10 mL 小烧杯中，量取规定量的(NH$_4$)$_2$S$_2$O$_8$ 溶液放入试管中，并把它们同时放在冰水浴中冷却。待两种溶液都冷却到低于室温 10 ℃时，迅速将(NH$_4$)$_2$S$_2$O$_8$

加入到盛有混合溶液的小烧杯中,立即计时,并且测定混合液的温度,不断搅拌,当溶液刚出现蓝色时,停止计时。

同理,还可以分别测定低于室温 5 ℃、高于室温 10 ℃ 和高于室温 5 ℃ 条件下的反应速率(高于室温的溶液在热水浴中加热)。

将上述四个不同温度下的反应时间记入表 3.6 中,并计算相应的反应速率和反应速率常数。

数据处理

1. 反应级数的计算

把表 3.5 实验序号 1 和 3 的结果代入公式

$$\bar{v} = -\frac{\Delta c(S_2O_8^{2-})}{\Delta t} = kc^m(S_2O_8^{2-})c^n(I^-) = v$$

可得

$$\frac{v_1}{v_3} = \frac{kc_1^m(S_2O_8^{2-})c_1^n(I^-)}{kc_3^m(S_2O_8^{2-})c_3^n(I^-)}$$

由于

$$c_1(I^-) = c_3(I^-)$$

所以

$$\frac{v_1}{v_3} = \frac{c_1^m(S_2O_8^{2-})}{c_3^m(S_2O_8^{2-})}$$

由 v_1、v_3、$c_1(S_2O_8^{2-})$、$c_3(S_2O_8^{2-})$ 可求出 m。用同样的方法把序号 1 和 5 的实验数据代入,可得:

$$\frac{v_1}{v_5} = \frac{kc_1^m(S_2O_8^{2-})c_1^n(I^-)}{kc_5^m(S_2O_8^{2-})c_5^n(I^-)}$$

$$c_1(S_2O_8^{2-}) = c_5(S_2O_8^{2-})$$

$$\frac{v_1}{v_5} = \frac{c_1^n(I^-)}{c_5^n(I^-)}$$

由 v_1、v_5、$c_1(I^-)$、$c_5(I^-)$ 可求出 n,再由 m 和 n 值求得反应的总级数 $(m+n)$ 值。

2. 计算反应速率常数 k

$$v = kc^m(S_2O_8^{2-})c^n(I^-)$$

已知 v 和 m、n 就可求出 k。将计算所得 k 值填入表 3.5 和表 3.6 中。对于室温下的五组实验,得到 k_1、k_2、k_3、k_4、k_5 五个速率常数,由此得到的速率常

数平均值 $\bar{k}_{室温}$ 比其中任何一个 k_i 都能代表室温的情况,故在描点作图时应该采纳 $\bar{k}_{室温}$。

3. 活化能的计算

依据表 3.5 和表 3.6 的结果,以 $\dfrac{1}{T}$ 为横坐标,以 $\lg k$ 及 $\lg \bar{k}_{室温}$ 为纵坐标作图,得一直线,此直线的斜率为 $-\dfrac{E_a}{2.303R}$,由此可以求出该反应的活化能 E_a。由文献查得:$E_a(文献)=56.7 \text{ kJ}\cdot\text{mol}^{-1}$,根据实验测得的活化能 $E_a(实验)$,计算相对误差,分析误差原因。

表 3.5 浓度对化学反应速率的影响 室温_____K

	实验序号	1	2	3	4	5
试剂用量/ mL	0.2 mol·L^{-1} (NH$_4$)$_2$S$_2$O$_8$ 溶液	2.0	1.0	0.5	2.0	2.0
	0.2 mol·L^{-1} KI 溶液	2.0	2.0	2.0	1.0	0.5
	0.01 mol·L^{-1} Na$_2$S$_2$O$_3$ 溶液	0.8	0.8	0.8	0.8	0.8
	0.4%淀粉溶液	0.2	0.2	0.2	0.2	0.2
	0.2 mol·L^{-1} KNO$_3$ 溶液	—	—	—	1.0	1.5
	0.2 mol·L^{-1} (NH$_4$)$_2$SO$_4$ 溶液	—	1.0	1.5	—	—
反应物的起始浓度/ mol·L^{-1}	(NH$_4$)$_2$S$_2$O$_8$ 溶液					
	KI 溶液					
	Na$_2$S$_2$O$_3$ 溶液					
反应时间 Δt / s						
反应速率 v/ mol·L^{-1}·s^{-1}						
反应速率常数 k/ L·mol^{-1}·s^{-1}						
反应速率常数平均值 $\bar{k}$/ L·mol^{-1}·s^{-1}						
$\lg \bar{k}_{室温}$/ L·mol^{-1}·s^{-1}						

表 3.6 温度对化学反应速率的影响

实验序号	6	7	8	9
反应温度/K				
$\dfrac{1}{T}$/K^{-1}				
Δt / s				

续表

实验序号	6	7	8	9
$v/\text{mol}\cdot\text{L}^{-1}\cdot\text{s}^{-1}$				
$k/\text{L}\cdot\text{mol}^{-1}\cdot\text{s}^{-1}$				
$\lg(k/\text{L}\cdot\text{mol}^{-1}\cdot\text{s}^{-1})$				

知识介绍

作图法求算反应级数

对式 $v = kc^m(\text{S}_2\text{O}_8^{2-})c^n(\text{I}^-)$ 两边取对数，可得：

$$\lg v = \lg k + m\lg c(\text{S}_2\text{O}_8^{2-}) + n\lg c(\text{I}^-)$$

当 $c(\text{I}^-)$ 不变(实验1、2、3)时，以 $\lg v \sim \lg c(\text{S}_2\text{O}_8^{2-})$ 作图，可得一直线，其斜率即为 m；同理，当 $c(\text{S}_2\text{O}_8^{2-})$ 不变(实验1、4、5)时，以 $\lg v \sim \lg c(\text{I}^-)$ 作图所得直线的斜率即为 n；进而求得反应的总级数($m+n$)。

问题与思考

1. 根据实验结果，总结浓度、温度对反应速率及反应速率常数的影响。
2. 本实验中 $\text{Na}_2\text{S}_2\text{O}_3$ 溶液用量过少或过多对实验结果有什么影响?
3. 根据反应方程式能否直接确定反应级数?为什么?试用本实验结果加以说明。
4. 查阅文献，确定哪种或哪些物质对本实验的氧化还原反应有催化作用，如果你要验证某催化剂的催化作用，从实验方案设计角度应该注意哪些问题?

实验4 单、多相离子平衡

实验目的

1. 加深理解单、多相解离平衡及其移动，盐类水解平衡及其移动等基本原理和规律。
2. 掌握在试管中加热液体、向试管中滴加溶液进行反应、固体试剂取用和用试纸检验溶液性质等基本操作。

实验原理

1. 弱电解质在溶液中的解离平衡及其移动

在 AB 型弱电解质（例如 HOAc）溶液中存在着下列解离平衡：

$$HOAc \rightleftharpoons H^+ + OAc^-$$

在该平衡体系中，加入与弱电解质 HOAc 含有相同离子的易溶强电解质（例如 HCl 或 NaOAc），解离平衡即向着生成 HOAc 的方向移动，使 HOAc 的解离度降低，这种效应叫做同离子效应。

一元弱酸及其盐（例如 HOAc 和 NaOAc）或一元弱碱及其盐（例如 $NH_3 \cdot H_2O$ 和 NH_4Cl）的混合溶液在一定程度上对外来的酸或碱能起缓冲作用，即外加少量酸、碱或将溶液适当稀释时，此混合溶液的 pH 值基本不变，这种溶液叫做缓冲溶液。

2. 盐类水解平衡及其移动

盐类水解是由组成盐的离子(阴离子或阳离子)和水解离出来的 OH^- 或 H^+ 作用，生成弱碱或弱酸的过程。水解反应使溶液呈酸性或碱性。盐类水解是一个可逆反应，水解度大小主要取决于盐类的本性及温度、浓度等外界条件。通常水解生成的弱酸或弱碱越弱、水解产物的溶解度越小，对应盐的水解度就越大。升高温度或稀释溶液等都可使盐类的水解度加大。

3. 难溶电解质的多相解离平衡及其移动

根据溶度积规则可以判断沉淀的生成和溶解。例如，对于一定温度下水溶液中的任意难溶电解质 A_mB_n 有：

$$A_mB_n(s) \rightleftharpoons mA^{n+} + nB^{m-}$$

$$J = c^m(A^{n+})c^n(B^{m-}) \begin{cases} > \\ = \\ < \end{cases} K_{sp} \begin{cases} \text{过饱和溶液，有沉淀析出} \\ \text{饱和溶液，平衡状态} \\ \text{溶液未饱和，无沉淀析出或沉淀将溶解} \end{cases}$$

如果在多相离子平衡体系中，加入的某种试剂与平衡体系中的某离子结合，使该离子浓度降低，其结果导致 $J < K_{sp}$，难溶电解质就溶解。

如果在某一溶液中，如果同时含有两种或两种以上的离子都能与逐渐加入的某种试剂（沉淀剂）反应生成难溶电解质，沉淀的先后次序取决于所需沉淀剂离子浓度的大小。需要沉淀剂离子浓度较小的先沉淀，需要沉淀剂离子浓度较大的后沉淀。这种先后沉淀的现象叫做分步沉淀。

在含有沉淀的溶液中，加入适当试剂而使这种沉淀转化为另一种沉淀的过程称为沉淀的转化。一般来说，溶解度较大的难溶电解质容易转化为溶解度较小的难溶电解质。例如锅炉水垢的主要成分 $CaSO_4$，其结构致密，且难溶于稀酸，为了有效地清除垢层，可用 Na_2CO_3 将 $CaSO_4$ 沉淀转化为较 $CaSO_4$ 更难溶

的 $CaCO_3$，然后用稀酸清洗 $CaCO_3$。

预习要点提示

1. 学习或复习离心机的使用方法、沉淀的洗涤方法、液体与固体试剂的取用方法和使用试管的操作要点。

2. 复习弱电解质、同离子效应、缓冲溶液、溶度积规则、分步沉淀和沉淀转化等重要概念。

实验用品

仪器：试管，离心试管，酒精灯，试管夹，离心机，小滴管，量筒，点滴板。

液体试剂：NH_4OAc（0.1 mol·L^{-1}），HOAc（0.1 mol·L^{-1}），$NH_3·H_2O$（0.1 mol·L^{-1}），NaOAc（0.1 mol·L^{-1}），HCl（0.1 mol·L^{-1}，2 mol·L^{-1}），NaOH（0.1 mol·L^{-1}），Na_2CO_3（0.1 mol·L^{-1}），$Al_2(SO_4)_3$（0.1 mol·L^{-1}），Na_3PO_4（0.1 mol·L^{-1}），Na_2HPO_4（0.1 mol·L^{-1}），NaH_2PO_4（0.1 mol·L^{-1}），$FeCl_3$（1 mol·L^{-1}），$BiCl_3$（0.1 mol·L^{-1}），Na_2SiO_3（10%），NH_4Cl（0.1 mol·L^{-1}，0.5 mol·L^{-1}），$Al_2(SO_4)_3$（0.2 mol·L^{-1}），$NaHCO_3$（0.2 mol·L^{-1}），$Pb(NO_3)_2$（0.5 mol·L^{-1}），KCl（0.01 mol·L^{-1}，1 mol·L^{-1}），KI（0.01 mol·L^{-1}），K_2CrO_4（0.1 mol·L^{-1}），$AgNO_3$（0.1 mol·L^{-1}），NaCl（0.1 mol·L^{-1}），Na_2S（0.1 mol·L^{-1}），甲基橙，百里酚蓝。

固体试剂：NaOAc，$FeCl_3·6H_2O$。

材料：pH 试纸。

实验内容

一、电离平衡与同离子效应

1. 用 pH 试纸分别检测浓度为 0.1 mol·L^{-1} 的 HCl、HOAc、NaOH、$NH_3·H_2O$ 溶液的 pH 值。

2. 在试管中加入 0.1 mol·L^{-1} HOAc 3 mL，加入甲基橙指示剂 1~2 滴，摇匀，观察溶液的颜色。然后分盛两支试管，在其中一支试管中加入少量 NaOAc 晶体，摇动试管以促使晶体溶解，观察溶液颜色的变化。

3. 利用 0.1 mol·L^{-1} $NH_3·H_2O$，设计一个实验，证明同离子效应能使 $NH_3·H_2O$ 的解离度降低（应选用哪种指示剂?）。

二、缓冲溶液

在试管中加入 3 mL 0.1 mol·L^{-1} HOAc 和 3 mL 0.1 mol·L^{-1} NaOAc，配成 HOAc–NaOAc 缓冲溶液。加入百里酚蓝指示剂数滴，混合后观察溶液的颜色。

把溶液分盛于四支试管中，在其中三支试管中分别加入 5 滴 0.1 mol·L^{-1} HCl、0.1 mol·L^{-1} NaOH 和 H$_2$O，与原配制的缓冲溶液的颜色加以比较，观察溶液颜色是否变化。然后再在加入 0.1 mol·L^{-1} HCl 和 0.1 mol·L^{-1} NaOH 溶液的两支试管中分别加入过量的 0.1 mol·L^{-1} HCl 或 0.1 mol·L^{-1} NaOH，观察溶液的颜色变化。参照表 3.7 确定溶液 pH 值。根据实验现象总结缓冲溶液的特性。

表 3.7　百里酚蓝指示剂的变色范围

pH 值	< 2.8	2.8~8.0	8.0~9.6	> 9.6
颜色	红	黄	绿	蓝

三、盐类水解平衡及其移动

1. 在点滴板上用 pH 试纸分别检验浓度为 0.1 mol·L^{-1} 的 NaOAc、NH$_4$Cl、NH$_4$OAc、Na$_2$CO$_3$、Al$_2$(SO$_4$)$_3$ 和 NaCl 溶液的 pH 值，并以蒸馏水作空白实验。写出水解反应的离子方程式。

2. 在点滴板上用 pH 试纸分别检验 Na$_3$PO$_4$、Na$_2$HPO$_4$ 和 NaH$_2$PO$_4$ 溶液的 pH 值。解释实验现象。

3. 浓度、温度、酸度对水解平衡的影响

（1）在试管中加入少量 FeCl$_3$·6H$_2$O（s），用蒸馏水溶解后观察其颜色。然后将溶液分成三份，第一份作比较用，第二份滴加数滴 2 mol·L^{-1} HCl 摇匀，第三份用小火加热。分别观察溶液颜色的变化并与第一份溶液进行比较。解释实验现象。

（2）在试管中加入 1 滴 0.1 mol·L^{-1} BiCl$_3$ 溶液，用滴管加水稀释，观察白色沉淀的产生。再逐滴加入 2 mol·L^{-1} HCl 至白色沉淀刚刚消失为止（酸量不可加入过多），再加水稀释，观察现象。解释原因并写出水解反应的离子方程式。

4. 相互水解

（1）在试管中加入 2 滴 10% Na$_2$SiO$_3$ 溶液，再加入 4 滴 0.5 mol·L^{-1} NH$_4$Cl 溶液，混合后观察现象（必要时可加热）。解释原因并写出反应的离子方程式。

（2）用试剂 0.2 mol·L^{-1} Al$_2$(SO$_4$)$_3$、0.2 mol·L^{-1} NaHCO$_3$ 设计一个实验，验证 Al$_2$(SO$_4$)$_3$ 和 NaHCO$_3$ 溶液相互水解。写出反应的离子方程式。

四、沉淀的生成和溶解

1. 取试管两支，分别加入 2 滴 0.5 mol·L^{-1} Pb(NO$_3$)$_2$ 溶液，然后在一支试管中加入 3 滴 1 mol·L^{-1} KCl 溶液，在另一支试管中加入 3 滴 0.01 mol·L^{-1} KCl 溶液，观察有无白色沉淀 PbCl$_2$ 产生（不产生沉淀的留作下一实验用）。写出离子反应方程式，解释实验现象。

2. 在上面未产生沉淀的试管中滴入 0.01 mol·L^{-1} KI 溶液，观察现象。写出离子反应方程式。

3．设计一组实验，以证明 $Mg(OH)_2$ 能溶于非氧化性稀酸和铵盐的事实。

五、分步沉淀和沉淀转化

1．用下列试剂设计一组实验，验证沉淀转化的规律。

$0.1\ mol \cdot L^{-1}\ K_2CrO_4$、$0.1\ mol \cdot L^{-1}\ AgNO_3$、$0.1\ mol \cdot L^{-1}\ NaCl$、$0.1\ mol \cdot L^{-1}\ Na_2S$。

2．利用下列试剂设计一个实验，验证分步沉淀的规律。

$0.1\ mol \cdot L^{-1}\ K_2CrO_4$、$0.1\ mol \cdot L^{-1}\ NaCl$、$0.1\ mol \cdot L^{-1}\ AgNO_3$

3．利用本实验提供的试剂设计一个实验，验证两种或两种以上金属阳离子分步沉淀的规律。

问题与思考

1．试解释为什么 Na_2HPO_4 和 NaH_2PO_4 均属酸式盐，而前者的水溶液呈弱碱性，后者的水溶液却呈弱酸性？

2．如何配制 $SnCl_2$、$Bi(NO_3)_3$、$SbCl_3$、Na_2S 溶液？

3．如何从测得的一元弱碱盐溶液（如 NaOAc）的 pH 值，求算阴离子（如 OAc^-）的水解常数和对应弱酸（如 HOAc）的解离常数？

4．沉淀生成、溶解和转化的条件分别是什么？

5．通过计算，确定实验一、3 应选用的指示剂。

实验 5　半中和法测定醋酸的解离常数

实验目的

1．了解弱酸解离常数的测定方法。

2．学会酸度计的正确使用方法。

3．加深对解离平衡基本概念的理解。

实验原理

在 HOAc–NaOAc 缓冲溶液中存在如下平衡：

$$HOAc \rightleftharpoons H^+ + OAc^-$$

$$K_a(HOAc) = \frac{[H^+][OAc^-]}{[HOAc]} \quad (1)$$

$$K_a(\text{HOAc}) = \frac{a_{\text{H}^+} \cdot a_{\text{OAc}^-}}{a_{\text{HOAc}}} = \frac{a_{\text{H}^+} \cdot f_{\text{OAc}^-} \cdot [\text{OAc}^-]}{f_{\text{HOAc}} \cdot [\text{HOAc}]} \tag{2}$$

由于该溶液的离子强度较大,此时活度因子 f_{OAc^-} 明显小于 1, $f_{\text{HOAc}} \approx 1$。用酸度计测得溶液的 pH 值,实际上就得到了 H^+ 的有效浓度,即 H^+ 的活度 $a(\text{H}^+)$,即 $\text{pH} = -\lg a(\text{H}^+)$。

若 HOAc–NaOAc 缓冲溶液中 $[\text{OAc}^-] = [\text{HOAc}]$,则对式(2)两边取负对数得:

$$pK_a(\text{HOAc}) = \text{pH} - \lg f(\text{OAc}^-) \tag{3}$$

用酸度计测定该缓冲溶液的 pH 值,根据该溶液的离子强度 I,查表 3.8 得到 f_{OAc^-} 即可求得 HOAc 的解离常数。

表 3.8　不同离子强度时 OAc^-、Na^+ 的活度因子

离子 \ f \ I/mol·L^{-1}	0.000 5	0.001	0.005	0.01	0.05	0.1
OAc^-	0.975	0.964	0.928	0.902	0.820	0.775
Na^+	0.975	0.964	0.928	0.902	0.820	0.775

预习要点提示

1. 复习和巩固离子强度、活度系数、活度、缓冲溶液等基本概念。
2. 熟悉甘汞电极和玻璃电极的结构,学习酸度计的工作原理。
3. 学习酸碱滴定操作。

实验用品

仪器:25 型酸度计,碱式滴定管,酸式滴定管,电磁搅拌器,烧杯,锥形瓶。

液体试剂:NaOH 标准溶液(0.100 0 mol·L^{-1}),HOAc(0.1 mol·L^{-1}),酚酞指示剂。

实验内容

一、用 NaOH 标准溶液滴定 0.1 mol·L^{-1} HOAc 溶液

用酸式滴定管准确量取 0.1 mol·L^{-1} HOAc 溶液 25.00 mL，加入 2 滴酚酞指示剂，在电磁搅拌器搅拌下，用 0.100 0 mol·L^{-1} NaOH 标准溶液滴定至溶液刚刚出现粉红色并在半分钟内不褪色为止。

重复上述操作，至两次滴定消耗 NaOH 的体积相差不超过 0.05 mL 时为止，并把这两次消耗的 NaOH 体积记录到表 3.9 中。根据实验室提供的 NaOH 标准溶液的浓度，计算 0.1 mol·L^{-1} HOAc 溶液的准确浓度。

表 3.9 用 NaOH 标准溶液滴定 HOAc 数据记录

滴定序号	中和 25.00 mL 0.1 mol·L^{-1} HOAc 需 NaOH 体积 V/mL
1	
2	
平均值 $\bar{V}$ / mL	
NaOH 标准溶液浓度/mol·L^{-1}	
HOAc 溶液准确浓度/mol·L^{-1}	

二、配制两份 HOAc–NaOAc 缓冲溶液

根据滴定和计算的结果，用碱式滴定管准确量取中和 12.50 mL 0.1 mol·L^{-1} HOAc 溶液所需的 NaOH 标准溶液两份，用酸式滴定管准确量取 25.00 mL 0.1 mol·L^{-1} HOAc 溶液两份。在烧杯中把它们混合，配制两份 HOAc–NaOAc 缓冲溶液。

三、测定 HOAc–NaOAc 缓冲溶液的 pH 值

用 25 型酸度计测定上述两份缓冲溶液的 pH 值，填入表 3.10 中。

表 3.10 半中和法测定醋酸解离常数数据记录与处理   室温_____

缓冲溶液	c(NaOAc)/ mol·L^{-1}	离子强度/ mol·L^{-1}	f(OAc$^-$)	pH	$K_a^{\ominus}$(HOAc)
1					
2					
$K_a^{\ominus}$(HOAc) 平均值					

数据处理

1. 计算 HOAc–NaOAc 缓冲溶液中 NaOAc 的浓度和溶液的离子强度 I，根据表 3.8 找出在该离子强度下 OAc^- 的活度因子 $f(OAc^-)$。

2. 根据式(3)计算室温下 $K_a^\ominus(HOAc)$ 值，已知 $K_a^\ominus(HOAc,文献) = 1.75 \times 10^{-5}$，计算相对误差并分析产生误差的原因。

知识介绍

醋酸是弱电解质，在浓度为 $c\ mol \cdot L^{-1}$ 的醋酸中存在下列解离平衡：

$$HAc \rightleftharpoons H^+ + OAc^-$$

其解离常数表达式为：

$$K_a^\ominus(HAc) = \frac{[H^+][OAc^-]}{[HOAc]}$$

忽略水的解离对$[H^+]$的贡献，则有：

$$K_a^\ominus(HOAc) = \frac{[H^+]^2}{c - [H^+]} \tag{4}$$

在醋酸的稀溶液中，如果不存在其他强电解质，由于溶液中离子强度 I 很小，此时活度因子 $f \approx 1$，可以用活度表示平衡浓度。如配制一系列已知浓度的醋酸溶液，并用酸度计测定其 pH 值，然后根据 $pH = -\lg[H^+]$ 换算$[H^+]$。将以上数据代入式(4)中，可求得一系列 $K_a^\ominus$ 值，其平均值即为测定温度下的醋酸解离常数。这也称为测定醋酸解离常数的 pH 法。

问题与思考

1. 离子强度大小与什么因素有关？如何计算 HOAc－NaOAc 混合溶液的离子强度和 $f(OAc^-)$？

2. 当 HOAc 完全被 NaOH 中和时，反应终点的 pH 值是否等于 7，为什么？

实验 6　氯化铅活度积的测定

实验目的

1. 了解用离子计测定氯化铅活度积的原理和方法。
2. 学习通用离子计的使用方法及实验数据的处理方法。
3. 明确活度和活度系数的概念。

实验原理

难溶盐溶度积的测定方法，一般可分为观察法和分析法两种。观察法是在一定温度下用两种分别含有难溶盐组分离子的已知浓度的溶液（如 Pb^{2+} 与 Cl^- 的已知浓度的溶液），在搅拌下使这两种溶液逐滴混合，根据开始形成沉淀时两种溶液的体积，算出难溶盐组分离子（如 Pb^{2+} 与 Cl^-）的浓度，从而计算出难溶盐（如 $PbCl_2$）的溶度积。这种方法的优点是简单易行，不需要复杂的仪器装置。其主要缺点是，肉眼观察沉淀的生成与仪器装置相比，自然不够灵敏、准确，因此误差较大。

分析法是采用分析化学的手段测定难溶盐饱和溶液中各组分离子的浓度（或活度），以计算难溶电解质溶度积（或活度积）的方法。利用电动势法测定难溶化合物的溶度积常数或活度积常数，只需要选两支合适的电极和相应的待测溶液构成原电池，通过测定该原电池的电动势 E 值，结合理论推导 E 值和溶度积常数或活度积常数的函数关系即可求得该常数。

$$PbCl_2(s) \rightleftharpoons Pb^{2+} + 2Cl^-$$

$$K_{ap}(PbCl_2) = a(Pb^{2+})a^2(Cl^-) = c(Pb^{2+})c^2(Cl^-)f(Pb^{2+})f^2(Cl^-)$$

$$K_{ap}(PbCl_2) = K_{sp}(PbCl_2)f(Pb^{2+})f^2(Cl^-) \tag{1}$$

只有当难溶电解质的溶解度非常小时，难溶电解质饱和溶液的离子强度很小，有关离子的活度因子近似等于 1 时，

$$K_{ap}(PbCl_2) \approx K_{sp}(PbCl_2) \tag{2}$$

本实验采用氯离子选择电极和离子计测定氯化铅饱和溶液中 Cl^- 的活度，然后通过合理的数据处理求得 $PbCl_2$ 的活度积。氯离子选择性电极测定 Cl^- 活度的作用与玻璃电极测定溶液中 H^+ 的作用完全相同，玻璃电极也是离子选择性电极的一种，只是在结构上各不相同。氯离子选择性电极是由 AgCl 与 Ag_2S 所组成的固体膜电极。其电极电势与溶液中 Cl^- 活度的负对数成直线关系（氯离子选择性电极的测定范围约为 $10^0 \sim 10^{-4}\ mol \cdot L^{-1}$）。在 298 K 下，氯离子选择性电极与饱和甘汞电极组成原电池：

(−) Hg，$Hg_2Cl_2(s)$ | Cl^-(饱和 KCl) ‖ $Cl^-(a)$ | AgCl(s)，Ag（+）

$E = E(AgCl/Cl^-) - E(饱和甘汞)$

$E = $ 常数 $- 0.059\ 2\ \lg a(Cl^-)$

可见，平衡电动势与氯离子活度的负对数存在线性关系，只要测定不同 $a(Cl^-)$ 下的 E 值，以 E 对 $\lg a(Cl^-)$ 作图，得工作曲线，再在同样条件下测得饱和 $PbCl_2$ 溶液提供 $a(Cl^-)$ 时的 E 值，自工作曲线中即可查出与该 E 值相对应的 $a(Cl^-)$。

如何根据测得 $a(\mathrm{Cl^-})$ 值来求算 $a(\mathrm{Pb^{2+}})$ 和 $K_{\mathrm{ap}}(\mathrm{PbCl_2})$ 呢？在 $\mathrm{PbCl_2}$ 饱和溶液中虽然存在着下列多相离子平衡：

$$\mathrm{PbCl_2(s)} \rightleftharpoons \mathrm{Pb^{2+}} + 2\mathrm{Cl^-}$$

但由于 $\mathrm{PbCl_2}$ 的溶解度相对较大（25 ℃时，$S=4.3\times10^{-2}$ mol·L^{-1}），且 $\mathrm{Pb^{2+}}$ 的电荷数为+2（比 $\mathrm{Cl^-}$ 大），所以就 $\mathrm{PbCl_2}$ 饱和溶液而言，如果不考虑离子强度的影响，而简单地认为 $a(\mathrm{Pb^{2+}}) \approx \dfrac{a(\mathrm{Cl^-})}{2}$，则是错误的。针对本实验的具体情况，在考虑离子强度影响的情况下可采用近似计算法求算 $a(\mathrm{Pb^{2+}})$ 和 $K_{\mathrm{ap}}(\mathrm{PbCl_2})$。

25 ℃时 $\mathrm{PbCl_2}$ 饱和溶液的离子强度为：

$$I = \frac{1}{2}\sum_{i=1}^{n} c_i Z_i^2 = \frac{1}{2}[(4.3\times10^{-2}\times2^2)+(2\times4.3\times10^{-2}\times1^2)] = 0.129 \text{ mol}\cdot\text{L}^{-1}$$

从表 3.11 可以估计，当 $I=0.129$ 时，$f(\mathrm{Pb^{2+}}) \approx \dfrac{1}{2}f(\mathrm{Cl^-})$，又因 $c(\mathrm{Pb^{2+}}) = \dfrac{c(\mathrm{Cl^-})}{2}$，所以在 $\mathrm{PbCl_2}$ 饱和溶液中：

$$a(\mathrm{Pb^{2+}}) = c(\mathrm{Pb^{2+}})f(\mathrm{Pb^{2+}}) \approx \frac{1}{4}a(\mathrm{Cl^-})$$

所以

$$K_{\mathrm{ap}}(\mathrm{PbCl_2}) = a(\mathrm{Pb^{2+}})a^2(\mathrm{Cl^-}) \approx \frac{1}{4}a^3(\mathrm{Cl^-}) \tag{3}$$

表 3.11 不同离子强度时 $\mathrm{Cl^-}$ 和 $\mathrm{Pb^{2+}}$ 的活度因子

离子 \ f \ I/mol·L^{-1}	0.000 5	0.001	0.005	0.01	0.05	0.1
$\mathrm{Cl^-}$	0.975	0.964	0.925	0.899	0.805	0.755
$\mathrm{Pb^{2+}}$	0.903	0.848	0.742	0.665	0.455	0.37

预习要点提示

1. 学习氯离子选择性电极和甘汞电极的结构，了解离子计的使用方法。
2. 理解参比电极和工作电极的含义。
3. 复习容量瓶和移液管的使用要点。

实验用品

仪器：氯离子选择性电极，饱和甘汞电极，电磁搅拌器，离子计，温度计，烧杯。

液体试剂：KCl 标准溶液（0.100 0 mol·L^{-1}），PbCl$_2$ 饱和溶液。

固体试剂：PbCl$_2$。

材料：滤纸条，直角坐标纸（由学生自己准备）。

实验内容

一、配制系列 KCl 标准溶液

准备 4 个洁净干燥的 100 mL 的容量瓶并进行编号，根据表 3.12 的用量，用体积为 V 的 0.100 0 mol·L^{-1} KCl 标准溶液配制一系列浓度为 c 的 KCl 标准溶液，分别计算这些溶液的 I、$f(Cl^-)$、$a(Cl^-)$ 以及 $-\lg a(Cl^-)$。

表 3.12 Cl$^-$ 活度与平衡电动势的关系

溶液编号	V/mL	c/ mol·L^{-1}	I/ mol·L^{-1}	$f(Cl^-)$	$a(Cl^-)$	$-\lg a(Cl^-)$	E/mV
1	1.00						
2	5.00						
3	10.00						
4	50.00						
PbCl$_2$ 饱和溶液	—	—	—	—			

二、测定系列 KCl 标准溶液的平衡电动势

如图 3.4 所示，将系列 KCl 标准溶液分别倒入 4 只 50 mL 小烧杯中，加热至 25 ℃，将氯离子选择性电极和饱和甘汞电极浸入待测溶液组成原电池。在电磁搅拌器的搅拌下，按由稀到浓的次序，于 25 ℃条件下用离子计测定其平衡电动势值。将测定数据记录在表 3.13 中。

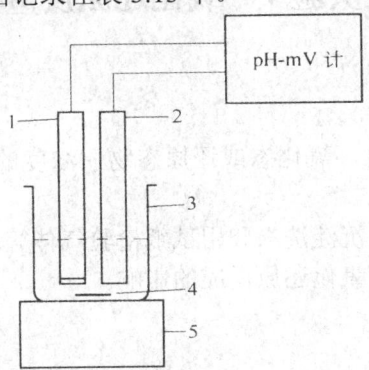

图 3.4 用氯离子选择性电极测定 $a(Cl^-)$ 的工作电池示意图

1—氯离子选择性电极；2—参比电极；3—小烧杯；4—搅拌磁子；5—电磁搅拌器

三、测定 $PbCl_2$ 饱和溶液的平衡电动势

$PbCl_2$ 饱和溶液由实验室提供,用一只干净的 50 mL 小烧杯,取大约 20 mL 略高于 25 ℃ 的 $PbCl_2$ 饱和溶液,在电磁搅拌下于 25 ℃ 时测定其平衡电动势。

数据处理

1. 根据测得的系列 KCl 标准溶液的平衡电动势值,以平衡电动势值为纵坐标,Cl^- 活度的负对数为横坐标作图,绘制工作曲线。

2. 计算 $PbCl_2$ 的活度积

自工作曲线中查出与 $PbCl_2$ 饱和溶液的平衡电动势相对应的 Cl^- 活度的负对数值,利用式(3)求 $K_{ap}(PbCl_2)$。

3. 已知 $K_{ap}(PbCl_2,文献)=1.6\times10^{-5}$,计算 $K_{ap}(PbCl_2)$ 的相对误差,分析误差产生的原因。

问题与思考

1. 离子活度与浓度之间有什么关系?在什么情况下必须用离子的活度,什么情况下可以直接使用浓度?

2. 如何计算实验内容一中一系列 KCl 标准溶液的 Cl^- 活度?

3. 用离子计、酸度计等仪器测得的数据为什么都是离子的活度而不是浓度?

4. 查阅文献,试设计用离子交换法测定 $K_{sp}(PbCl_2)$ 的实验方案。

5. 如果你测定了五个不同温度下的 $PbCl_2$ 溶度积常数,试考虑如何用作图法求出 $PbCl_2$ 溶解过程的 ΔH 和 ΔS。

实验7 氧化还原反应

实验目的

1. 掌握电对的本性、氧化态或还原态物质浓度的变化和介质的酸碱性对电极电势的影响。

2. 掌握离心分离、沉淀洗涤和用试纸检验气体等基本操作。

3. 明确电极电势对氧化还原反应的影响。

实验原理

氧化还原反应的过程是电子转移的过程。这种得失电子能力的大小或者说氧化还原能力的强弱,可用其组成电对的电极电势相对高低来衡量,所以根据

电对电极电势的相对大小，可以判断氧化还原反应进行的方向、次序和程度。氧化还原反应进行的方向与氧化剂对应电对的电极电势与还原剂对应电对的电极电势之差 ΔE 的大小有关。

$\Delta E>0$　　反应能正向自发进行

$\Delta E=0$　　平衡状态

$\Delta E<0$　　反应不能正向自发进行

如果在某一水溶液体系中同时存在多种氧化剂(或还原剂)，都能与所加入的还原剂（或氧化剂）发生氧化还原反应，氧化还原反应一般首先发生在电极电势差值最大的两个电对所对应的氧化剂和还原剂之间。

当氧化剂和还原剂所对应电对的电极电势相差较大时，通常直接用标准电极电势判断氧化还原反应的方向。若两者的标准电极电势相差不大时，则应考虑浓度对电极电势的影响。有些反应，特别是有含氧酸根参加的氧化还原反应，由于有 H^+ 或 OH^- 参加电极反应，还必须考虑 pH 值对电极电势和氧化还原反应的影响。

一个电对的氧化型物质被还原还是还原型物质被氧化，要与相互作用的另一电对作比较才能决定。某些中间氧化态物质既可做氧化剂又可做还原剂，表现出氧化还原的相对性。

和所有化学反应一样，温度和催化剂也是影响氧化还原反应速率的重要因素。

预习要点提示

1．熟悉与本实验有关的电对的电极反应，练习结合相应的 Nernst 方程式说明影响电极电势的因素。

2．学会如何判断氧化还原反应进行的方向、次序和程度。

3．学习试纸的制备和使用方法。

实验用品

仪器：试管，离心试管，烧杯，离心机。

液体试剂：KI（0.1 mol·L^{-1}），$H_2C_2O_4$（0.1 mol·L^{-1}），$FeCl_3$（0.1 mol·L^{-1}），KBr（0.1 mol·L^{-1}），$(NH_4)_2Fe(SO_4)_2$（0.1 mol·L^{-1}），$FeCl_3$（0.1 mol·L^{-1}），$KMnO_4$（0.1 mol·L^{-1}），$SnCl_2$（0.1 mol·L^{-1}），KSCN（0.1 mol·L^{-1}），HCl（1 mol·L^{-1}，浓），$KMnO_4$（0.01 mol·L^{-1}，0.1 mol·L^{-1}），H_2SO_4（3 mol·L^{-1}），Na_2SO_3（0.2 mol·L^{-1}），H_2SO_4（3 mol·L^{-1}），NaOH（2.0 mol·L^{-1}，6 mol·L^{-1}），KIO_3（0.1 mol·L^{-1}），$Pb(NO_3)_2$（0.1 mol·L^{-1}），Na_2S（0.1 mol·L^{-1}），H_2O_2（3%），$AgNO_3$（0.1 mol·L^{-1}），淀粉－KI 溶液，I_2 水，Br_2 水，CCl_4。

固体试剂：Zn 粉，MnO_2。

材料：滤纸条。

实验内容

一、电极电势与氧化还原反应的关系

1. 在试管中加入 0.5 mL 0.1 mol·L^{-1} KI 溶液和 2~3 滴 0.1 mol·L^{-1} $FeCl_3$ 溶液，观察现象。再加 0.5 mL CCl_4，充分振荡后，观察 CCl_4 层的颜色。写出离子反应方程式。

2. 用 0.1 mol·L^{-1} KBr 溶液代替 0.1 mol·L^{-1} KI 溶液，进行同样的实验，观察现象。

根据 1、2 实验结果，定性地比较 Br_2/Br^-、I_2/I^-、Fe^{3+}/Fe^{2+} 三个电对电极电势的相对大小，并指出在这六种物质中最强的氧化剂和最强的还原剂分别是什么。

3. 在两支试管中分别加入 I_2 水或 Br_2 水各 0.5 mL，再加入 0.1 mol·L^{-1} $(NH_4)_2Fe(SO_4)_2$ 溶液少许及 CCl_4 0.5 mL，摇匀后观察现象。写出有关反应的离子方程式。

根据 1、2、3 实验结果，说明电极电势与氧化还原反应方向的关系。

4. 在试管中加入 0.1 mol·L^{-1} $FeCl_3$ 溶液 4 滴和 0.1 mol·L^{-1} $KMnO_4$ 溶液 2 滴，摇匀后往试管中逐滴加入 0.1 mol·L^{-1} $SnCl_2$ 溶液，并不断摇动试管。待 $KMnO_4$ 溶液褪色后，加入 1 滴 KSCN 溶液，观察现象，并继续滴加 0.1 mol·L^{-1} $SnCl_2$ 溶液，观察溶液颜色的变化。从实验结果讨论氧化还原反应的次序与什么因素有关，并写出离子反应方程式。

二、浓度、温度、催化剂对氧化还原反应的影响

1. 用 $MnO_2(s)$、浓 HCl、1 mol·L^{-1} HCl 溶液、淀粉—KI 试纸设计一组实验，证明浓度、酸度对氧化还原反应的影响。

2. 在两支小试管中各加入 2 滴 0.01 mol·L^{-1} $KMnO_4$ 和 1 滴 3 mol·L^{-1} H_2SO_4，将其中一支试管放入水浴中加热几分钟，取出，同时在两支小试管中各滴加 2 滴 0.1 mol·L^{-1} $H_2C_2O_4$，观察两支试管中的溶液哪个先褪色。

3. 在两支试管中各加入 0.5 mL 0.01 mol·L^{-1} $KMnO_4$ 溶液和几滴 3 mol·L^{-1} H_2SO_4，并在其中一支试管中加入几滴 Fe^{3+} 盐溶液，摇匀后在两支试管中同时加入一小匙纯 Zn 粉（不要过多），观察并比较两份溶液颜色变化的快慢情况。写出离子反应方程式。

三、介质对氧化还原反应的影响

1. 介质对 $KMnO_4$ 还原产物的影响。试用 0.01 mol·L^{-1} $KMnO_4$、0.2 mol·L^{-1} Na_2SO_3、3 mol·L^{-1} H_2SO_4、6 mol·L^{-1} NaOH 设计三个实验，证明在

不同介质中（酸性、碱性、中性）$KMnO_4$ 还原产物的不同。写出对应的离子反应方程式。

2. 介质对反应方向的影响。在一支试管中加入 3 滴 $0.1 \text{ mol} \cdot \text{L}^{-1}$ KI 和 1 滴 $0.1 \text{ mol} \cdot \text{L}^{-1}$ KIO_3，搅匀，观察现象。然后加入 1 滴 $3 \text{ mol} \cdot \text{L}^{-1}$ H_2SO_4，摇匀，观察变化情况，再逐滴加入 $2.0 \text{ mol} \cdot \text{L}^{-1}$ NaOH 并摇匀，观察变化情况。请分析本实验需要选择指示剂吗？

四、氧化还原的相对性

1. 在离心试管中加入 $0.1 \text{ mol} \cdot \text{L}^{-1}$ $Pb(NO_3)_2$ 溶液 1 mL，滴加 $0.1 \text{ mol} \cdot \text{L}^{-1}$ Na_2S 溶液 1~2 滴，观察 PbS 沉淀的颜色。离心分离，弃去溶液，用水洗涤沉淀 1~2 次，在沉淀中加入 3% H_2O_2，并不断搅拌，观察沉淀颜色的变化。说明 H_2O_2 在此反应中起什么作用？写出离子反应方程式。

2. 用 $0.01 \text{ mol} \cdot \text{L}^{-1}$ $KMnO_4$、$3 \text{ mol} \cdot \text{L}^{-1}$ H_2SO_4、3% H_2O_2 设计一个实验，证明在酸性介质中 $KMnO_4$ 能氧化 H_2O_2 的事实。

为什么 H_2O_2 既可作氧化剂又可作还原剂？在何种情况下作氧化剂？何种情况下作还原剂？

选做实验

用 $0.2 \text{ mol} \cdot \text{L}^{-1}$ $(NH_4)_2Fe(SO_4)_2$、碘水、CCl_4、$0.1 \text{ mol} \cdot \text{L}^{-1}$ $AgNO_3$、$0.1 \text{ mol} \cdot \text{L}^{-1}$ KSCN 溶液，设计一个实验，验证沉淀生成对氧化还原反应的影响。

写出实验步骤和对应的反应方程式。

知识介绍

1. 盐桥的制法

称取 1 g 琼脂，放在 100 mL KCl 饱和溶液中浸泡一会儿，在不断搅拌下，加热煮成糊状，趁热倒入 U 形玻璃管中（管内不能留有气泡，否则会增加电阻），冷却后即成。

更为简便的方法可用 KCl 饱和溶液装满 U 形玻璃管，两端口用棉花球塞住（管内不能留有气泡），也可以作为盐桥使用。实验室还可用素烧瓷筒作为盐桥。

2. 原电池电动势的测量

在无机化学实验中，准备好盐桥、电极（如锌片、铜片等）和导线，可用伏特计或酸度计直接定量测量原电池的电动势。

问题与思考

1. 水溶液中氧化还原反应进行的方向可用什么判断？影响因素又有哪些？

2. Fe^{3+}能把I^-氧化成I_2，而I_2又能把$Fe(OH)_2$氧化成$Fe(OH)_3$，这两个反应是否矛盾？

3. 介质的酸碱性对哪些氧化还原反应有影响？如何影响？$KClO_3$、$K_2Cr_2O_7$等为什么必须在酸性介质中才有强氧化性？如何用实验证明？

4. 查阅文献，了解如何利用伏特计或酸度计直接定量测量原电池的电动势。

5. 电动势越大反应是否进行得越快？

实验 8 配合物的生成与性质

实验目的

1. 了解配合物的生成、组成和稳定性。
2. 了解配位平衡的移动及影响因素。

实验原理

配合物的组成一般可分为内界和外界两个部分。中心离子和配位体组成配合物的内界，其余离子处于外界。例如在$[Co(NH_3)_6]Cl_3$中，Co^{3+}与NH_3组成内界，3个Cl^-处于外界。在水溶液中主要以Cl^-和$[Co(NH_3)_6]^{3+}$两种离子存在。

一个金属离子形成配合物后，一系列性质都会发生变化，例如氧化性、还原性、颜色、溶解度等都有所不同。每种配离子在溶液中同时存在着配位和解离两个相反的过程，即存在着配位平衡。例如

$$Ag^+ + 2NH_3 \rightleftharpoons [Ag(NH_3)_2]^+$$

$$K_{稳} = \frac{[Ag(NH_3)_2^+]}{[Ag^+][NH_3]^2}$$

$K_{稳}$称为稳定常数。不同配离子具有不同的稳定常数。对于同种配位构型的配离子，$K_{稳}$越大，表示配离子越稳定。

根据平衡移动原理，改变中心离子或配位体的浓度会使配位平衡发生移动。除此之外，在特定条件下配位平衡还可能与酸碱解离平衡、沉淀—溶解平衡或氧化还原平衡相联系，使得在改变溶液酸度、加入沉淀剂、氧化剂或还原剂时，配位平衡发生移动。

预习要点提示

1. 试在理论课的基础上总结如何通过实验来推测配合物的结构。

2. 复习并总结由简单物质形成配合物时，物质的稳定性、颜色、溶解性、酸碱性以及氧化还原性等性质将发生怎样的改变。

实验用品

仪器：试管，点滴板。

液体试剂：$CuSO_4$（0.1 mol·L^{-1}），$NH_3·H_2O$（2 mol·L^{-1}，6 mol·L^{-1}），$BaCl_2$（0.1 mol·L^{-1}），NaOH（0.1 mol·L^{-1}，6 mol·L^{-1}），$FeCl_3$（0.1 mol·L^{-1}），$K_3[Fe(CN)_6]$（0.1 mol·L^{-1}），KSCN（0.5 mol·L^{-1}），$(NH_4)_2Fe(SO_4)_2$（0.1 mol·L^{-1}），$K_4[Fe(CN)_6]$（0.1 mol·L^{-1}），Na_2S（0.5 mol·L^{-1}），$Fe_2(SO_4)_3$（0.1 mol·L^{-1}，0.5 mol·L^{-1}），HCl（6 mol·L^{-1}），NH_4SCN（0.01 mol·L^{-1}，0.5 mol·L^{-1}），NH_4F（10%），$(NH_4)_2C_2O_4$（饱和），$CuSO_4$（0.2 mol·L^{-1}），H_2SO_4（1 mol·L^{-1}），KI（0.1 mol·L^{-1}），$Na_3[Co(NO_2)_6]$溶液，饱和H_2S水溶液或硫代乙酰胺溶液，碘水。

实验内容

一、配合物的生成和组成

取一支小试管，加入 1 mL 0.1 mol·L^{-1} $CuSO_4$ 溶液，逐滴加入 6 mol·L^{-1} $NH_3·H_2O$，边加边振荡，观察产生沉淀的颜色，继续加 $NH_3·H_2O$，直至沉淀完全溶解，观察溶液的颜色。将此溶液分为两份：一份加入几滴 0.1 mol·L^{-1} $BaCl_2$ 溶液；另一份加入几滴 0.1 mol·L^{-1} NaOH 溶液，观察实验现象。根据实验结果，分析说明此配合物的内界和外界的组成。

二、配离子和简单离子性质的比较

1. Fe^{3+}与$[Fe(CN)_6]^{3-}$性质的比较　分别向两支盛有 0.5 mL 0.1 mol·L^{-1} $FeCl_3$ 溶液和 0.5 mL 0.1 mol·L^{-1} $K_3[Fe(CN)_6]$溶液的小试管中加入几滴 0.5 mol·L^{-1} KSCN 溶液，观察现象。两种化合物中都有 Fe(Ⅲ)，为什么实验结果不同？

2. Fe^{2+}与$[Fe(CN)_6]^{4-}$性质的比较　分别向两支盛有 0.5 mL 0.1 mol·L^{-1} $(NH_4)_2Fe(SO_4)_2$ 和 0.5 mL 0.1 mol·L^{-1} $K_4[Fe(CN)_6]$溶液的小试管中加入几滴 0.5 mol·L^{-1} Na_2S 溶液，是否都有 FeS 沉淀生成，为什么？

三、配离子稳定性的比较

1. 向小试管中加入 0.5 mL 0.5 mol·L^{-1} $Fe_2(SO_4)_3$ 溶液，逐滴加入 6 mol·L^{-1} HCl 溶液，观察溶液颜色的变化。再往溶液中加 1 滴 0.01 mol·L^{-1} NH_4SCN 溶液，溶液颜色有何变化？再往溶液中滴加适量的 10% NH_4F 溶液（加至溶液颜色完全褪为无色），最后溶液中加几滴饱和$(NH_4)_2C_2O_4$ 溶液，溶液颜色又有何变化？比较这四种 Fe(Ⅲ)配离子的稳定性，并说明它们之间的转化条件。

2. 在 0.5 mL 碘水中，逐滴加入 0.1 mol·L^{-1} K$_4$[Fe(CN)$_6$]溶液，振荡，有何现象？写出反应式。比较 E(Fe^{3+}/Fe^{2+})和 E([Fe(CN)$_6$]$^{3-}$/[Fe(CN)$_6$]$^{4-}$)的大小，并比较[Fe(CN)$_6$]$^{3-}$和[Fe(CN)$_6$]$^{4-}$的稳定性。

四、酸碱平衡和配位平衡

1. 向 0.5 mL 0.2 mol·L^{-1} CuSO$_4$ 溶液中逐滴加入 2 mol·L^{-1} NH$_3$·H$_2$O，并振荡试管，直至最初生成的沉淀溶解为止，观察溶液的颜色。再向溶液中逐滴加入 1 mol·L^{-1} H$_2$SO$_4$ 溶液，溶液的颜色有何变化？是否有沉淀产生？继续加入 H$_2$SO$_4$ 到溶液显酸性又有什么变化？写出反应式。

2. 向 2 滴 0.1 mol·L^{-1} Fe$_2$(SO$_4$)$_3$ 溶液中加入 10 滴饱和(NH$_4$)$_2$C$_2$O$_4$ 溶液，溶液颜色有何变化？生成了什么？加入 1 滴 0.5 mol·L^{-1} NH$_4$SCN 溶液，溶液颜色有无变化？再向溶液中逐滴加入 6 mol·L^{-1} HCl，溶液颜色又有何变化？写出有关反应式。

3. 向 0.5 mL Na$_3$[Co(NO$_2$)$_6$]溶液中逐滴加入 6 mol·L^{-1} NaOH，并振荡试管，观察[Co(NO$_2$)$_6$]$^{3-}$的被破坏和 Co(OH)$_3$ 沉淀的生成。

由以上实验，说明酸碱平衡对配位平衡的影响。

五、沉淀平衡和配位平衡

向 0.5 mL 0.2 mol·L^{-1} CuSO$_4$ 溶液中逐滴加入 2 mol·L^{-1} NH$_3$·H$_2$O，并振荡试管，直至最初生成的沉淀溶解为止，观察溶液的颜色。再向溶液中逐滴加入 Na$_2$S 溶液，是否有沉淀产生？写出有关反应式。

六、氧化还原平衡和配位平衡

向 5 滴 0.1 mol·L^{-1} KI 溶液中加入 5 滴 0.1 mol·L^{-1} FeCl$_3$ 溶液，振荡试管，观察溶液颜色的变化，发生了什么反应？再向溶液中逐滴加入饱和(NH$_4$)$_2$C$_2$O$_4$ 溶液，溶液颜色又有何变化？又发生了什么反应？写出有关反应方程式，并讨论配位平衡对氧化还原平衡的影响。

问题与思考

1. 配合物及配离子在溶液中的离解情况怎样？
2. 用 NH$_4$SCN 鉴定 Fe^{3+} 和 Co^{2+} 混合液中的 Co^{2+} 时，为什么必须加 NH$_4$F？
3. 查阅有关数据，判断 Cu 能否从 Hg^{2+} 盐中置换出 Hg？能否从[Hg(CN)$_4$]$^{2-}$配离子中置换出 Hg？为什么？

实验 9 Fe(Ⅲ)-磺基水杨酸配合物的组成及其稳定常数的测定

实验目的

1. 了解分光光度法测定配合物组成与 $K_稳$ 的原理与方法。
2. 学习分光光度计的使用方法及有关数据的处理。

实验原理

磺基水杨酸（H_3R）是三元酸：$K_{a1}\approx 0.5$，$K_{a2}=2.51\times 10^{-3}$，$K_{a3}=2.51\times 10^{-12}$。$Fe^{3+}$ 与 H_3R 形成配合物的组成因 pH 不同而不同，在 pH 值大于 12 时，形成 $Fe(OH)_3$ 沉淀，不能形成配合物；在 pH 值为 9~11.5 时，可形成 1∶3 的黄色配合物；在 pH 值为 4~9 时，可形成红色的 1∶2 配合物；在 pH 值为 2~3 时，可形成 1∶1 的紫红色配合物。本实验以 pH≈2 的酸性溶液中磺基水杨酸与 Fe^{3+} 的配位反应为基础，配合物的 λ_{max} =500nm，反应为：

$$Fe^{3+} + \text{（磺基水杨酸）} \rightleftharpoons \text{（紫红色配合物）} + 3H^+$$

金属离子 Fe^{3+} 和配位体 R^{3-} 形成配合物的反应简单表示为：

$$Fe^{3+} + R^{3-} \rightleftharpoons FeR$$

定义 $\quad K_稳 = \dfrac{[FeR]}{[Fe^{3+}][R^{3-}]}$

如果 Fe^{3+} 和 R^{3-} 都无色（对 500 nm 的可见光吸收很弱，可忽略），而配合物 FeR 有色，则此溶液的吸光度 A 与配合物 FeR 的浓度 c 成正比，即符合朗伯—比尔定律：

$$A = \lg \frac{I_0}{I_t} = \varepsilon bc$$

从测得的吸光度可以求出该配合物的组成和稳定常数。

用分光光度法测定溶液中配合物的组成时，常用的有两种方法：等摩尔系列法和摩尔比法，本实验采用前者。用浓度均为 0.010 0 mol·L^{-1} 的 Fe^{3+} 标准溶液和磺基水杨酸标准溶液，在 0~10 mL 范围内，改变 $V(R^{3-})$ 值，配制一系列 $V(Fe^{3+}) + V(R^{3-}) = 10$ mL 的混合溶液，对每个混合溶液有：

$$\text{配体摩尔分数} = \frac{V(R^{3-})}{V(R^{3-}) + V(Fe^{3+})}$$

然后在 λ_{max} 处测定各溶液的吸光度 A，以 A 对配体摩尔分数作图(图 3.5)，再求两边线性部分的延长线相交之点所对应的配体摩尔分数，并由此点的配体摩尔分数求出配合物的组成 $\dfrac{V(Fe^{3+})}{V(R^{3-})}$。因为条件稳定常数 $K_{条件}$ 的数值与溶液条件紧密相关，所以还要保持上述不同混合溶液中酸度、离子强度和温度一致。

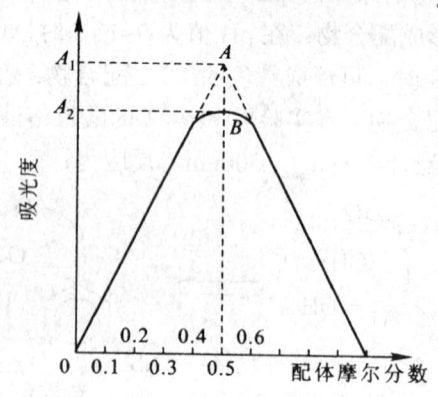

图 3.5　吸光度—组成图

由图 3.5 可知，$\dfrac{V(Fe^{3+})}{V(R^{3-})} = 1$ 处所对应的 A_2 值比 A_1 小，可认为 A_1 为 Fe^{3+} 完全配位时的吸光度，A_2 为 Fe^{3+} 部分配位时的吸光度，由此可求得 FeR 的解离度 α：

$$\alpha = \frac{A_1 - A_2}{A_1} \times 100\%$$

在假设未与 Fe^{3+} 配位的配体均以 R^{3-} 形式存在的条件下有：

$$\text{Fe}^{3+} + \text{R}^{3-} \rightleftharpoons \text{FeR}$$

起始浓度	0	0	c
平衡浓度	$c\alpha$	$c\alpha$	$c(1-\alpha)$

$$K_{条件} = \frac{1-\alpha}{c\alpha^2}$$

可见由图 3.5 得到 FeR 的解离度 α，进而可求得 $K_{条件}$。

而实际上，由于 R^{3-} 是弱酸根阴离子且溶液酸度较强，当配位反应达到平衡时，未与 Fe^{3+} 配位的配体还会与 H^+ 结合，使游离配体 R^{3-} 的浓度比假设的要低许多，从而使配体的配位能力下降（称为酸效应），未与 Fe^{3+} 配位的配体的总浓度（$[R^{3-}]+[HR^{2-}]+[H_2R^-]$）明显大于游离配体的浓度 $[R^{3-}]$，可见由解离度 α 求得的 $K_{条件}$ 与定义的 $K_{稳}$ 不相等：

$$K_{条件} = \frac{[FeR]}{[Fe^{3+}]([R^{3-}]+[HR^{2-}]+[H_2R^-])}$$

定义酸效应系数 α_H 为：

$$\alpha_H = \frac{[R^{3-}]+[HR^{2-}]+[H_2R^-]}{[R^{3-}]}$$

$$K_{条件} = \frac{[FeR]}{[Fe^{3+}]([R^{3-}]+[HR^{2-}]+[H_2R^-])} = \frac{[FeR]}{[Fe^{3+}][R^{3-}]\alpha_H} = \frac{K_{稳}}{\alpha_H}$$

下面利用酸碱解离平衡求 α_H：

$$R^{3-} + H^+ \rightleftharpoons HR^{2-} \qquad \frac{1}{K_{a3}} = \frac{[HR^{2-}]}{[R^{3-}][H^+]}$$

$$R^{3-} + 2H^+ \rightleftharpoons H_2R^{2-} \qquad \frac{1}{K_{a2}K_{a3}} = \frac{[H_2R^{2-}]}{[R^{3-}][H^+]^2}$$

故

$$\alpha_H = \frac{[R^{3-}]+[HR^{2-}]+[H_2R^-]}{[R^{3-}]} = 1 + \frac{[H^+]}{K_{a3}} + \frac{[H^+]^2}{K_{a2}K_{a3}}$$

可见由磺基水杨酸的解离常数和溶液的酸度即可求得 α_H，进而结合 $K_{条件}$ 求得 $K_{稳}$。

预习要点提示

1. 预习分光光度计的使用方法。
2. 总结使用比色皿时的操作要点。
3. 复习和巩固配合物稳定常数、条件稳定常数、酸效应系数的概念。

实验用品

仪器：可见分光光度计，容量瓶，吸量管，洗耳球，烧杯。

液体试剂：$HClO_4$（0.01 mol·L^{-1}），Fe^{3+}标准溶液（0.010 0 mol·L^{-1}），磺基水杨酸（0.010 0 mol·L^{-1}），无水乙醇。

材料：镜头纸。

实验内容

一、配制系列溶液

1. 配制 0.001 00 mol·L^{-1} Fe^{3+}溶液。

精确吸取 10.0 mL 0.010 0 mol·L^{-1} Fe^{3+}溶液，放入 100 mL 容量瓶中，用 0.01 mol·L^{-1} $HClO_4$溶液稀释至刻度，摇匀备用。

2. 配制 0.001 00 mol·L^{-1} 磺基水杨酸溶液。

精确吸取 10.0 mL 0.010 0 mol·L^{-1} 磺基水杨酸溶液，放入 100 mL 容量瓶中，用 0.01 mol·L^{-1} $HClO_4$溶液稀释至刻度，摇匀备用。

3. 用 3 支 10mL 吸量管按照表 3.13 列出的体积数，分别吸取 0.01 mol·L^{-1} $HClO_4$溶液、0.001 00 mol·L^{-1} Fe^{3+}溶液和 0.001 00 mol·L^{-1} 磺基水杨酸溶液，一一注入 50 mL 烧杯中，摇匀。

二、测定系列溶液的吸光度

用可见分光光度计以蒸馏水作参比，在 λ=500 nm 处测定各溶液的吸光度 A，将测得的数据填入表 3.13 中。以 A 对磺基水杨酸的摩尔分数作图，从图中找到最大吸收处所对应的吸光度 A_2 和 A_1，求出配合物的组成和解离度 α，并计算 $K_{条件}$、α_H、$K_{稳}$。

把 $K_{稳}$ 与文献值 4.37×10^{14} 作比较，计算相对误差。

表 3.13 等摩尔系列法测定磺基水杨酸与 Fe(III)配合物组成与 $K_{稳}$ 的数据记录

编号	$V(HClO_4)$ /mL	$V(Fe^{3+})$ /mL	$V(R^{3-})$ /mL	A
1	10.00	10.00	0.00	
2	10.00	8.00	2.00	
3	10.00	7.00	3.00	
4	10.00	6.00	4.00	
5	10.00	5.00	5.00	
6	10.00	4.00	6.00	

续表

编号	$V(HClO_4)$ /mL	$V(Fe^{3+})$ /mL	$V(R^{3-})$ /mL	A
7	10.00	3.00	7.00	
8	10.00	2.00	8.00	
9	10.00	0.00	10.00	

知识介绍

0.010 0 mol·L^{-1} Fe^{3+}标准溶液的配制：称取 0.482 2 g NH$_4$Fe(SO$_4$)$_2$·12H$_2$O，与 0.01 mol·L^{-1} HClO$_4$ 溶解后，移入 100 mL 容量瓶中，以 0.01 mol·L^{-1} HClO$_4$ 稀释至刻度，摇匀。

0.010 0 mol·L^{-1} 磺基水杨酸的配制：称取 0.254 2 g 磺基水杨酸，以 0.01 mol·L^{-1} HClO$_4$ 溶解后，移入 100 mL 容量瓶中，以 0.01 mol·L^{-1} HClO$_4$ 稀释至刻度，摇匀。

问题与思考

1. 用等摩尔系列法测定配合物组成时，为什么说溶液中金属离子的物质的量与配体的物质的量之比正好与配离子组成相同时，配离子的浓度为最大？
2. 本实验中加入 HClO$_4$ 的目的是什么？酸度对配合物的生成有何影响？
3. 实验中若用吸光度对配体的体积分数作图，是否可求得配合物的组成？
4. 实验中每个溶液的 pH 值是否一样？如不一样，对结果有何影响？

第4章 元素及其化合物的性质实验

实验10 p区重要非金属化合物的性质

实验目的

1. 通过实验,进一步理解和掌握以下内容:卤素单质的氧化性,卤素阴离子和卤化氢的还原性及其递变规律;过氧化氢、硫化氢及硫化物的性质;次氯酸盐和氯酸盐的氧化性及酸度对它们氧化性的影响;亚硫酸、硫代硫酸、亚硝酸及其盐的性质。

2. 掌握 S^{2-}、$S_2O_3^{2-}$、NH_4^+、NO_2^-、NO_3^-、PO_4^{3-} 的鉴定方法和 Cl^-、Br^-、I^- 混合离子的分离和鉴定方法。

3. 了解氯气、液溴、氯酸盐、硫化氢、氮的氧化物等物质的毒性及安全知识。

实验原理

氯、硫、氮元素的含氧酸及其盐的性质如表4.1所示。

硫化氢有毒性、弱酸性和强还原性,表现强还原性的反应如:

$$2H_2S + O_2 = 2H_2O + 2S\downarrow$$

$$H_2S + 2FeCl_3 = S\downarrow + 2FeCl_2 + 2HCl$$

$$2MnO_4^- + 5H_2S + 6H^+ = 2Mn^{2+} + 5S\downarrow + 8H_2O$$

硫化物的典型性质是难溶性,除碱金属(包括 NH_4^+)的硫化物外,大多数硫化物难溶于水,并具有特征的颜色,根据硫化物在酸中的溶解情况,可分为四类:

(1)溶于稀 HCl 的硫化物,如 ZnS(白色)、MnS(肉色)、FeS(黑色)等。

(2)难溶于稀 HCl,易溶于较浓 HCl 的硫化物,如 CdS(亮黄色)、PbS(黑色)等。

(3)难溶于稀 HCl 和浓 HCl,易溶于 HNO_3 的硫化物,如 CuS(黑色)、Ag_2S(黑色)等。

（4）在 HNO_3 中也难溶，而溶于王水的硫化物，如 HgS(黑色)等。

表 4.1　氯、硫、氮元素的含氧酸及其盐的性质

物质(氧化值)	主要性质	反应举例
次氯酸盐(+1)	强氧化性	$ClO^- + Cl^- + 2H^+ == Cl_2\uparrow + H_2O$
氯酸盐(+5)	在酸性介质中有强氧化性	$ClO_3^- + 6I^- + 6H^+ == 3I_2 + Cl^- + 3H_2O$
亚硫酸及其盐(+4)	既有氧化性又有还原性，但以还原性为主	$2MnO_4^- + 5H_2SO_3 == 2Mn^{2+} + 5SO_4^{2-} + 4H^+ + 3H_2O$ $H_2SO_3 + 2H_2S == 3S\downarrow + 3H_2O$
	亚硫酸的热稳定性差，易分解	$H_2SO_3 \stackrel{\triangle}{==} SO_2\uparrow + H_2O$
硫代硫酸及其盐(+2)	具有还原性，为中强氧化剂。与强氧化剂(如 Cl_2、Br_2 等)作用被氧化成硫酸盐，与较弱氧化剂(如 I_2)作用被氧化为连四硫酸盐	$S_2O_3^{2-} + 4Cl_2 + 5H_2O == 2SO_4^{2-} + 8Cl^- + 10H^+$ $2S_2O_3^{2-} + I_2 == S_4O_6^{2-} + 2I^-$
	硫代硫酸极不稳定，易分解	$S_2O_3^{2-} + 2H^+ == H_2S_2O_3$ $H_2S_2O_3 == S\downarrow + SO_2\uparrow + H_2O$
硫酸及其盐(+6)	浓硫酸具有强氧化性	$2NaBr(s) + 2H_2SO_4(浓) == SO_2\uparrow + Br_2 + Na_2SO_4 + 2H_2O$
	浓硫酸具有强吸水性和脱水性	$C_{12}H_{22}O_{11} \xrightleftharpoons{浓硫酸} 12C + 11H_2O$
	稀硫酸、硫酸盐无氧化性	在氧化还原反应中，常选用稀 H_2SO_4 作为反应的酸性介质
过二硫酸盐(+6)	过硫酸盐的热稳定性差，加热易分解	$K_2S_2O_8 \stackrel{\triangle}{==} K_2SO_4 + SO_2\uparrow + O_2\uparrow$
	具有强氧化性	$2Mn^{2+} + 5S_2O_8^{2-} + 8H_2O \xrightleftharpoons[Ag^+]{\triangle} 2MnO_4^- + 10SO_4^{2-} + 16H^+$
亚硝酸及其盐(+3)	亚硝酸极不稳定，易分解	$2HNO_2 \rightleftharpoons N_2O_3(蓝色) + H_2O$ $N_2O_3 \rightleftharpoons NO\uparrow + NO_2\uparrow$
	既有氧化性又有还原性，但以氧化性为主。亚硝酸盐溶液在酸性介质中才显氧化性	$2HNO_2 + 2I^- + 2H^+ == 2NO\uparrow + I_2 + 2H_2O$ $5NO_2^- + 2MnO_4^- + 6H^+ == 5NO_3^- + 2Mn^{2+} + 3H_2O$

实验用品

仪器：离心机，点滴板，酒精灯，试管，离心试管，玻璃棒，烧杯，石棉网，试管夹，滴管，表面皿等。

液体试剂：$KMnO_4$（0.010 mol·L^{-1}），H_2SO_4（3.0 mol·L^{-1}，浓），硫代乙酰胺溶液（0.1 mol·L^{-1}），KI（0.01 mol·L^{-1}，0.1 mol·L^{-1}），H_2O_2（3%），$ZnSO_4$（0.1 mol·L^{-1}），$NH_3·H_2O$（1 mol·L^{-1}），HCl（1 mol·L^{-1}，6 mol·L^{-1}，浓），$CdSO_4$（0.1 mol·L^{-1}），$CuSO_4$（0.1 mol·L^{-1}），$Hg(NO_3)_2$（0.1 mol·L^{-1}），HNO_3（6 mol·L^{-1}），Cl_2水，NaOH（2 mol·L^{-1}），$KClO_3$（0.1 mol·L^{-1}），$Na_2S_2O_3$（0.1 mol·L^{-1}），$NaNO_2$（0.1 mol·L^{-1}，饱和），Na_2SO_3（0.1 mol·L^{-1}），$FeSO_4$（0.2 mol·L^{-1}），NaCl（0.1 mol·L^{-1}），KBr（0.1 mol·L^{-1}），$AgNO_3$（0.1 mol·L^{-1}），$(NH_4)_2CO_3$（12%），Na_2S（0.1 mol·L^{-1}），$Na_2[Fe(CN)_5NO]$（1%），Na_3PO_4（0.1 mol·L^{-1}），$ZnSO_4$（饱和），$K_4[Fe(CN)_6]$（0.1 mol·L^{-1}），NH_4Cl（0.1 mol·L^{-1}），KNO_3（0.1 mol·L^{-1}），HOAc（2 mol·L^{-1}），对氨基苯磺酸（0.34 mol·L^{-1}），α-萘胺（0.12 mol·L^{-1}），钼酸铵试剂（0.1 mol·L^{-1}），$Pb(OAc)_2$溶液，奈斯勒试剂，淀粉—KI溶液，I_2水，CCl_4。

固体试剂：MnO_2，$PbCO_3$，Zn粉。

材料：pH试纸，冰，滤纸。

实验内容

一、H_2S的还原性

取1滴0.010 mol·L^{-1} $KMnO_4$，用2滴3.0 mol·L^{-1} H_2SO_4酸化，再滴加硫代乙酰胺溶液，观察现象。写出离子反应方程式。

二、H_2O_2的性质

1．H_2O_2的氧化还原性

（1）取少量0.01 mol·L^{-1} KI溶液，用2滴3.0 mol·L^{-1} H_2SO_4酸化，逐滴加入3% H_2O_2，观察现象。

（2）用0.010 mol·L^{-1} $KMnO_4$，3.0 mol·L^{-1} H_2SO_4，3% H_2O_2，自行设计实验，验证H_2O_2的还原性。

2．H_2O_2的易分解性

往盛有5滴3% H_2O_2的小试管中加入少量MnO_2作催化剂，观察反应现象。写出以上各离子反应方程式。

三、硫化物的溶解性

1．在离心试管中加入5滴 0.1 mol·L^{-1} $ZnSO_4$溶液，再滴加少量硫代乙酰胺溶液和1滴1 mol·L^{-1} $NH_3·H_2O$，观察现象。离心分离，弃去清液，洗涤沉淀两次，在沉淀中滴加 1 mol·L^{-1} HCl 数滴，搅拌，观察沉淀是否溶解。加热溶液，用自制的 Pb(OAc)$_2$ 试纸检验生成的气体。写出离子反应方程式。

2. 在两支离心试管中各加入 5 滴 0.1 mol·L^{-1} CdSO$_4$ 溶液，再各滴加少量硫代乙酰胺溶液和 1 滴 1 mol·L^{-1} NH$_3$·H$_2$O，观察现象。离心分离，洗涤沉淀两次，分别试验沉淀在 1 mol·L^{-1} HCl 和 6 mol·L^{-1} HCl 中的溶解情况。写出离子反应方程式。

3. 如上方法自制少量 CuS 沉淀，分别试验其在 6 mol·L^{-1} HCl 和 6 mol·L^{-1} HNO$_3$ 中的溶解情况，必要时可加热。写出离子反应方程式。

4. 如上方法自制少量 HgS 沉淀，分别试验其在 6 mol·L^{-1} HNO$_3$ 和王水中的溶解情况。写出离子反应方程式。

根据实验结果，比较四种硫化物的溶解性。

四、氯、硫、氮的含氧酸及其盐的性质

1. 次氯酸盐和氯酸盐的氧化性

（1）NaClO 的制备

取 Cl$_2$ 水 1 mL，加入 2 mol·L^{-1} NaOH 至溶液呈碱性为止。保留溶液做下面实验。写出离子反应方程式。

（2）NaClO 的氧化性

取少量上述制备的 NaClO 溶液，加入数滴浓 HCl，用湿润的淀粉－KI 试纸（自制）检验逸出的气体。写出离子反应方程式。

（3）KClO$_3$ 的氧化性

用 0.1 mol·L^{-1} KClO$_3$，0.01 mol·L^{-1} KI，3.0 mol·L^{-1} H$_2$SO$_4$ 和 CCl$_4$ 设计一个实验，验证 KClO$_3$ 在酸性介质中才有氧化性的事实(必要时可加热)。写出实验步骤及离子反应方程式。

2. 硫代硫酸、亚硝酸的生成和分解

（1）取 5 滴 0.1 mol·L^{-1} Na$_2$S$_2$O$_3$，逐滴加入 3.0 mol·L^{-1} H$_2$SO$_4$，观察现象，并用酸性 KMnO$_4$ 试纸（自制）检验逸出的气体。写出离子反应方程式。

（2）取 5 滴饱和 NaNO$_2$，然后滴加 3.0 mol·L^{-1} H$_2$SO$_4$，观察溶液及液面上方气体的颜色（若室温较高，应将试管置于冷水中冷却），写出有关的反应方程式。

3. Na$_2$S$_2$O$_3$ 的还原性

以 I$_2$ 水、Cl$_2$ 水为氧化剂，试验 Na$_2$S$_2$O$_3$ 的还原性，并验证氧化剂氧化性的强弱对 Na$_2$S$_2$O$_3$ 的氧化产物的影响。写出离子反应方程式。

4. 亚硫酸及其盐的氧化还原性

（1）取 5 滴 0.1 mol·L^{-1} Na$_2$SO$_3$，用 3.0 mol·L^{-1} H$_2$SO$_4$ 酸化，再滴加少量硫代乙酰胺溶液，观察现象。写出离子反应方程式。

(2) 以 I_2 水为氧化剂,试验 Na_2SO_3 的还原性。写出离子反应方程式。

5．亚硝酸盐的氧化还原性

(1) 在试管中加入 3~4 滴 0.2 mol·L^{-1} $FeSO_4$ 溶液（可用硫酸亚铁铵溶液代替），然后滴加过量 0.1 mol·L^{-1} $NaNO_2$ 溶液,（是否需要用稀 H_2SO_4 酸化,为什么？）观察现象,写出离子反应方程式。

(2) 用 0.010 mol·L^{-1} $KMnO_4$, 3.0 mol·L^{-1} H_2SO_4, 0.1 mol·L^{-1} $NaNO_2$, 设计实验,验证亚硝酸盐的还原性,写出离子反应方程式。

五、Cl^-、Br^-、I^- 混合液的分离和鉴定

分别取 0.1 mol·L^{-1} NaCl 和 0.1 mol·L^{-1} KBr 溶液各 2 滴, 0.1 mol·L^{-1} KI 溶液 1 滴,加入 1 滴 6 mol·L^{-1} HNO_3 酸化,再加入 0.1 mol·L^{-1} $AgNO_3$ 溶液至沉淀完全（如何检验沉淀是否完全？），离心分离,洗涤沉淀两次。在沉淀中加入 1 mL 12% $(NH_4)_2CO_3$ 溶液,充分搅拌并温热,离心分离。清液用 6 mol·L^{-1} HNO_3 酸化,析出白色沉淀,示有 Cl^-。沉淀用蒸馏水洗涤两次后,在其中加入 5 滴蒸馏水及少量 Zn 粉,充分搅拌并微热。离心分离,保留清液。在清液中加入 5 滴 CCl_4,然后逐滴加入 Cl_2 水,并不断振荡,至 CCl_4 层呈紫红色,示有 I^-。继续滴加 Cl_2 水,振动,CCl_4 层紫红色褪去,并显棕红色（或棕黄色）,示有 Br^-。写出有关的离子反应方程式。

六、S^{2-}、$S_2O_3^{2-}$、SO_3^{2-}、NH_4^+、NO_2^-、NO_3^-、PO_4^{3-} 的鉴定

1．S^{2-} 的鉴定

在点滴板的圆穴中加入 1 滴 0.1 mol·L^{-1} Na_2S 溶液,再加入 1 滴 1% $Na_2[Fe(CN)_5NO]$ 溶液,观察现象。

2．$S_2O_3^{2-}$ 的鉴定

在点滴板上加入 1 滴 0.1 mol·L^{-1} $Na_2S_2O_3$ 溶液,再加入 2 滴 0.1 mol·L^{-1} $AgNO_3$ 溶液,观察沉淀颜色的转变：白→黄→棕→黑。

3．SO_3^{2-} 的鉴定

在点滴板上加入饱和 $ZnSO_4$ 和 0.1 mol·L^{-1} $K_4[Fe(CN)_6]$ 溶液各 1 滴,再加入 1 滴 1% $Na_2[Fe(CN)_5NO]$ 溶液,最后加 1 滴 0.1 mol·L^{-1} Na_2SO_3,搅拌均匀,出现红色沉淀表示有 SO_3^{2-} 存在。

4．NH_4^+ 的鉴定

在点滴板上加入 1 滴 0.1 mol·L^{-1} NH_4Cl,再加 1 滴奈斯勒试剂,观察现象。

5．NO_2^- 的鉴定

在点滴板上加入 1 滴 0.1 mol·L^{-1} $NaNO_2$,用 2 滴 2 mol·L^{-1} HOAc 酸化,再加入对氨基苯磺酸和 α-萘胺各 1 滴,观察现象。注意：NO_2^- 浓度过大时,生

成黄色溶液或析出褐色沉淀，此时应将 $NaNO_2$ 稀释后再做。

6. NO_3^- 的鉴定

在试管中加入 2 滴 0.2 mol·L^{-1} $FeSO_4$（可用硫酸亚铁铵溶液代替），再加入 2 滴 0.1 mol·L^{-1} KNO_3 溶液，摇匀，斜持试管，沿试管壁慢慢滴入 5 滴浓 H_2SO_4。由于浓 H_2SO_4 相对密度比水大，溶液分成两层，观察浓 H_2SO_4 与溶液层交界处棕色环的出现。

7. PO_4^{3-} 的鉴定

在试管中加入 2 滴 0.1 mol·L^{-1} Na_3PO_4 和 1 滴 6 mol·L^{-1} HNO_3，再加入 5 滴钼酸铵试剂，在 40~45 ℃水浴上微热一段时间或用玻璃棒用力摩擦试管内壁。观察现象。写出离子反应方程式。

七、混合离子的分离与鉴定

分离并鉴定混合液中的 S^{2-}、$S_2O_3^{2-}$、SO_3^{2-} 离子。

选做实验

"水中花园"实验：在 50 mL 烧杯中加入约 30 mL 20% Na_2SiO_3 溶液，然后在烧杯底部分散加入 $CuSO_4·5H_2O$、$ZnSO_4·7H_2O$、$Fe_2(SO_4)_3·9H_2O$、$Co(NO_3)_2·6H_2O$、$NiSO_4·7H_2O$ 晶体各一粒，静置 1~2 h 后，观察"石笋"的生成与颜色。

安全知识

1. Cl_2 气为有毒性气体，有强烈的刺激性和氧化性，吸入人体会强烈刺激呼吸道黏膜，引起咳嗽和喘息，甚至导致呼吸中枢麻痹和肺的化学性损伤。

2. Br_2 蒸气有强烈的刺激性，不慎吸入 Br_2 蒸气时，可吸入新鲜空气、水蒸气与氨的混合物来解毒。液溴的腐蚀性很强，能灼伤皮肤，严重时使皮肤溃烂。取用液溴时，须戴橡皮手套。

3. H_2S 为有腐蛋臭味的毒性气体，吸入后引起头痛、眩晕、延髓神经麻痹。所有氮的氧化物都有毒，尤以 NO_2 为甚，能严重损伤呼吸道黏膜和神经系统。

4. 引起炎症。实验中，凡是产生有毒、有刺激性气体的实验，均应在通风橱中进行。

问题与思考

1. 如何配制王水？
2. 实验四、1、(1) 中，制备 NaClO 时为什么要使溶液呈碱性？如何检验？
3. 在氧化还原反应中，能否用 HNO_3 或 HCl 作为反应的介质？为什么？

4. 用淀粉—KI 试纸检验 Cl_2 时,试纸先呈蓝色,当试纸与 Cl_2 接触时间稍长时,蓝色又褪去,为什么?

5. 如何区别 $NaNO_3$ 和 $NaNO_2$?

6. 长期放置的 H_2S、Na_2S 和 Na_2SO_3 溶液会发生什么变化?

7. 实验内容五中,滴加 $AgNO_3$ 产生 AgX 沉淀,如何检查 AgX 沉淀是否完全?(X=卤素)

实验 11 p 区重要金属化合物的性质

实验目的

1. 通过实验,进一步加深理解 Sb、Bi、Sn、Pb 氢氧化物的酸碱性、盐类的水解性、溶解性、氧化还原性及其递变规律。

2. 加深理解 Sb、Bi、Sn、Pb 的硫化物、硫代酸及其盐的特性。

3. 初步掌握 Sb^{3+}、Bi^{3+}、Sn^{2+}、Pb^{2+} 离子分离、鉴定的原理和方法。

实验原理

1. Sb、Bi、Sn、Pb 氢氧化物的酸碱性如表 4.2 所示。

表 4.2 Sb、Bi、Sn、Pb 氢氧化物的酸碱性变化规律

碱性增强 ↓	Sb、Bi 氢氧化物		碱性增强 ↓	Sn、Pb 氢氧化物	
	$Sb(OH)_3$ (白色)	H_3SbO_4 (白色)		$Sn(OH)_2$ (白色)	$Sn(OH)_4$ (白色)
	两性	两性,偏酸性		两性	两性,以酸性为主
	$Bi(OH)_3$ (白色)	$Bi_2O_5 \cdot H_2O$(红色)		$Pb(OH)_2$(白色)	$Pb(OH)_4$(棕色)
	弱碱性	弱酸性,易分解为 Bi_2O_3		两性,碱性为主	两性,酸性为主
	酸性增强 →			酸性增强 →	

2. Sb(Ⅲ)、Bi(Ⅲ)、Sn(Ⅱ)的还原性和 Bi(Ⅴ)、Pb(Ⅳ)的氧化性如表 4.3 所示。

(1) 在酸性或碱性介质中 Sb(Ⅲ)具有较弱的氧化性和还原性

$Sb^{3+} + 3e^- = Sb$; $E^{\ominus}(Sb^{3+}/Sb)=0.212$ V

$2Sb^{3+} + 3Sn = 2Sb\downarrow + 3Sn^{2+}$

$[Sb(OH)_6]^- + 2e^- \rightleftharpoons [Sb(OH)_4]^- + 2OH^-$；$E^{\ominus}([Sb(OH)_6]^-/[Sb(OH)_4]^-)=-0.59V$

$[Sb(OH)_4]^- + 2[Ag(NH_3)_2]^+ + 2OH^- \rightleftharpoons [Sb(OH)_6]^- + 2Ag\downarrow + 4NH_3\uparrow$

（2）在酸性介质中 Bi(Ⅴ)具有强氧化性，在碱性介质中 Bi(Ⅲ)具有弱的还原性

$NaBiO_3 + 6H^+ + 2e^- \rightleftharpoons Bi^{3+} + 3H_2O + Na^+$；$E^{\ominus}(NaBiO_3/Bi^{3+})=1.8\ V$

$Bi_2O_5 + 6H^+ + 4e^- \rightleftharpoons 2BiO^+ + 3H_2O$；$E^{\ominus}(Bi_2O_5/BiO^+)=1.6V$

$NaBiO_3 + 6HCl(浓) \rightleftharpoons BiCl_3 + NaCl + Cl_2\uparrow + 3H_2O$

$5NaBiO_3 + 2Mn^{2+} + 14H^+ \rightleftharpoons 2MnO_4^- + 5Bi^{3+} + 5Na^+ + 7H_2O$（鉴定 Mn^{2+}）

$Bi(OH)_3 + Cl_2 + 3OH^- + Na^+ \rightleftharpoons NaBiO_3\downarrow$（棕黄色）$+ 2Cl^- + 3H_2O$

（3）在酸性或碱性介质中 Sn(Ⅱ)具有强还原性

$Sn^{4+} + 2e^- \rightleftharpoons Sn^{2+}$；$E^{\ominus}(Sn^{4+}/Sn^{2+})=0.15\ V$

$2HgCl_2 + Sn^{2+} + 4Cl^- \rightleftharpoons Hg_2Cl_2\downarrow$（白）$+ [SnCl_6]^{2-}$

$Hg_2Cl_2 + Sn^{2+}$（过量）$+ 4Cl^- \rightleftharpoons 2Hg$（黑）$\downarrow + [SnCl_6]^{2-}$（鉴定 Sn^{2+}和Hg^{2+}）

$3[Sn(OH)_4]^{2-} + 2Bi^{3+} + 6OH^- \rightleftharpoons 2Bi$（黑）$\downarrow + 3[Sn(OH)_6]^{2-}$

（4）在酸性介质中 Pb(Ⅳ)具有强氧化性

$PbO_2 + 4H^+ + 2e^- \rightleftharpoons Pb^{2+} + 2H_2O$；$E^{\ominus}(PbO_2/Pb^{2+})=1.46\ V$

$2Mn^{2+} + 5PbO_2 + 4H^+ \rightleftharpoons 2MnO_4^- + 5Pb^{2+} + 2H_2O$

表 4.3　Sb(Ⅲ)、Bi(Ⅲ)、Sn(Ⅱ)的还原性和 Bi(Ⅴ)、Pb(Ⅳ)的氧化性变化规律

Sb(Ⅲ)	Sb(Ⅴ)	Bi(Ⅲ)	Bi(Ⅴ)	Sn(Ⅱ)	Sn(Ⅳ)	Pb(Ⅱ)	Pb(Ⅳ)
\multicolumn{4}{还原性减弱}		还原性减弱		
Sb(Ⅲ) ──────────────→ Bi(Ⅲ)				Sn(Ⅱ) ──────────────→ Pb(Ⅱ)			
较弱氧化性和还原性		弱还原性					
Sb(Ⅴ) ──────────────→ Bi(Ⅴ)				Sn(Ⅳ) ──────────────→ Pb(Ⅳ)			
弱氧化性	氧化性增强	强氧化性			氧化性增强		

3. As(Ⅲ)、As(Ⅴ)、Sb(Ⅲ)、Sb(Ⅴ)、Bi(Ⅲ)、Sn(Ⅱ)、Sn(Ⅳ)、Pb(Ⅱ)的硫化物的性质如表 4.4 所示。

表 4.4　As、Sb、Bi、Sn、Pb 的硫化物的性质

As_2S_3 黄色	Sb_2S_3 橙红色	Bi_2S_3 棕黑色	SnS 褐色	PbS 黑色	As_2S_5 黄色	Sb_2S_5 橙黄	SnS_2 黄色
易溶于碱金属硫化物生成硫代酸盐		难溶于碱金属硫化物			易溶于浓 HCl、浓 HNO_3、碱金属硫化物		
难溶于水和非氧化性稀酸，易溶于浓 HCl 和 HNO_3							

4. Pb(Ⅱ)化合物的难溶性

Pb(Ⅱ)盐除 Pb(NO$_3$)$_2$ 和 Pb(OAc)$_2$ 易溶外，一般均难溶于水。分析化学上利用此特性作为鉴定和分离 Pb^{2+} 的基础。例如：

$Pb^{2+} + 2Cl^- \rightleftharpoons PbCl_2 \downarrow$（白色，易溶于热水、NH$_4$OAc 和浓 HCl 中）

$Pb^{2+} + SO_4^{2-} \rightleftharpoons PbSO_4 \downarrow$（白色，易溶于热浓 H$_2SO_4$ 和 NH$_4$OAc 中）

$Pb^{2+} + CrO_4^{2-} \rightleftharpoons PbCrO_4 \downarrow$（黄色，易溶于稀 HNO$_3$、浓 HCl 和浓 NaOH 中）

$Pb^{2+} + 2I^- \rightleftharpoons PbI_2 \downarrow$（黄色，易溶于浓 KI 中）

$Pb^{2+} + CO_3^{2-} \rightleftharpoons PbCO_3 \downarrow$（白色，易溶于稀酸）

实验用品

仪器：离心机，点滴板，酒精灯，试管，离心试管，玻璃棒，烧杯，石棉网，试管夹，滴管，表面皿等。

液体试剂：SnCl$_2$（0.1 mol·L^{-1}），NaOH（2.0 mol·L^{-1}，6 mol·L^{-1}），HCl（2 mol·L^{-1}，浓），SbCl$_3$（0.1 mol·L^{-1}），Bi(NO$_3$)$_3$（0.1 mol·L^{-1}），Pb(NO$_3$)$_2$（0.1 mol·L^{-1}），HNO$_3$（6 mol·L^{-1}），AgNO$_3$（0.1 mol·L^{-1}），NH$_3$·H$_2$O（1 mol·L^{-1}），Cl$_2$ 水，MnSO$_4$（0.1 mol·L^{-1}），淀粉–KI 溶液，HgCl$_2$（0.1 mol·L^{-1}），K$_2$CrO$_4$（0.1 mol·L^{-1}），KI（2 mol·L^{-1}），KCl（0.1 mol·L^{-1}），SnCl$_4$（0.1 mol·L^{-1}），NH$_4$OAc（饱和），硫代乙酰胺溶液（5%），Na$_2$S（0.5 mol·L^{-1}），BiCl$_3$（0.1 mol·L^{-1}）。

固体试剂：Sn 片，NaBiO$_3$，PbO$_2$。

材料：pH 试纸，冰，滤纸。

实验内容

一、Sn(OH)$_2$、Sb(OH)$_3$、Bi(OH)$_3$ 和 Pb(OH)$_2$ 的生成和性质

在两支小试管中各加入 2 滴 0.1 mol·L^{-1} SnCl$_2$ 溶液，再分别滴加 2.0 mol·L^{-1} NaOH 溶液，使生成白色沉淀(碱勿过量)。分别试验沉淀与 2.0 mol·L^{-1} HCl 和 2.0 mol·L^{-1} NaOH 溶液的反应情况。

如上操作，用 0.1 mol·L^{-1} 的 SbCl$_3$、Bi(NO$_3$)$_3$、Pb(NO$_3$)$_2$ 和 2.0 mol·L^{-1} NaOH 分别制取少量 Sb(OH)$_3$、Bi(OH)$_3$、Pb(OH)$_2$ 沉淀，观察其颜色，并选择适当的试剂分别试验它们的酸碱性（试验 Pb(OH)$_2$ 的碱性时应该用何种酸？为什么？）。

根据上面的实验，对 Sn(OH)$_2$、Sb(OH)$_3$、Bi(OH)$_3$ 和 Pb(OH)$_2$ 的酸、碱性作出结论。

二、Sb(III)的氧化还原性

1. 在点滴板上放一小片光亮的 Sn 片(或 Sn 箔)，然后加一滴 0.1 mol·L^{-1} SbCl$_3$ 溶液，观察 Sn 片表面的变化。此反应可作为 Sb^{3+} 的鉴定反应。写出离子反应方程式。

2. 在试管中加入 2 滴 0.1 mol·L^{-1} SbCl$_3$ 溶液，再逐滴加入 2.0 mol·L^{-1} NaOH 溶液至生成的沉淀又溶解。在另一支试管中加入 2 滴 0.1 mol·L^{-1} AgNO$_3$，再逐滴加入 1 mol·L^{-1} NH$_3$·H$_2$O 溶液至生成的沉淀又溶解为止。将两支试管的溶液混合均匀，观察现象，写出对应的离子反应方程式。

三、Bi(III)的还原性和 Bi(V)的氧化性

1. 在试管中，加入 6 滴 0.1 mol·L^{-1} Bi(NO$_3$)$_3$ 溶液，再加入数滴 6 mol·L^{-1} NaOH 溶液和 Cl$_2$ 水少许，水浴加热，观察棕黄色沉淀的生成。将其分盛于两支离心试管中，离心分离并洗涤沉淀，将所得沉淀留做以下两个实验用。写出离子反应方程式。

2. 在试管中滴加 2 滴 0.1 mol·L^{-1} MnSO$_4$ 溶液，用 6 mol·L^{-1} HNO$_3$ 酸化(能否用 HCl 酸化，为什么？)，然后加入少量自制的固体 NaBiO$_3$，搅拌，观察溶液颜色的变化，写出离子反应方程式。

3. 在自制的固体 NaBiO$_3$ 中，加入浓 HCl，观察现象并鉴别气体产物。写出离子反应方程式。根据实验的二、三的结果，总结 Sb、Bi 高低氧化态氧化还原性的变化规律。

四、Sn(II)的还原性和 Pb(IV)的氧化性

1. Sn(II)的还原性

(1) 往 2 滴 0.1 mol·L^{-1} HgCl$_2$ 溶液中，逐滴加入 0.1 mol·L^{-1} SnCl$_2$ 溶液直至过量，注意观察沉淀颜色的变化。此反应常用于 Sn^{2+} 或 Hg^{2+} 的鉴定。写出离子反应方程式。

(2) 自制少量的 Na$_2$[Sn(OH)$_4$]溶液（如何制备？），然后滴加 0.1 mol·L^{-1} BiCl$_3$ 溶液，观察现象。此反应用来鉴定 Bi^{3+}。写出离子反应方程式。

2. PbO$_2$ 的氧化性

取少量 PbO$_2$ 固体，加入 6 mol·L^{-1} HNO$_3$ 溶液酸化，再加 2 滴 0.1 mol·L^{-1} MnSO$_4$ 溶液，微热后静置片刻，观察现象，写出离子反应方程式。

五、难溶性铅盐的生成

1. 在离心试管中，分别制取少量 PbI$_2$、PbCrO$_4$、PbCl$_2$、PbSO$_4$ 沉淀，观察沉淀的颜色。(注意：各试剂的用量均以 1~2 滴为宜)

2. 试验 PbI$_2$ 在 2 mol·L^{-1} KI 中的溶解情况。

3. 试验 PbCrO$_4$ 在 6 mol·L^{-1} HNO$_3$ 和 6 mol·L^{-1} NaOH 溶液中的溶解情况。

4. 试验 $PbCl_2$ 在热水和浓 HCl 中的溶解情况。

5. 试验 $PbSO_4$ 在饱和 NH_4OAc 中的溶解情况。

写出各离子反应方程式。

六、Sb(Ⅲ)、Bi(Ⅲ)、Sn(Ⅱ)、Sn(Ⅳ)、Pb(Ⅱ)硫化物和硫代酸盐

1. Sb(Ⅲ)、Sn(Ⅳ)硫化物及硫代酸盐的生成和性质

在两支试管中,分别加入 3 滴 $0.1\ mol·L^{-1}\ SbCl_3$ 溶液、$0.1\ mol·L^{-1}\ SnCl_4$ 溶液,再各加入少量 5%硫代乙酰胺溶液并加热,观察反应产物的颜色和状态。离心分离,在沉淀物中各加入 5 滴 $0.5\ mol·L^{-1}\ Na_2S$ 溶液,搅拌,观察沉淀是否溶解。再加入 $2\ mol·L^{-1}$ HCl 溶液,观察现象。写出相应的离子反应方程式。

2. Bi(Ⅲ)、Sn(Ⅱ)、Pb(Ⅱ)硫化物的生成和性质

如上操作,分别制备少量 Bi(Ⅲ)、Sn(Ⅱ)、Pb(Ⅱ)的硫化物,观察沉淀的颜色。离心分离后,在沉淀中各加入适量的 $0.5\ mol·L^{-1}\ Na_2S$ 溶液,观察沉淀是否溶解。根据以上实验结果,比较 Sb_2S_3、Bi_2S_3、SnS、SnS_2 的酸碱性。

七、混合离子的分离与鉴定

分离并鉴定 Ba^{2+}、Pb^{2+}、Bi^{3+} 混合液。试设计方案,图示方法和步骤,写出现象和有关的反应方程式。

选做实验

选用合适的试剂,分离并鉴定以下两组离子。

(1) Sn^{2+} 和 Pb^{2+};(2) Sb^{3+} 和 Bi^{3+}。

安全知识

As、Sb、Bi、Pb 及其化合物都是有毒物质,切勿入口或与伤口接触。为减小对环境的污染,实验时试剂用量要少,实验后,废液倒入指定的回收瓶里统一处理。

问题与思考

1. 实验内容三、2 和四、2 中,为什么要取少量的 $MnSO_4$ 溶液,过多有什么影响?

2. PbO_2 和 $MnSO_4$ 溶液反应时,为什么用 HNO_3 酸化,而不用 HCl 酸化?

3. 配制 $SnCl_2$ 溶液时为什么要加入 HCl 和 Sn 片?

实验 12 d 区重要化合物的性质（一）

实验目的

1. 通过实验，进一步理解和掌握 Cr、Mn 的各主要氧化态物质之间的转化条件及其重要化合物的性质。
2. 初步掌握 Cr^{3+}、Mn^{2+} 的鉴定方法。

实验原理

1. Cr(Ⅲ)、Cr(Ⅵ)的氧化物及其水合物的酸碱性如表 4.5 所示。

表 4.5 Cr(Ⅲ)、Cr(Ⅵ)的氧化物及其水合物的酸碱性变化规律

氧化态	+3	+6
氧化物	Cr_2O_3(绿色)	CrO_3(橙红色)
氧化物的水合物	$Cr(OH)_3$(灰绿色) 两性氢氧化物，易溶于酸和碱 $Cr(OH)_3 + 3H^+ \rightleftharpoons Cr^{3+}$(蓝紫) $+ 3H_2O$ $Cr(OH)_3 + OH^- \rightleftharpoons [Cr(OH)_4]^-$(亮绿) $[Cr(OH)_4]^-$ 热稳定性差，加热完全水解，生成水合氧化铬沉淀 $2[Cr(OH)_4]^- + (x-3)H_2O \xrightarrow{\Delta} Cr_2O_3 \cdot xH_2O \downarrow + 2OH^-$	H_2CrO_4(黄色)　$H_2Cr_2O_7$(橙色) $2CrO_4^{2-} + 2H^+ \rightleftharpoons Cr_2O_7^{2-} + H_2O$ 　(黄色)　　　　　　(橙色) 故溶液中 $Cr_2O_7^{2-}$ 和 CrO_4^{2-} 的相对含量，视溶液的酸度而定 在酸性溶液中，以 $Cr_2O_7^{2-}$ 为主； 在碱性溶液中，以 CrO_4^{2-} 为主
酸碱性	两性	强酸性

2. Cr(Ⅲ)化合物的还原性和 Cr(Ⅵ)化合物的氧化性

$$E_A^{\ominus}/V \quad Cr_2O_7^{2-} \xrightarrow{1.33} Cr^{3+} \xrightarrow{-0.74} Cr$$

$$E_B^{\ominus}/V \quad CrO_4^{2-} \xrightarrow{-0.12} [Cr(OH)_4]^- \xrightarrow{-1.3} Cr$$

图 4.1 Cr 元素的标准电极电势图

由图 4.1 可知：

（1）在酸性介质中，氧化值为 +6 的 $Cr_2O_7^{2-}$ 有强氧化性，能被还原为 Cr^{3+}，

在碱性介质中，氧化值为+6 的 CrO_4^{2-} 一般不显氧化性。

$Cr_2O_7^{2-} + 3SO_3^{2-} + 8H^+ == 2Cr^{3+} + 3SO_4^{2-} + 4H_2O$

（2）在强碱性介质中，氧化值为+3 的 $[Cr(OH)_4]^-$ 有较强的还原性，易被中等强度的氧化剂氧化为 CrO_4^{2-}。

$2[Cr(OH)_4]^- + 3H_2O_2 + 2OH^- == 2CrO_4^{2-} + 8H_2O$

但在酸性溶液中，Cr^{3+} 的还原性较弱，只有强氧化剂才能将其氧化为 $Cr_2O_7^{2-}$。

$2Cr^{3+} + 3S_2O_8^{2-} + 7H_2O \underset{\Delta}{\overset{Ag^+}{\rightleftharpoons}} Cr_2O_7^{2-} + 6SO_4^{2-} + 14H^+$

$10Cr^{3+} + 6MnO_4^- + 11H_2O == 5Cr_2O_7^{2-} + 6Mn^{2+} + 22H^+$

（3）在酸性溶液中，$Cr_2O_7^{2-}$ 可以被还原为 Cr^{3+}。在酸性介质中，$Cr_2O_7^{2-}$ 与 H_2O_2 反应生成过氧化物 $CrO(O_2)_2$，它不稳定，很快分解为 Cr^{3+} 和 O_2，在乙醚和戊醇中因生成深蓝色加合物而稳定得多。此反应可用于鉴定 Cr(Ⅲ)或 Cr(Ⅵ)。

$Cr_2O_7^{2-} + 4H_2O_2 + 2H^+ == 2CrO(O_2)_2 + 5H_2O$

$4CrO(O_2)_2 + 12H^+ == 4Cr^{3+} + 7O_2\uparrow + 6H_2O$

$CrO(O_2)_2 + (C_2H_5)_2O == CrO(O_2)_2 \cdot (C_2H_5)_2O$（深蓝色）

3．铬酸盐的难溶性。由于重铬酸盐的溶解度比铬酸盐的溶解度大，故在重铬酸盐溶液中加入 Ag^+、Pb^{2+}、Ba^{2+} 等离子时，通常生成铬酸盐沉淀，同时 pH 值降低。

$Cr_2O_7^{2-} + 4Ag^+ + H_2O == 2Ag_2CrO_4\downarrow$（砖红色）$+ 2H^+$

4．Mn 的重要化合物的性质

（1）Mn 的氧化物及其水合物的性质如表 4.6 所示。

表 4.6 Mn 的氧化物及其水合物的性质

氧化态	+2	+4	+6	+7
氧化物	MnO（绿色）	MnO_2（棕色）	—	Mn_2O_7（黑绿色）
氧化物的水合物	$Mn(OH)_2$（白色）	$MnO(OH)_2$（棕黑色）	H_2MnO_4（绿色）	$HMnO_4$（紫红色）
酸碱性	碱性(中强)	两性	酸性	强酸性
氧化还原稳定性	不稳定，易被空气氧化为 MnO(OH)和 $MnO(OH)_2$	稳定	极不稳定，易歧化	极不稳定，易分解 $2Mn_2O_7 == 4MnO_2\downarrow + 3O_2\uparrow$ $4HMnO_4 == 4MnO_2\downarrow + 3O_2\uparrow + 2H_2O$

（2）氧化还原性

Mn 的电势图如图 4.2 所示。

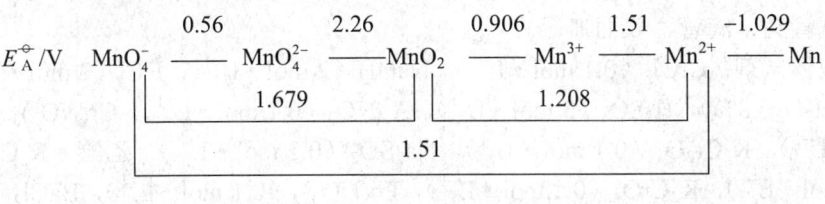

图 4.2　Mn 元素的标准电极电势图

由图 4.2 可推断，Mn^{3+} 和 MnO_4^{2-} 发生歧化反应的情况；Mn(Ⅱ)的还原性强弱；MnO_2 的氧化性和还原性强弱；MnO_4^- 的氧化性强弱。

①在酸性介质中，Mn^{3+} 和 MnO_4^{2-} 均不稳定，易发生歧化反应

$$2Mn^{3+} + 2H_2O = MnO_2 + Mn^{2+} + 4H^+$$

$$3MnO_4^{2-} + 4H^+ = 2MnO_4^- + MnO_2\downarrow + 2H_2O$$

在中性或弱碱性介质中，Mn^{3+} 和 MnO_4^{2-} 也能发生歧化反应，但趋势较小，速度较慢。MnO_4^{2-} 只能较稳定地存在于强碱性介质中。

②在碱性介质中，$Mn(OH)_2$ 不稳定，易被空气氧化为 $MnO(OH)_2$。但在酸性介质中 Mn^{2+} 则很稳定，不易被氧化，也不易被还原，只有在强酸性溶液中与强氧化剂作用时，才能被氧化为 MnO_4^-，此反应可用于鉴定 Mn^{2+}。

$$5NaBiO_3 + 2Mn^{2+} + 14H^+ = 2MnO_4^- + 5Bi^{3+} + 5Na^+ + 7H_2O$$

$$5PbO_2 + 2Mn^{2+} + 4H^+ = 2MnO_4^- + 5Pb^{2+} + 2H_2O$$

③在酸性介质中，MnO_2 有强氧化性，作氧化剂时，一般被还原为 Mn^{2+}。

$$MnO_2 + 4HCl(浓) \xrightarrow{\triangle} MnCl_2 + Cl_2\uparrow + 2H_2O \text{（用于实验室制取少量氯气）}$$

在碱性介质中，强氧化剂能把 MnO_2 氧化成墨绿色的 MnO_4^{2-}。

$$2MnO_4^- + MnO_2 + 4OH^- = 3MnO_4^{2-} + 2H_2O$$

④MnO_4^- 具有强氧化性，特别是在酸性介质中，其氧化能力更强。作为氧化剂，MnO_4^- 还原产物因介质酸碱性的不同而异，其规律是在酸性、中性、碱性介质中，其还原产物分别为 Mn^{2+}、MnO_2、MnO_4^{2-}。

实验用品

仪器：离心机，点滴板，酒精灯，试管，离心试管，玻璃棒，烧杯，石棉网，试管夹，滴管，表面皿等。

液体试剂：$CrCl_3$（0.1 mol·L^{-1}），NaOH（2 mol·L^{-1}），HCl（2 mol·L^{-1}，浓），H_2O_2（3%），H_2SO_4（3 mol·L^{-1}），$AgNO_3$（0.1 mol·L^{-1}），$Cr(NO_3)_3$（0.1 mol·L^{-1}），$K_2Cr_2O_7$（0.1 mol·L^{-1}），Na_2SO_3（0.2 mol·L^{-1}），乙醚，$K_2Cr_2O_7$（0.1 mol·L^{-1}），K_2CrO_4（0.1 mol·L^{-1}），$Pb(NO_3)_2$（0.1 mol·L^{-1}），$BaCl_2$（0.1 mol·L^{-1}），$NH_3·H_2O$（2 mol·L^{-1}），NaOH（6 mol·L^{-1}），$KMnO_4$（0.01 mol·L^{-1}），$MnSO_4$（0.1 mol·L^{-1}），KSCN（0.1 mol·L^{-1}），硫代乙酰胺溶液（5%）。

固体试剂：$(NH_4)_2S_2O_8$，MnO_2。

材料：pH 试纸，冰，滤纸。

实验内容

一、Cr 的化合物

1. $Cr(OH)_3$ 的生成和性质

（1）用少量的 $CrCl_3$ 和 NaOH 制备适量的 $Cr(OH)_3$ 沉淀，并验证 $Cr(OH)_3$ 的两性；

（2）将上面实验的产物$[Cr(OH)_4]^-$加热，观察现象，写出离子反应方程式。

2. Cr(Ⅲ)的还原性和 Cr(Ⅵ)的氧化性

（1）在试管中加入 2 滴 0.1 mol·L^{-1} $CrCl_3$ 溶液，再逐滴加入 2 mol·L^{-1} NaOH 溶液至刚刚过量，然后加入少量 3% H_2O_2 溶液，微热，观察溶液颜色的变化。写出离子反应方程式。（保留溶液作实验内容一、2、(5) 用）

（2）在试管中加入 2 滴 0.1 mol·L^{-1} $CrCl_3$ 溶液，再用 3 mol·L^{-1} H_2SO_4 酸化，然后加入少量 3% H_2O_2 溶液，微热，观察溶液颜色有无变化。

（3）在试管中加入 3 滴 0.1 mol·L^{-1} $Cr(NO_3)_3$ 溶液，用几滴水稀释，加入 1 滴 $AgNO_3$ 溶液和少量 $(NH_4)_2S_2O_8$ 固体，微热，观察溶液颜色的变化。写出离子反应方程式。根据以上实验结果，比较 Cr(Ⅲ)被氧化为 CrO_4^{2-}、$Cr_2O_7^{2-}$ 的条件，说明 Cr(Ⅲ)与$[Cr(OH)_4]^-$还原性的相对强弱。

（4）取 2 滴 0.1 mol·L^{-1} $K_2Cr_2O_7$ 溶液，用 3 mol·L^{-1} H_2SO_4 酸化后，加入少量 0.2 mol·L^{-1} Na_2SO_3 溶液，观察现象，写出离子反应方程式。

（5）Cr^{3+} 的鉴定

在实验内容一、2、(1)所制得的 CrO_4^{2-} 溶液中，加入 0.5 mL 乙醚和几滴

3% H_2O_2 溶液，滴加 3 mol·L^{-1} H_2SO_4 酸化的同时充分振荡试管（H_2SO_4 量稍多些，以中和溶液中的碱），观察乙醚层颜色的变化。写出离子反应方程式。

3. $Cr_2O_7^{2-}$ 与 CrO_4^{2-} 的相互转化

往 0.5 mL 0.1 mol·L^{-1} $K_2Cr_2O_7$ 溶液中滴加 2 mol·L^{-1} NaOH 溶液，观察溶液的颜色有何变化？再滴加 3 mol·L^{-1} H_2SO_4 溶液，观察溶液的颜色又有何变化？写出离子反应方程式。

4. 难溶性铬酸盐的生成

（1）在 3 支试管中，各加入 2 滴 0.1 mol·L^{-1} K_2CrO_4 溶液，再分别加入 0.1 mol·L^{-1} $AgNO_3$、0.1 mol·L^{-1} $BaCl_2$ 和 0.1 mol·L^{-1} $Pb(NO_3)_2$ 溶液，观察产物的颜色和状态。写出离子反应方程式。

（2）在点滴板上用 pH 试纸测定 0.1 mol·L^{-1} $K_2Cr_2O_7$ 溶液的 pH 值。然后在两支试管中，各加入 2 滴 0.1 mol·L^{-1} $K_2Cr_2O_7$ 溶液，再分别加入 1 滴 $AgNO_3$ 和少量 $BaCl_2$ 溶液，观察沉淀的颜色并检测反应后溶液的 pH 值。解释 pH 值变化的原因。写出离子反应方程式。

二、Mn 的化合物

1. $Mn(OH)_2$ 的生成和性质

往 0.1 mol·L^{-1} $MnSO_4$ 溶液中，滴加 2 mol·L^{-1} NaOH 溶液（均预先加热除氧），观察反应产物的颜色和状态。把产物放置一段时间后，观察颜色有何变化？解释现象，并写出离子反应方程式。

2. MnS 的生成和性质

取 0.1 mol·L^{-1} $MnSO_4$ 溶液数滴，加入 5% 硫代乙酰胺溶液并加热，观察有无沉淀生成。然后再逐滴加入 2 mol·L^{-1} $NH_3·H_2O$，观察并解释现象。写出离子反应方程式。

3. Mn(Ⅱ)的还原性和 Mn(Ⅳ)、Mn(Ⅶ)的氧化性

用固体 MnO_2、浓 HCl、0.01 mol·L^{-1} $KMnO_4$、0.1 mol·L^{-1} $MnSO_4$ 设计一组实验，验证 MnO_2、$KMnO_4$ 的氧化性。写出对应的离子反应方程式。

4. MnO_4^{2-} 盐的生成和性质

取 5 滴 0.01 mol·L^{-1} $KMnO_4$，加入 10 滴 6 mol·L^{-1} NaOH，再加入少量固体 MnO_2，振荡，离心分离，观察上层清液的颜色。将清液分盛于两支试管中，在一支试管中加入约 5 mL H_2O，另一支试管中加入几滴 3 mol·L^{-1} H_2SO_4 酸化，观察现象。写出离子反应方程式。说明 MnO_4^{2-} 稳定存在的介质条件。

三、混合离子的分离与鉴定

分离并鉴定 Cr^{3+}、Mn^{2+}、Fe^{3+} 混合液。试设计方案、图示方法和实验步骤，写出现象和有关的反应方程式。

选做实验

"火山爆发"实验。取少量 $(NH_4)_2Cr_2O_7$ 晶体,置于石棉网上,加热,观察现象,写出反应方程式。

安全知识

乙醚在常温常压下为具有特殊气味的无色透明液体,极易挥发和燃烧,使用时要远离火源。乙醚是低毒物质,大量吸入其蒸气会引起全身麻醉作用,此外,对皮肤及呼吸道黏膜有轻微的刺激作用。使用时避免大口吸入,尽量在通风橱里操作。

Cr 及其化合物均有毒,Cr(VI)不仅对消化道和皮肤有强刺激性,且有致癌作用;Cr(III)是一种蛋白凝聚剂。因此无论 Cr(III)或 Cr(VI)对人、鱼类、农作物均有害。使用时取量要少,实验后废液要倒入指定的废液桶中统一处理。

问题与思考

1. 怎样存放 $KMnO_4$ 溶液?为什么?
2. 铬酸洗液的主要成分是什么?为什么它能洗涤仪器?红色的洗液使用一段时间后变为绿色就失效了,为什么?
3. 能否用 $KMnO_4$ 与浓 H_2SO_4 的混合液来作洗液?为什么?
4. 试分析在酸性、中性及强碱性介质中,$KMnO_4$ 与 Na_2SO_3 反应的主要产物为什么各不相同?

实验 13　d 区重要化合物的性质(二)

实验目的

1. 通过实验进一步理解和掌握 Fe(II)、Co(II)、Ni(II)化合物的还原性和 Fe(III)、Co(III)化合物的氧化性及其变化规律。
2. 掌握 Fe、Co、Ni 重要配合物的生成和性质。
3. 初步掌握 Fe^{2+}、Fe^{3+}、Co^{2+} 和 Ni^{2+} 离子的分离、鉴定的原理和方法。

实验原理

1. 铁系元素的氧化还原性

铁系元素的标准电极电势图如图 4.3 所示。

$$E_A^\ominus/V \quad Fe^{3+} \xrightarrow{0.77} Fe^{2+} \xrightarrow{-0.44} Fe$$

$$Co^{3+} \xrightarrow{1.80} Co^{2+} \xrightarrow{-0.29} Co$$

$$Ni^{3+} \xrightarrow{>1.84} Ni^{2+} \xrightarrow{-0.25} Ni$$

$$E_B^\ominus/V \quad FeO(OH) \xrightarrow{-0.56} Fe(OH)_2 \xrightarrow{-0.877} Fe$$

$$CoO(OH) \xrightarrow{0.20} Co(OH)_2 \xrightarrow{-0.73} Co$$

图 4.3 铁系元素的标准电极电势图

把有关电对酸性和碱性条件下的标准电极电势分别与 $E_A^\ominus(O_2/H_2O) = 1.23$ V 和 $E_B^\ominus(O_2/OH^-) = 0.40$V 作比较,由图 4.3 可以推断:

(1)如表 4.7 所示,在酸性介质中,Fe(III)、Co(III)、Ni(III)均有氧化性,其氧化性的递变规律是:Fe(III)<Co(III)<Ni(III)。在铁系元素中,只有 Fe^{3+} 在水溶液中是稳定的,能形成稳定的氧化态为+3 的简单盐,Co^{3+}、Ni^{3+} 由于氧化性很强在水溶液中不能稳定存在,易被还原为 Co^{2+}、Ni^{2+}。

表 4.7 酸性介质中 MO(OH)的氧化性(M= Fe,Co,Ni)

反应产物 \ 试剂 \ MO(OH)	H_2SO_4	浓 HCl	反应举例
FeO(OH) 红棕	Fe^{3+}	Fe^{3+}	$FeO(OH) + 3H^+ = Fe^{3+} + 2H_2O$
CoO(OH) 褐色	Co^{2+} $O_2\uparrow$	Co^{2+} $Cl_2\uparrow$	$4MO(OH) + 8H^+ = 4M^{2+} + O_2\uparrow + 6H_2O$ $2MO(OH) + 6H^+ + 2Cl^- = 2M^{2+} + Cl_2\uparrow + 4H_2O$ (M=Co,Ni)
NiO(OH) 黑色	Ni^{2+} $O_2\uparrow$	Ni^{2+} $Cl_2\uparrow$	

(2)如图 4.4 和表 4.8 所示,在碱性介质中 Fe(Ⅱ)、Co(Ⅱ)、Ni(Ⅱ)的还原性比在酸性介质中强。在酸性介质中,Fe(Ⅱ)可被空气中的 O_2 氧化,但在碱性介质中更易被氧化。Co(Ⅱ)在酸性溶液中是稳定的,但在碱性介质中则可被空气中的 O_2 缓慢氧化。Ni(Ⅱ)则在酸性或碱性介质中均能稳定存在。

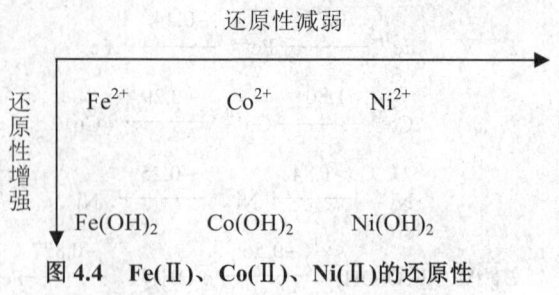

图 4.4　Fe(Ⅱ)、Co(Ⅱ)、Ni(Ⅱ)的还原性

表 4.8　碱性介质中 $M(OH)_2$ 的还原性（M= Fe，Co，Ni）

反应产物＼氧化剂 $M(OH)_2$	空气 (O_2)	H_2O_2	Cl_2 Br_2	反应举例
$Fe(OH)_2$（白）	FeO(OH) 快	FeO(OH) 快	FeO(OH) 快	$4Fe(OH)_2+O_2$ ══ $4FeO(OH)+2H_2O$
$Co(OH)_2$（蓝或粉）	CoO(OH) 缓慢	CoO(OH) 快	CoO(OH) 快	$2Co(OH)_2+H_2O_2$ ══ $2CoO(OH)+2H_2O$
$Ni(OH)_2$（苹果绿）	不反应	不反应	NiO(OH) 快	$2Ni(OH)_2+Cl_2+2OH^-$ ══ $2NiO(OH)+2Cl^-+2H_2O$

2．铁系元素的配合物

铁系元素的阳离子都是很好的配合物形成体，可形成多种配合物。重要的配合物有氨配合物、氰配合物、硫氰配合物和羟基配合物等。由于铁系元素的很多配合物有特殊颜色，有些配合物不但有特殊颜色而且溶解度较小、稳定性很高，因此在分析化学上常利用铁系元素配合物的特殊性质作为离子鉴定和分离的基础。

例如：$K_4[Fe(CN)_6]·3H_2O$ 为黄色，俗名黄血盐，$K_3[Fe(CN)_6]$ 为深红色，俗名赤血盐，它们分别与 Fe^{3+}、Fe^{2+} 反应形成蓝色沉淀 $[KFe(CN)_6Fe]$，分别用于 Fe^{3+}、Fe^{2+} 的鉴定。

Fe^{3+} 与 SCN^- 形成血红色配合物 $[Fe(NCS)_n]^{3-n}$ (n=1~6)，此反应用于检验 Fe^{3+} 的存在。

Co^{2+} 与 SCN^- 形成蓝色配合物 $[Co(NCS)_4]^{2-}$，它在水溶液中不稳定，在丙酮或戊醇等有机溶剂中较为稳定，此反应用于鉴定 Co^{2+}。

Ni^{2+} 与丁二酮肟（又名二乙酰二肟）反应生成玫瑰红色的内配盐，此反应需在 pH=5~10 的弱碱性条件下进行，酸性太强不利于内配盐的生成，碱性太强则生成 $Ni(OH)_2$ 沉淀。此反应常用于 Ni^{2+} 的鉴定。

由于简单离子形成了稳定的配离子而改变了电对的电极电势，因此配离子的氧化还原稳定性与其对应的简单离子相比，有很大差异。例如：Co^{2+} 的稳定性很好，能稳定地存在于水溶液中，但 $[Co(NH_3)_6]^{2+}$ 则很不稳定，易被空气氧化；$[Ni(NH_3)_6]^{2+}$ 的稳定性比 $[Co(NH_3)_6]^{2+}$ 强。

$$4[Co(NH_3)_6]^{2+}(土黄色) + O_2 + 2H_2O = 4[Co(NH_3)_6]^{3+}(红棕色) + 4OH^-$$

实验用品

仪器：离心机，点滴板，酒精灯，试管，离心试管，玻璃棒，烧杯，石棉网，试管夹，滴管，表面皿等。

液体试剂：$KMnO_4$（0.01 mol·L^{-1}），H_2SO_4（3 mol·L^{-1}），$(NH_4)_2Fe(SO_4)_2$（0.1 mol·L^{-1}，0.2 mol·L^{-1}），$K_4[Fe(CN)_6]$（0.1 mol·L^{-1}），NaOH（6 mol·L^{-1}），$CoCl_2$（0.1 mol·L^{-1}，0.5 mol·L^{-1}），H_2O_2（3%），$NiSO_4$（0.1 mol·L^{-1}，0.2 mol·L^{-1}），$FeCl_3$（0.1 mol·L^{-1}），NaOH（2 mol·L^{-1}），Br_2 水，HCl（浓），CCl_4，KI（0.1 mol·L^{-1}），$K_3[Fe(CN)_6]$（0.1 mol·L^{-1}），丙酮，$NH_3·H_2O$（2 mol·L^{-1}，6mol·L^{-1}），丁二酮肟（1%），KSCN（0.1 mol·L^{-1}），淀粉－KI 溶液，$Pb(NO_3)_2$（0.1 mol·L^{-1}），$SnCl_2$（0.1 mol·L^{-1}）

固体试剂：$(NH_4)_2Fe(SO_4)_2·6H_2O$，NH_4F，KSCN。

材料：pH 试纸，冰，滤纸。

实验内容

一、Fe(II)、Co(II)、Ni(II)化合物的还原性

1. Fe(Ⅱ)化合物的还原性和 Fe^{3+} 的鉴定

（1）取 0.01 mol·L^{-1} $KMnO_4$ 溶液 2 滴，用 2 滴 3 mol·L^{-1} H_2SO_4 酸化，然后滴加 0.2 mol·L^{-1} $(NH_4)_2Fe(SO_4)_2$ 溶液，振荡试管，观察溶液颜色有何变化。再加 1 滴 0.1 mol·L^{-1} $K_4[Fe(CN)_6]$溶液，观察现象，写出对应的离子反应方程式。

（2）取两支试管，在一支试管中，放入 1 mL 蒸馏水和几滴 3 mol·L^{-1} H_2SO_4，煮沸，以赶尽溶解的空气，待冷却后，加入少量$(NH_4)_2Fe(SO_4)_2·6H_2O(s)$，振荡使之溶解，制得$(NH_4)_2Fe(SO_4)_2$ 溶液。在另一试管中加入 2 mL 6 mol·L^{-1} NaOH 溶液，煮沸，以赶尽溶解的空气，冷却后用一滴管吸取少量该溶液（剩下的留作实验 2 用），并把滴管插入第一支试管中的$(NH_4)_2Fe(SO_4)_2$溶液内（直至试管底部），慢慢放出 NaOH 溶液（注意：整个操作都要避免将空气带入溶液），观察产物颜色和状态。摇动后放置一段时间，观察沉淀颜色的变化，写出离子反应方程式。

2. Co(Ⅱ)化合物的还原性

在试管中加入 5 滴 0.5 mol·L^{-1} CoCl$_2$ 溶液，煮沸，滴加实验内容一、1、(2)中已赶去空气的 NaOH 溶液，观察现象。将沉淀分盛于两支试管中，一份沉淀放置片刻后，观察沉淀颜色的变化。另一份沉淀中加入 3% H$_2$O$_2$ 溶液，观察沉淀颜色的变化（沉淀保留做实验内容二、1、(2)用），写出离子反应方程式。

3. Ni(Ⅱ)化合物的还原性

往两支试管中分别加入 5 滴 0.2 mol·L^{-1} NiSO$_4$ 溶液和数滴 2 mol·L^{-1} NaOH 溶液，观察现象。然后在一支试管中，加入 3% H$_2$O$_2$ 数滴，另一试管中加入 Br$_2$ 水数滴，振荡，观察现象有何不同？（所得沉淀留做实验内容二、1、(3)用）写出有关的离子反应方程式。

综合上述实验，比较 Fe(OH)$_2$、Co(OH)$_2$、Ni(OH)$_2$ 还原性的强弱。

二、Fe(Ⅲ)、Co(Ⅲ)、Ni(Ⅲ)化合物的氧化性和 Fe^{2+} 的鉴定

1. Fe(Ⅲ)、Co(Ⅲ)、Ni(Ⅲ)化合物的氧化性

(1) 用 0.1 mol·L^{-1} FeCl$_3$ 溶液和 2 mol·L^{-1} NaOH 溶液制备少量 FeO(OH) 沉淀，然后加入少许浓 HCl，沉淀是否溶解？检验有无氯气产生。再加入 5 滴 CCl$_4$ 和 2 滴 0.1 mol·L^{-1} KI，观察 CCl$_4$ 层颜色的变化。写出有关的离子反应方程式。

(2) 用实验内容一、2 制得的 CoO(OH) 沉淀，加入少许浓 HCl，观察现象。用淀粉－KI 试纸检验逸出的气体。写出离子反应方程式。

(3) 用实验内容一、3 制得的 NiO(OH) 沉淀，加入少许浓 HCl，观察现象。用淀粉－KI 试纸检验逸出的气体。写出离子反应方程式。

综合上述实验，比较 Fe(OH)$_3$、CoO(OH)、NiO(OH) 氧化性的强弱。

2. Fe^{3+} 的氧化性和 Fe^{2+} 的鉴定

取 3 滴 0.1 mol·L^{-1} FeCl$_3$ 溶液，滴加 0.1 mol·L^{-1} SnCl$_2$ 溶液，观察现象。再加入 1 滴 0.1 mol·L^{-1} K$_3$[Fe(CN)$_6$] 溶液，观察产物的颜色和状态。写出离子反应方程式。

三、Co 和 Ni 的配合物

1. Co^{2+} 和 Ni^{2+} 离子的鉴定反应

(1) 在试管中加 2 滴 0.1 mol·L^{-1} CoCl$_2$ 溶液，再加入几滴丙酮，混匀，然后加少量 KSCN(s)，观察现象。写出离子反应方程式。

(2) 在点滴板上加入 1 滴 0.1 mol·L^{-1} NiSO$_4$ 溶液和 1 滴 2 mol·L^{-1} NH$_3$·H$_2$O，混匀，再加入 1 滴 1%丁二酮肟，观察鲜红色沉淀的生成。

2. Co、Ni 的氨配合物

在 2 支试管中分别加入 5 滴 0.1 mol·L^{-1} CoCl$_2$ 和 0.1 mol·L^{-1} NiSO$_4$，再分别加入过量的 6 mol·L^{-1} NH$_3$·H$_2$O，观察现象，振荡后在空气中放置，观察溶液颜色有无变化。写出离子反应方程式。根据实验比较 [Co(NH$_3$)$_6$]$^{2+}$、[Ni(NH$_3$)$_6$]$^{2+}$ 氧化还原稳定性的相对大小。

四、混合离子的分离与鉴定

1. Fe^{3+}、Co^{2+} 混合液中 Co^{2+} 的鉴定。
2. 分离并鉴定 Fe^{3+}、Cr^{3+}、Ni^{2+} 混合液。试设计方案、图示方法和步骤，写出现象和有关的反应方程式。

选做实验

分离并鉴定下列两组离子：
（1）Cr^{3+} 和 Mn^{2+}；（2）Fe^{3+} 和 Ni^{2+}。

问题与思考

1. 制取 Fe(OH)$_2$ 时，为什么要先煮沸有关溶液赶去空气？
2. 在 CoO(OH) 中加入浓 HCl，有时会生成蓝色溶液，加水稀释后变为粉红色，试解释之。

实验 14 ds 区重要化合物的性质

实验目的

1. 通过实验掌握 Cu、Ag、Zn、Cd、Hg 氢氧化物的酸碱性和热稳定性。
2. 掌握 Cu、Ag、Zn、Cd、Hg 常见配合物的性质。
3. 掌握 Cu(Ⅰ) 和 Cu(Ⅱ)、Hg(Ⅰ) 和 Hg(Ⅱ) 等重要化合物的性质及相互转化的条件。
4. 学习 Cu^{2+}、Ag$^+$、Zn^{2+}、Cd^{2+}、Hg^{2+} 等离子的鉴定方法。

实验原理

1. ⅠB 族元素氢氧化物的酸碱性和热稳定性如表 4.9 所示；ⅡB 族元素氢氧化物的酸碱性和热稳定性如表 4.10 所示。有关反应举例如下：

$$2\text{CuOH} \xrightarrow{\text{微热}} \text{Cu}_2\text{O}(\text{暗红色}) + \text{H}_2\text{O}$$

$$\text{Cu(OH)}_2 \xrightarrow{\triangle} \text{CuO}(\text{黑色}) + \text{H}_2\text{O}$$

$2AgOH = Ag_2O(褐色) + H_2O$

实验证明，只有 Ag^+ 盐与 $0.1\ mol \cdot L^{-1}\ NH_3 \cdot H_2O$ 作用或用强碱与可溶性 Ag^+ 盐的酒精溶液在低于 $-45\ ℃$ 条件下才能制得 AgOH。

$Zn(OH)_2 \xrightarrow{877\ ℃} ZnO(白色) + H_2O$

$Cd(OH)_2 \xrightarrow{\triangle} CdO(棕色) + H_2O$

$Hg^{2+} + 2OH^- = HgO(黄色) + H_2O$

表4.9 ⅠB族元素氢氧化物的酸碱性和热稳定性

物质性质	CuOH(黄色)	Cu(OH)₂(浅蓝色)	AgOH(白色)
溶解性	难溶于水	难溶于水	难溶于水
酸碱性	中强碱	两性(以碱性为主)，易溶于酸和浓的强碱溶液	碱性
热稳定性	不稳定，微热即脱水为 Cu_2O	稳定性较差，受热易脱水为 CuO	很不稳定，常温下立即脱水为 Ag_2O

热　稳　定　性　下　降　→

表4.10 ⅡB族元素氢氧化物的酸碱性和热稳定性

物质性质	Zn(OH)₂(白色)	Cd(OH)₂(白色)	HgO(黄色)
溶解性	难溶于水	难溶于水	难溶于水
酸碱性	两性	碱性	碱性
热稳定性	较稳定，热分解温度为 877 ℃	热稳定性差，热分解温度为 197 ℃	$Hg(OH)_2$ 极不稳定，在可溶性 Hg^{2+} 盐溶液中加碱得不到氢氧化物

热　稳　定　性　下　降　→

2. Cu(Ⅰ)、Cu(Ⅱ)、Ag(Ⅰ)、Zn(Ⅱ)、Cd(Ⅱ)、Hg(Ⅰ)、Hg(Ⅱ)的氧化还原性。

Cu、Ag、Zn、Cd、Hg 元素的标准电极电势图如图 4.5 所示。

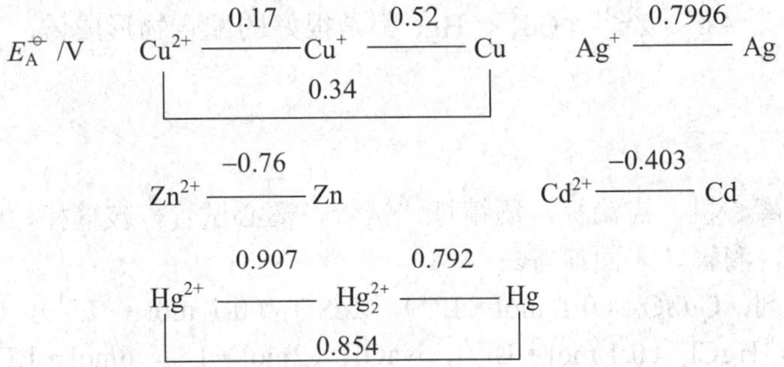

$$E_A^{\ominus}/V \quad Cu^{2+} \xrightarrow{0.17} Cu^+ \xrightarrow{0.52} Cu \qquad Ag^+ \xrightarrow{0.7996} Ag$$
$$\underset{0.34}{\underline{\qquad\qquad\qquad}}$$

$$Zn^{2+} \xrightarrow{-0.76} Zn \qquad\qquad Cd^{2+} \xrightarrow{-0.403} Cd$$

$$Hg^{2+} \xrightarrow{0.907} Hg_2^{2+} \xrightarrow{0.792} Hg$$
$$\underset{0.854}{\underline{\qquad\qquad\qquad}}$$

图 4.5 Cu、Ag、Zn、Cd、Hg 元素的标准电极电势图

（1）Cu^{2+}、Ag^+、Hg^{2+}、Hg_2^{2+} 均具有氧化性，是中强氧化剂，而 Zn^{2+}、Cd^{2+} 一般不显氧化性，例如：

$$2Cu^{2+} + 4I^- = 2CuI\downarrow (白色) + I_2$$
$$2Ag^+ + Mn^{2+} + 4OH^- = 2Ag\downarrow + MnO(OH)_2\downarrow + H_2O$$

分析化学上利用此反应来鉴定 Ag^+ 或 Mn^{2+}。

（2）$E^{\ominus}(Cu^{2+}/Cu^+) < E^{\ominus}(Cu^+/Cu)$，所以水溶液中 Cu^+ 极不稳定，易发生歧化反应

$$2Cu^+ \rightleftharpoons Cu^{2+} + Cu \qquad K^{\ominus}=1.48\times10^6$$

由于上述歧化反应的平衡常数很大，且反应速度很快，所以可溶性的 Cu(Ⅰ)化合物溶于水即迅速发生歧化反应，即 Cu(Ⅰ)的氧化还原稳定性差。根据平衡移动原理，只有 Cu^+ 形成难溶性化合物或稳定配合物时，才稳定。例如，在热的浓盐酸或 NaCl－HCl 体系中，用铜粉还原 $CuCl_2$ 并用水稀释时，发生如下反应：

$$Cu^{2+} + Cu + 4Cl^- \underset{}{\overset{\triangle}{\rightleftharpoons}} 2[CuCl_2]^- (无色)$$

$$2[CuCl_2]^- \overset{稀释}{\rightleftharpoons} 2CuCl\downarrow (白色) + 2Cl^-$$

（3）$E^{\ominus}(Hg^{2+}/Hg_2^{2+}) < E^{\ominus}(Hg_2^{2+}/Hg)$，在溶液中 Hg_2^{2+} 不发生歧化反应，但 Hg^{2+} 可氧化 Hg 为 Hg_2^{2+}。

$$Hg^{2+} + Hg \rightleftharpoons Hg_2^{2+} \qquad K^{\ominus} \approx 70$$

从反应的平衡常数看，平衡时 Hg^{2+} 基本上转变为 Hg_2^{2+}。但根据平衡移动原理，如果上述体系中 Hg^{2+} 能形成难溶性的物质或难解离的配合物以降低溶液中 Hg^{2+} 的浓度，则上述平衡就能移向左方，导致 Hg_2^{2+} 发生歧化反应，例如：

$$Hg_2Cl_2 + 2NH_3\cdot H_2O = Hg(NH_2)Cl\downarrow (白色) + Hg\downarrow (黑色) + NH_4Cl + 2H_2O$$
$$Hg_2^{2+} + S^{2-} \rightleftharpoons HgS\downarrow + Hg\downarrow$$

3. Cu^{2+}、Ag^+、Zn^{2+}、Cd^{2+}、Hg^{2+}都是很好的配合物形成体，可以形成多种配合物。

实验用品

仪器：离心机，点滴板，酒精灯，试管，离心试管，玻璃棒，烧杯，石棉网，试管夹，滴管，表面皿等。

液体试剂：$CuSO_4$（0.1 mol·L^{-1}），$ZnSO_4$（0.1 mol·L^{-1}），$CdSO_4$（0.1 mol·L^{-1}），$HgCl_2$（0.1 mol·L^{-1}），NaOH（2mol·L^{-1}，6mol·L^{-1}），HCl（2 mol·L^{-1}，浓），$AgNO_3$（0.1 mol·L^{-1}），$Hg(NO_3)_2$（0.1 mol·L^{-1}），$NH_3·H_2O$（2mol·L^{-1}），Na_2S（0.2 mol·L^{-1}），NaCl（0.1 mol·L^{-1}，饱和），$Na_2S_2O_3$（0.1 mol·L^{-1}），KI（0.1 mol·L^{-1}），KCl（0.1 mol·L^{-1}），NaOH（40%），NH_4Cl（0.1 mol·L^{-1}），$Hg_2(NO_3)_2$（0.1 mol·L^{-1}），$CuCl_2$（1 mol·L^{-1}），二苯硫脲（0.01 mol·L^{-1}），$K_4[Fe(CN)_6]$（0.1 mol·L^{-1}），Na_2S（0.1 mol·L^{-1}），HNO_3（6 mol·L^{-1}）。

固体试剂：Cu 粉。

材料：pH 试纸，冰，滤纸。

实验内容

一、氢氧化物的生成和性质

1. 在 3 支试管中各加入少量 0.1 mol·L^{-1} $CuSO_4$ 和适量 2 mol·L^{-1} NaOH，观察生成 $Cu(OH)_2$ 沉淀的颜色。然后在其中一支试管中加入少量 2 mol·L^{-1} HCl；另一支试管中加入 6 mol·L^{-1} NaOH；将第三支试管加热，观察实验现象，写出有关的离子反应方程式。

2. 取 2 滴 0.1 mol·L^{-1} $AgNO_3$，加少量蒸馏水稀释，然后加入 1 滴 2 mol·L^{-1} NaOH，注意观察生成沉淀的颜色及变化。写出离子反应方程式。

3. 取 2 滴 0.1 mol·L^{-1} $Hg(NO_3)_2$ 溶液，逐滴加入 2 mol·L^{-1} NaOH，观察现象。写出离子反应方程式。

通过实验，对 Cu、Ag、Hg 氢氧化物的稳定性强弱作出结论。

二、配合物的生成和性质

1. 氨合物的生成和性质

（1）在 3 支试管中分别加入 0.1 mol·L^{-1} $CuSO_4$、$ZnSO_4$、$CdSO_4$ 溶液各 4 滴，另取一支试管加入 0.1 mol·L^{-1} $HgCl_2$ 2 滴，再分别向上述 4 支试管中滴加 1 滴 2 mol·L^{-1} $NH_3·H_2O$，观察生成沉淀的颜色。继而加入过量的 2 mol·L^{-1} $NH_3·H_2O$，观察现象。比较 Cu^{2+}、Zn^{2+}、Cd^{2+}、Hg^{2+} 与 $NH_3·H_2O$ 形成配合物的能力有何不同。写出有关的离子反应方程式。保留$[Cu(NH_3)_4]^{2+}$溶液做下面

实验。

(2) 将前面制得的$[Cu(NH_3)_4]^{2+}$溶液分盛于两支试管中，在其中一支试管中加入 2 mol·L^{-1} NaOH，另一试管中加入 0.2 mol·L^{-1} Na_2S，观察现象。写出离子反应方程式。

2. 银的配合物

(1) 在两支试管中各加入 1 滴 0.1 mol·L^{-1} $AgNO_3$ 和 1 滴 0.1 mol·L^{-1} NaCl 溶液，观察现象。然后在其中一支试管中加入几滴 2 mol·L^{-1} $NH_3·H_2O$，另一支试管中加入几滴 0.1 mol·L^{-1} $Na_2S_2O_3$，观察 AgCl 沉淀的溶解情况。写出对应的离子反应方程式。

(2) 分别制取少量 AgBr 和 AgI 沉淀，按上一实验的方法试验它们在 2 mol·L^{-1} $NH_3·H_2O$ 和 0.1 mol·L^{-1} $Na_2S_2O_3$ 溶液中的溶解情况。写出对应的离子反应方程式。

3. 汞的配合物

(1) 在 1 滴 0.1 mol·L^{-1} $Hg(NO_3)_2$ 溶液中，滴加 1 滴 0.1 mol·L^{-1} KI 溶液，观察生成 HgI_2 沉淀的颜色，再加入过量的 KI 溶液，观察现象。往所得溶液中加几滴 40%NaOH 溶液，即得到"奈斯勒试剂"，用以检出 NH_4^+。

(2) 在点滴板上加 1 滴 0.1 mol·L^{-1} NH_4Cl 溶液，再加 2 滴自制的奈斯勒试剂，观察现象。

(3) 取 0.1 mol·L^{-1} $Hg_2(NO_3)_2$ 溶液 1 滴，逐滴加入 0.1 mol·L^{-1} KI 直至过量，观察现象。比较 $Hg(NO_3)_2$ 和 $Hg_2(NO_3)_2$ 与 KI 反应有何不同？写出离子反应方程式。

三、Cu(II)的氧化性和 Cu(I)与 Cu(II)的相互转化

1. CuCl 的生成和性质

取少量 Cu 粉，加入 10 滴 1 mol·L^{-1} $CuCl_2$、8 滴饱和 NaCl 和 2 滴浓 HCl，小火加热至溶液近无色，停止加热，把溶液全部倒入盛有约 50 mL 水的小烧杯中(注意：剩余的铜粉不要倒入烧杯)。观察白色沉淀的生成。静置，用倾析法分出清液。取少许 CuCl 沉淀于两支试管中，分别加入 2 mol·L^{-1} $NH_3·H_2O$ 和浓 HCl，沉淀是否溶解？把所得的溶液放置片刻，观察其颜色变化。为什么？写出离子反应方程式。

2. CuI 的性质

在离心试管中，加入几滴 0.1 mol·L^{-1} $CuSO_4$，再加入等量的 0.1 mol·L^{-1} KI，观察现象。离心分离，取少量清液，用蒸馏水稀释后，用淀粉溶液检验是否有 I_2 生成。洗涤沉淀，观察沉淀的颜色。写出有关的离子反应方程式。

四、混合离子的分离与鉴定

分离并鉴定混合液中的 Zn^{2+}、Cd^{2+}、Cu^{2+}。试设计方案、图示方法和步骤，写出现象和有关的反应方程式。

选做实验

五个失去标签的试剂瓶中，分别含有 Cu^{2+}、Ag^+、Zn^{2+}、Hg^{2+}、Hg_2^{2+} 盐，试选用一种试剂将它们鉴别出来。

安全知识

Cd、Hg 及其化合物均有毒，由于 Cd^{2+} 会取代骨骼中的 Ca^{2+}，所以饮用被 Cd^{2+} 污染的水会引起"骨痛病"。通过不同途径进入人体的汞及其化合物能够引起以神经系统和肾脏为主的多系统损害。故含 Cd^{2+}、Hg^{2+} 的废液应及时回收，统一处理。

问题与思考

1. 能否用铜制容器存放 $NH_3·H_2O$，为什么？用 $E^{\ominus}([Cu(NH_3)_4]^{2+}/Cu)$ 值进行解释。
2. Cu(Ⅰ)与Cu(Ⅱ)各自稳定存在和相互转化的条件是什么？
3. CuCl(s)溶于 $NH_3·H_2O$(或浓 HCl)后生成的产物常呈蓝色(或黄色)，为什么？
4. 实验中生成的$[Ag(NH_3)_2]^+$ 应及时冲洗掉，否则可能会有什么后果？
5. Ag_2O 能否溶于 $2\ mol·L^{-1}\ NH_3·H_2O$ 中？

第 5 章 无机化合物的制备实验

实验 15 硫酸亚铁铵的制备

实验目的

1. 掌握制备复盐硫酸亚铁铵的一般方法。
2. 熟练掌握水浴加热、蒸发、结晶、常压过滤和减压过滤的基本操作。
3. 了解目视比色法的原理。

实验原理

亚铁盐在空气中易被氧化,但复盐硫酸亚铁铵却比较稳定,在定量分析中常用来配制亚铁离子的标准溶液,以测定样品中某些氧化剂的含量。

过量的单质铁与稀硫酸作用,生成硫酸亚铁:

$$Fe + H_2SO_4 =\!=\!= FeSO_4 + H_2\uparrow$$

如表 5.1 所示,由于复盐的溶解度比组成它的简单盐都要小,所以在硫酸亚铁溶液中加入等摩尔的硫酸铵后,此溶液经过蒸发、浓缩后,制得浅蓝绿色的单斜晶体硫酸亚铁铵。

$$FeSO_4 + (NH_4)_2SO_4 + 6H_2O =\!=\!= (NH_4)_2SO_4 \cdot FeSO_4 \cdot 6H_2O$$

表 5.1 有关物质的溶解度(g/100 g H_2O)

温度/℃ 物质	10	20	30	50	70
$FeSO_4 \cdot 7H_2O$	20.5	26.6	33.2	48.6	56.0
$(NH_4)_2SO_4$	73.0	75.4	78.1	84.5	91.9
$(NH_4)_2SO_4 \cdot FeSO_4 \cdot 6H_2O$	18.1	21.2	24.5	31.3	38.5

预习要点提示

学习水浴加热、蒸发、结晶、常压过滤和减压过滤的基本操作,分析容易造成Fe(Ⅱ)氧化的因素,并提出预防措施。

实验用品

仪器:托盘天平,分析天平,锥形瓶,玻璃棒,洗瓶,胶头滴管,量筒,烧杯,水浴锅,酒精灯,石棉网,玻璃漏斗,布氏漏斗,吸滤瓶,真空泵,蒸发皿,表面皿,比色管,比色管架,移液管,玻璃棒。

液体试剂:Na_2CO_3(10%),H_2SO_4(3 mol·L^{-1}),乙醇(95%),KSCN(1 mol·L^{-1}),Fe^{3+}标准溶液(0.100 0 mg·mL^{-1})。

固体试剂:$(NH_4)_2SO_4$,铁屑。

材料:pH试纸,滤纸。

实验内容

一、铁屑的净化

称取4.0 g铁片或铁屑,放入150 mL锥形瓶中。如果铁片或铁屑上有油污,则加入20 mL 10% Na_2CO_3溶液,在石棉网或水浴上小火加热10 min左右,用倾析法倒去铁屑上面的碱液,并用蒸馏水将铁屑洗涤2~3次,直至洗涤用水呈中性为止,除去洗涤用水。如果是比较纯净的铁粉,可以不经净化直接进入下一步实验。

二、$FeSO_4$的制备

在盛有铁屑的锥形瓶中,加入20 mL 3 mol·L^{-1} H_2SO_4溶液。在水浴中加热,在加热过程中注意适当补充蒸发掉的水分(注意补充的水不能太多,为什么?),防止$FeSO_4$结晶析出,直至反应速度明显缓慢为止(约需20 min)。趁热减压过滤。如果滤纸上有$FeSO_4$晶体析出,用适量的热蒸馏水将$FeSO_4$晶体溶解,并用2 mL 3mol·L^{-1} H_2SO_4洗涤滤渣,洗涤液合并至滤液中。滤液转移至洁净的蒸发皿中,滤纸上未反应完的铁片或铁屑用滤纸吸干后称重,计算已参加反应的铁的质量,由此计算$FeSO_4$的理论产量。

三、硫酸亚铁铵的制备

根据生成的硫酸亚铁的理论产量,由$(NH_4)_2SO_4·FeSO_4·6H_2O$的化学式计算所需固体硫酸铵的质量(若滤渣太湿,不便于称量,也可按单质铁的转化率为80%估算所需硫酸铵的质量)。按计算量称取$(NH_4)_2SO_4$,将其配成饱和溶液加到$FeSO_4$溶液中,在水浴上蒸发、浓缩,直至溶液表面出现薄层晶膜为止。取出蒸发皿,自然冷却至室温,得到浅蓝绿色硫酸亚铁铵晶体。减压过滤,将母液倒入回收瓶中,然后用少量95%乙醇洗涤晶体两次,将液体尽量抽干,再用滤纸吸干晶体。称重,计算产率。

四、产品中杂质 Fe^{3+} 的半定量分析

不含氧的蒸馏水的准备：加一定量的蒸馏水在锥形瓶中，小火加热，煮沸 10 min，以除去所溶解的 O_2，盖好表面皿待冷却后备用。

标准溶液的配制：用移液管分别量取 0.100 0 mg·mL^{-1} Fe^{3+} 标准溶液 0.50、1.00、2.00 mL 置于 3 个 25 mL 比色管中，各加入 1.00 mL 3 mol·L^{-1} H_2SO_4 和 1.00 mL 1 mol·L^{-1} KSCN 溶液，最后用蒸馏水稀释至刻度，摇匀。三个标准溶液分别代表 Ⅰ、Ⅱ、Ⅲ级 $(NH_4)_2SO_4·FeSO_4·6H_2O$ 产品中杂质 Fe^{3+} 的含量。

称取产品 1.00 g，放入 25 mL 比色管中，用少量不含 O_2 的蒸馏水溶解之。加入 1.00 mL 3 mol·L^{-1} H_2SO_4 和 1.00 mL 1 mol·L^{-1} KSCN 溶液，最后用蒸馏水稀释至刻度，摇匀。与标准溶液进行比较，根据目视比色的结果，估计产品中杂质 Fe^{3+} 含量，确定产品级别。

选做实验

一、$(NH_4)_2SO_4·FeSO_4·6H_2O$ 产品中 Fe(II) 含量的测定

1. 0.02 mol·L^{-1} 高锰酸钾标准溶液的配制

在天平上称取 1.7 g $KMnO_4$，放入 250 mL 烧杯内，用水分数次溶解（每次加水约 30 mL），充分搅拌后，将上层清液倒入洁净的棕色试剂瓶，直至 $KMnO_4$ 全部溶解。用蒸馏水稀释至 500 mL，摇匀。静置 1 周后，通过玻璃棉或砂芯漏斗过滤除去沉淀物，溶液收集于棕色试剂瓶中，浓度约为 0.02 mol·L^{-1}。

2. 高锰酸钾标准溶液的标定

准确称取 1.6~2.0 g $Na_2C_2O_4$ 于 250 mL 烧杯中，加蒸馏水溶解后，定容于 250 mL 容量瓶中。

准确移取 25 mL 溶液于 250 mL 锥形瓶中，加水 30 mL，再加入 10 mL 3 mol·L^{-1} H_2SO_4，摇匀后，把溶液加热到 75~85 ℃，立即用 $KMnO_4$ 溶液滴定。滴定开始时，$KMnO_4$ 溶液的紫红色褪得很慢，这时要慢慢滴入，等加入的第一滴 $KMnO_4$ 溶液褪色后，再加第二滴。滴定中间过程可以快一些。最后，如果加入一滴 $KMnO_4$ 溶液，摇匀后，在 30 s 内溶液的浅粉红色不褪，即表示反应已达到终点。平行测定 3 次。计算高锰酸钾标准溶液的浓度。

3. $(NH_4)_2SO_4·FeSO_4·6H_2O$ 含量的测定

用直接称量法准确称取 4.5g 左右自制的 $(NH_4)_2SO_4·FeSO_4·6H_2O$ 产品于 150 mL 烧杯中，加 5 mL 3 mol·L^{-1} H_2SO_4，加少量水溶解，定容于 100 mL 容量瓶中。

准确移取 25.00 mL 试样溶液于 250 mL 锥形瓶中，加 30 mL 蒸馏水，15 mL 3 mol·L^{-1} H_2SO_4，用 $KMnO_4$ 溶液滴定，方法同 $KMnO_4$ 标准溶液的标定。平行测定 3 次。根据 $KMnO_4$ 标准溶液的浓度和消耗的体积计算出试样中 Fe(Ⅱ)

的含量。

二、通过微型化学实验制备硫酸亚铁铵，比较与常规实验的不同点。

1. 微型仪器：微型锥形瓶（15 mL），微型烧杯（10 mL），微型煤气灯，微型布氏漏斗（口径⌀=20 mm、容积 V=5 mL），吸滤瓶（⌀=19 mm、V=20 mL），蒸发皿（10 mL），洗耳球（代替真空泵），多功能铁架台，点滴板。

2. 试剂用量：铁屑 0.5 g，预处理用的碱（10% Na_2CO_3）3 mL，反应用酸（3 mol·L^{-1} H_2SO_4）2.5 mL，洗涤用酸（3 mol·L^{-1} H_2SO_4）0.3 mL，$(NH_4)_2SO_4$(s)（按单质铁的转化率为 80% 计算）。

3. 操作条件：同常量实验，只是铁屑和硫酸的反应时间缩短至 5~10 min。

4. 产品纯度检验：定性鉴定产品中的 Fe^{3+}。

知识介绍

1. 在铁屑与硫酸作用的过程中，会产生大量氢气及少量有毒气体(如 H_2S、PH_3、AsH_3 等)，应注意通风，避免发生事故。

2. 微型化学实验简介

纵观化学发展史，化学实验试剂和样品的用量是随着科学技术的发展和实验仪器精确程度的提高而逐渐减少的。微型化学实验是在微型化的仪器装置中，以尽量少的化学试剂（一般来说，其试剂的用量是常规实验的十分之一到千分之一）进行实验，来获取化学信息的实验方法。和常规实验相比，微型化学实验的优点是：节省试剂，降低实验成本；减少了有毒试剂对环境的污染，降低三废处理费用，增强了实验者的环保意识；提高了实验室的安全程度，减少了火灾等意外事故发生的概率；实验现象明显，操作简便快速，节省实验时间。微型化学实验的缺点是：微型化学实验仪器的形状、尺寸与实际生产工艺差距较大，通过探索得到的反应条件，应进行放大试验后才可应用于生产；用微型化学实验方法制备的物质产率偏低；微型化学实验对操作技巧要求较高，有些基本操作的训练还要靠常规实验来进行。我们要全面了解微型化学实验的优、缺点，合理运用微型化学实验。

问题与思考

1. 硫酸亚铁铵的理论产量和产率应该如何计算？
2. 制备硫酸亚铁铵的过程中，溶液的酸碱性对实验的成败有何影响？
3. 在制备硫酸亚铁铵的过程中，如何操作才能尽量降低产品中杂质 Fe^{3+} 的含量？
4. 试总结复盐的一般特征和制备方法。
5. 为什么常常分别用 $(NH_4)_2SO_4·Fe_2(SO_4)_3·24H_2O$ 或 $(NH_4)_2SO_4·FeSO_4·$

6H$_2$O 来配制 Fe^{3+}或 Fe^{2+}的标准溶液？

实验 16　无水四碘化锡的制备（微型实验）

实验目的

1. 学习利用非水溶剂的无机合成方法制备四碘化锡。
2. 掌握回流、水浴加热等基本操作。
3. 了解微型化学实验和四碘化锡的某些化学性质。

实验原理

因四碘化锡容易水解，不能在水溶液中制备，一般采用干法合成（即金属锡和碘在加热条件下进行反应），或利用非水溶剂的合成方法进行制备。目前较多选择四氯化碳或冰醋酸为合成溶剂。本实验选择沸程为 60~90 ℃的石油醚为溶剂，在加热的条件下由单质制备四碘化锡：

$$Sn + 2I_2 = SnI_4$$

预习要点提示

1. 学习回流操作。
2. 查阅文献，深刻理解无水操作要领。

实验用品

仪器：分析天平，圆底烧瓶，回流冷凝管，干燥管，烧杯，温度计，铁架台，煤气灯。

液体试剂：KI（饱和溶液），丙酮，石油醚（沸程 60~90 ℃），AgNO$_3$（0.1 mol·L^{-1}），Pb(NO$_3$)$_2$（0.1 mol·L^{-1}）。

固体试剂：I$_2$，锡箔，无水 CaI$_2$。

材料：pH 试纸，滤纸。

实验内容

一、四碘化锡的制备

用分析天平准确称取约 0.500 0 g 碘晶体，放入干燥、洁净的 30 mL 圆底烧瓶中。准确称取约 0.200 0 g 锡箔，并将其剪成碎片后加入烧瓶中。加入 10 mL 石油醚和几粒沸石。装配好回流冷凝管、干燥管和水浴装置（图 5.1）。控制水浴温度在 85~95 ℃之间，调节冷凝水的流量，使含碘石油醚的冷凝液不高于冷凝管的中间部位,保持回流状态直至冷凝下来的石油醚液滴由紫色变为无色。

停止加热,移走水浴,待不沸腾后取下冷凝管,趁热用倾析法把溶液倒入30 mL 干燥、洁净的小烧杯中,使未反应的锡箔留在烧瓶中。用 2~3 mL 热石油醚洗涤烧瓶内壁及剩余锡箔上沾附的 SnI_4 晶体,洗涤液合并到上述小烧杯中,再把小烧杯放入冰浴中充分冷却、结晶。用倾析法把上层母液沿玻璃棒转移至回收瓶中,最后将盛有结晶的小烧杯置于水浴上干燥,称量产品,计算产率。

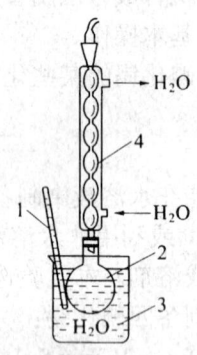

图 5.1　四碘化锡制备装置图

1—温度计;2—圆底烧瓶;3—烧杯;4—冷凝管

二、四碘化锡最简式的确定

将装有剩余锡箔的烧瓶放到水浴上加热,使残留的溶剂完全挥发掉,将剩余的锡箔倒出,准确称出锡箔的重量,根据 I_2 与 Sn 的消耗量,得出碘化锡的最简式。

三、四碘化锡的性质

1. 设计实验,验证四碘化锡易水解的特性及水解产物的性质。

2. 如何用 0.1 mol·L^{-1} $AgNO_3$ 溶液和 0.1 mol·L^{-1} $Pb(NO_3)_2$ 溶液验证水溶液中存在 I^-。

3. 取少量自制的 SnI_4 溶于 5 mL 丙酮中,分成两份,一份加几滴水,另一份加同样量的饱和 KI 溶液,解释所观察到的实验现象。

4. 设计一个实验,验证四碘化锡的氧化性。

选做实验

查阅文献,设计制备无水四氯化锡的实验方案,并结合实验室条件在课余时间完成。

知识介绍

无水四碘化锡是橙红色的立方晶体,为共价型化合物,熔点 144.5 ℃,沸点 364.5 ℃。无水四碘化锡溶于水或受潮易水解,在空气中也会缓慢吸水水解,故必须储存于干燥容器内。四碘化锡易溶于二硫化碳、三氯甲烷、四氯化碳、苯和热的石油醚等有机溶剂中,在冰醋酸和冷的石油醚中溶解度较小。四碘化锡不易燃,有腐蚀性,可致人体灼伤,遇高热能产生有毒烟气。

问题与思考

1. 请简述在物质制备与分离过程中,选择热源的基本依据。如果选体积比为 1∶1 的冰醋酸和醋酸酐混合溶剂来合成四碘化锡,怎样选择加热热源?
2. 利用非水溶剂合成四碘化锡,比较选择以下两种溶剂的优缺点:石油醚;冰醋酸和醋酸酐混合溶剂(体积比为 1∶1)。
3. 在四碘化锡合成中,以何种原料过量为好,为什么?
4. 在四碘化锡合成中,为了保证产品产量和质量应注意哪些问题?
5. 查阅文献,了解四碘化铝的性质,判断四碘化铝能否用类似方法制得?

实验 17　十二钨硅酸和十二钨磷酸的制备及其酸度测定

实验目的

1. 掌握十二钨杂多酸的制备方法。
2. 加深对杂多酸性质的认识。
3. 了解杂多酸的组成和结构。

实验原理

杂多酸作为一种新型催化剂,近年来广泛应用于石油化工、冶金、医药等许多领域。有关的研究课题已成为无机化学研究的一个重要方向。易形成同多酸和杂多酸是钒、铌、钼、钨等元素的特征之一。在碱性溶液中 W(VI) 以正钨酸根 WO_4^{2-} 存在,随着溶液 pH 减小,逐渐缩聚为多酸根离子。在上述缩聚过程中,加入一定量的磷酸盐或硅酸盐,则可生成有确定组成的钨杂多酸根离子,如 $[PW_{12}O_{40}]^{3-}$ 和 $[SiW_{12}O_{40}]^{4-}$ 等。这类钨杂多酸在水溶液中结晶时,得到高水合状态的杂多酸结晶 $H_m[XW_{12}O_{40}] \cdot xH_2O$。$H_m[XW_{12}O_{40}] \cdot xH_2O$ 易溶于水及含氧有机溶剂(如乙醚、丙酮等),在酸性水溶液中稳定,遇强碱分解。本实验利用十二钨硅酸和十二钨磷酸在强酸溶液中易与乙醚生成加合物而被乙醚萃取的性质来制备它们。

$$12 WO_4^{2-} + SiO_3^{2-} + 26H^+ = H_4[SiW_{12}O_{40}] \cdot xH_2O + (11-x)H_2O$$

$$12 WO_4^{2-} + PO_4^{3-} + 27H^+ = H_3[PW_{12}O_{40}] \cdot xH_2O + (12-x)H_2O$$

预习要点提示

复习生成杂多酸的反应条件和有关的氧化还原反应。

实验用品

仪器：托盘天平，分析天平，磁力搅拌器，烘箱，蒸发皿，锥形瓶，碱式滴定管，铁架台（附铁圈），滴定台（附蝴蝶夹），水浴锅，烧杯，量筒，吸量管，分液漏斗，布氏漏斗，吸滤瓶，真空泵。

液体试剂：HCl（6 mol·L^{-1}，浓），H$_2$O$_2$（3%），NaOH 标准溶液（0.1 mol·L^{-1}），甲基橙，乙醚。

固体试剂：Na$_2$WO$_4$·2H$_2$O，Na$_2$SiO$_3$·9H$_2$O，Na$_2$HPO$_4$。

材料：pH 试纸，滤纸。

实验内容

一、十二钨硅酸的制备

把 5.0 g 的 Na$_2$WO$_4$·2H$_2$O 放在 250 mL 的烧杯中，加入 10 mL 蒸馏水，配成溶液。然后加入 0.35 g Na$_2$SiO$_3$·9H$_2$O，加热，用磁力搅拌器剧烈搅拌。在接近沸腾时，用滴液漏斗滴入 2 mL 浓盐酸，此过程约需 10 min。

减压过滤，滤液冷却至室温后，转移入分液漏斗中，并加入 4 mL 乙醚，再加入 1 mL 6 mol·L^{-1} 盐酸，充分振荡萃取，静置，液体分三层。上层是醚层，中间是氯化钠、盐酸和其他物质的水溶液，下层是油状的十二钨硅酸醚合物。如果不能形成三个液相，可以再加入少量乙醚，充分振荡萃取，静置。把分液漏斗底部的油状乙醚配合物放入烧杯中，弃去另外两相液体。

洗净分液漏斗，把烧杯中的乙醚配合物再倒回洁净的分液漏斗中，加入 1 mL 浓盐酸、4 mL 蒸馏水和 2 mL 乙醚。充分振荡此混合液，静置。此时油状物应澄清无色，如颜色偏黄可继续萃取操作 1~2 次。分出分液漏斗底部的油状乙醚配合物于蒸发皿中，加入少量蒸馏水（15~20 滴），在 60 ℃水浴上蒸发浓缩，直至液体表面有晶膜出现为止。冷却，待乙醚完全挥发后，得无色透明的 H$_4$[SiW$_{12}$O$_{40}$]·xH$_2$O 晶体。

把获得的晶体放在烘箱中(70 ℃)，干燥 2 h。避免潮湿的晶体与任何金属类物质接触，否则它们可能变成蓝色。计算产量和产率。

二、十二钨磷酸的制备

把 5.0 g $Na_2WO_4 \cdot 2H_2O$ 放在 250 mL 烧杯中，加入 20 mL 蒸馏水，配成溶液。然后加入 0.8 g Na_2HPO_4，加热，用磁力搅拌器剧烈搅拌。在 60~70 ℃时，用滴液漏斗滴入 5 mL 浓盐酸，继续加热 30 s，溶液呈淡黄色，冷却至 40 ℃。

将烧杯中的溶液转移到分液漏斗中，待溶液降至室温后，向分液漏斗中先加入 7 mL 乙醚，再加入 2 mL 6 mol·L^{-1} 盐酸，振荡 15 min，静置后液体分三层。上层是醚层，中间是氯化钠、盐酸和其他物质的水溶液，下层是油状的十二钨磷酸醚合物。分出下层油状物，放入蒸发皿中。

将蒸发皿放在 100 ℃水浴锅上蒸发浓缩，直至液体表面有晶膜出现为止。冷却，取下蒸发皿放在通风处干燥、冷却，待乙醚完全挥发后，得淡黄色透明的 $H_3[PW_{12}O_{40}] \cdot xH_2O$ 晶体。若在蒸发时，液体变蓝，是由于钨（Ⅵ）被还原的结果，可加入少量的 3% H_2O_2 使蓝色褪去。

三、十二钨硅酸酸度的测定

准确称取约 2 g 制备的样品 $H_4[SiW_{12}O_{40}] \cdot xH_2O$ 两份，放入两个锥形瓶中，加入少量蒸馏水，配成溶液，以甲基橙作指示剂，用浓度为 0.1 mol·L^{-1} 左右的 NaOH 标准溶液滴定。如果数据不平行，应测定第三次。确定十二钨硅酸是几元酸。

选做实验

查阅文献，设计实验方案，比较以对羟基苯甲酸和正丁醇为原料合成尼泊金丁酯时，催化剂磷钨杂多酸和硫酸不同的催化效果。

知识介绍

1. 多酸或多酸盐的形成

钼和钨等元素在化学性质上的显著特点之一是在一定条件下钼酸盐和钨酸盐易自身缩聚或与杂原子的含氧酸盐缩聚，形成多酸或多酸盐。其中钨、磷等元素的简单含氧化合物在溶液中经过酸化缩合生成的十二钨磷酸阴离子 $[PW_{12}O_{40}]^{3-}$ 是具有 Keggin 结构的杂多化合物的典型代表物之一。

$$12WO_4^{2-} + HPO_4^{2-} + 23H^+ \rightleftharpoons [PW_{12}O_{40}]^{3-} + 12H_2O$$

2. 杂多酸催化剂

近年来，杂多酸及其盐在催化领域受到越来越多的关注，其原因是：（1）杂多酸及其盐既有配合物和金属氧化物的结构特征，又有强酸性和氧化还原性，是具有氧化还原和酸催化功能的双功能催化剂；（2）杂多酸的阴离子结构稳定，性质却随组成元素不同而异，可以采取分子设计的手段，通过改变分子组成和结构来调节其催化性能；(3) 活性高、选择性强，既可用于均相反应，也可用于多相反应；(4) 对设备腐蚀性小，不污染环境。据文献报道，杂多酸催化剂有三种形式：纯杂多酸、杂多酸盐、负载型杂多酸（盐）。其中负载型最好，最常用的载体是活性炭。目前研究最多的是钨、钼杂多酸（盐），其杂原子主要是磷、硅等。

长期以来酯类化合物的合成一般是以浓硫酸为催化剂，虽然价格低、活性高，但副反应多，对设备腐蚀严重，并产生大量含酸废水，因此寻找新的催化剂成为酯类合成的热门课题。杂多酸催化剂用于酯化反应的研究目前已有不少文献报道，其优点是无毒、用量小、反应温度较低、酯化选择性和转化率高、对设备无腐蚀、无三废处理问题、环境污染小、催化剂可多次反复使用、生产工艺简单，是一种典型的绿色环境友好催化剂。

尼泊金酯（对羟基苯甲酸酯）一般是由对羟基苯甲酸与 C_1~C_7 等低级醇所形成的酯，是目前国际上采用的安全有效的防腐剂，被广泛用于食品、化妆品、日用化工品及药物等，对于其制备方法的研究日益增多，其中的重要方法之一是用固体催化剂（如磷钨杂多酸）代替传统的浓硫酸进行催化酯化。

问题与思考

1. 十二钨磷酸具有较强氧化性，与橡胶、纸张、塑料等有机物质接触，甚至与空气中灰尘接触时，均易被还原为"杂多蓝"。在制备过程中，要注意哪些问题？

2. 为什么转移至分液漏斗前，将十二钨磷酸钠溶液冷却至 40 ℃，而不冷却至室温？

3. 使用乙醚时，应注意哪些安全操作？

实验18 几何异构体配合物的合成、结构式确定及异构化速率常数的测定

实验目的

1. 掌握合成顺、反式二水·二（草酸根）合铬(III)酸钾的方法。
2. 应用分光光度法测定反一顺异构化速率常数，计算活化能。
3. 了解铬(III)的草酸根配合物顺反异构体的化学和光谱性质。

实验原理

二水·二（草酸根）合铬(III)酸钾是八面体配合物，可能有顺式和反式两种异构体。对于八面体的顺、反式两种异构体，一般通过如下三种方法合成：利用已知构型的配合物取代；先合成异构体混合物，然后利用极性或溶解度的不同分离得到所需的异构体；利用特定的合成方法。

本实验利用异构体混合物分离的方法合成反式异构体，利用特定的合成方法合成顺式异构体。$K_2Cr_2O_7$ 和 $H_2C_2O_4 \cdot 2H_2O$ 发生氧化还原反应，随反应条件及 $C_2O_4^{2-}$ 浓度的不同，生成不同的配合物：$K_3[Cr(C_2O_4)_3] \cdot 3H_2O$ (蓝绿色晶体)、cis-$K[Cr(H_2O)_2(C_2O_4)_2] \cdot 2H_2O$ (黑紫色晶体)、$trans$-$K[Cr(H_2O)_2(C_2O_4)_2] \cdot 3H_2O$ (玫瑰紫色晶体)。

$K_3[Cr(C_2O_4)_3] \cdot 3H_2O$ 水溶液能和 $BaCl_2$ 溶液发生沉淀反应。顺、反式盐的水溶液都不能和 $BaCl_2$ 溶液发生沉淀反应，但可与稀氨水反应，分别生成深绿色、可溶于水的 cis-$[Cr(OH)(H_2O)(C_2O_4)_2]^{2-}$ 和浅棕色、不溶于水的 $trans$-$[Cr(OH)(H_2O)(C_2O_4)_2]^{2-}$，可以据此检验两种异构体的纯度。在水溶液中，顺、反式两种异构体共存并达到平衡，温度升高有利于生成顺式型体，在温度较低时且溶液不太浓的情况下结晶首先析出溶解度相对小的反式型体。

此配合物的反式异构体在水溶液中将发生反-顺异构化作用，且顺、反式异构体有不同的吸收光谱，因此，可利用分光光度法测定反-顺异构化速率常数。

根据朗伯-比尔定律，溶液中同时存在反式异构体 M 和顺式异构体 N 两种吸光物质，则在时间 t 时的吸光度（为便于与指前因子 A 相区分，本实验用 D 表示吸光度）由下式给出：

$$D_t = b\{\varepsilon_M [M]_t + \varepsilon_N [N]_t\} \tag{1}$$

ε_M——反式异构体的摩尔吸光系数；ε_N——顺式异构体的摩尔吸光系数
设 M 和 N 分别是一级反应的反应物和产物，则速率表达式为

$$M（顺式）\rightleftharpoons N（反式）$$

$$v = -\frac{d[M]}{dt} = k[M] \tag{2}$$

积分得

$$[M]_t = [M]_0 e^{-kt} \tag{3}$$

式中：$[M]_t$——在时间 t 时 M 的浓度；$[M]_0$——M 的初始浓度；
t——反应时间；k——反应速率常数。

设完全异构化后的反式异构体溶液的吸收光谱与顺式异构体溶液的吸收光谱相同。

当 $t=0$ 时，$D_0 = \varepsilon_M b[M]_0$ (4)

当 $t=\infty$ 时，$D_\infty = \varepsilon_N b[N]_\infty = \varepsilon_N b[M]_0$ (5)

于 t 时刻，$D_t = \varepsilon_M b[M]_t + \varepsilon_N b[N]_t = \varepsilon_M b[M]_t + \varepsilon_N b\{[M]_0 - [M]_t\}$ (6)

式中：$[N]_t$——t 时刻反式异构体的浓度。

分别联立式(4)和式(5)、式(5)和式(6)，得：

$$[M]_0 = \frac{(D_\infty - D_0)}{(\varepsilon_N - \varepsilon_M)b} \tag{7}$$

$$[M]_t = \frac{(D_\infty - D_t)}{(\varepsilon_N - \varepsilon_M)b} \tag{8}$$

将式(7)和式(8)代入式(3)，得：

$$D_\infty - D_t = (D_\infty - D_0)e^{-kt} \tag{9}$$

对式(9)两边同时取对数，得：

$$\lg(D_\infty - D_t) = -\frac{kt}{2.303} + \lg(D_\infty - D_0) \tag{10}$$

以 $\lg(D_\infty - D_t)$ 对 t 作图若为一直线，则证明反应是一级反应。据该图可求出反应速率常数 k。

对于简单反应，反应速率常数与温度的关系符合阿仑尼乌斯公式：

$$k = Ae^{-\frac{E_a}{RT}}$$

如果有足够的不同温度下的反应速率常数数据，便可求出活化能 E_a 和指前因子 A。

预习要点提示

1. 了解紫外—可见分光光度计的原理和使用方法。
2. 理解一级反应动力学有关公式的推导。

实验用品

仪器：分析天平，紫外—可见分光光度计（带恒温夹套），秒表，恒温槽，蒸发皿，表面皿，布氏漏斗，吸滤瓶，真空泵，研钵，试管，玻璃棒。

液体试剂：无水乙醇，$HClO_4$（1×10^{-4} mol·L^{-1}）。

固体试剂：$H_2C_2O_4 \cdot 2H_2O$（草酸），$K_2Cr_2O_7$。

材料：滤纸，冰块。

实验内容

一、二水·二（草酸根）合铬(III)酸钾反式和顺式异构体的制备

1. 反式异构体 trans- $K[Cr(H_2O)_2(C_2O_4)_2]·3H_2O$ 的制备

在 200 mL 烧杯中，加入 4.5 g $H_2C_2O_4·2H_2O$ 和 15 mL 蒸馏水，适当加热、搅拌，使其溶解，趁热缓慢加入 1.5 g 研细的 $K_2Cr_2O_7$ 粉末，这时反应剧烈，应注意安全。蒸发浓缩溶液至原体积的一半左右，冷却至室温，析出玫瑰紫色晶体。减压过滤，先用少量冷却的蒸馏水洗涤 3 次，再用无水乙醇洗涤 3 次，每次用 5mL。减压过滤，使无水乙醇挥发干净，称重，计算产率。

2. 顺式异构体 cis- $K[Cr(H_2O)_2(C_2O_4)_2]·2H_2O$ 的制备

称取 1 g $K_2Cr_2O_7$ 和 3 g $H_2C_2O_4·2H_2O$，分别在研钵中研细成粉末，再把两者搅拌混匀，放入干燥、洁净的蒸发皿中，堆成圆锥状，用玻璃棒从锥顶往下捅一个小坑，往小坑内滴入 1 滴蒸馏水，再用表面皿盖住蒸发皿，开始反应较慢，很快反应会变得很剧烈。等反应结束后，往蒸发皿中的紫色黏性物中加入 5~10 mL 无水乙醇，充分搅拌混合物直到产物呈暗紫色松散的粉末（必要时可倾析掉乙醇液再加新的无水乙醇搅拌），减压过滤，用无水乙醇洗涤滤饼 3 次，每次用 5 mL，抽干，称重，计算产率。

二、产品检验

1. 用 $BaCl_2$ 溶液和稀氨水分别验证两种配合物的化学性质和产品纯度。

2. 测定顺、反式异构体的吸收光谱。准确称取约 0.07 g 反式异构体产品，溶于少量冰冷的 $1×10^{-4}$ mol·L^{-1} $HClO_4$ 中，完全移入 50 mL 容量瓶中，用冰冷的 $1×10^{-4}$ mol·L^{-1} $HClO_4$ 稀释至刻度。马上以 $1×10^{-4}$ mol·L^{-1} $HClO_4$ 为参比，在分光光度计上 390~650 nm 范围内进行扫描。如果所用的分光光度计不能连续扫描，则需先设定测定波长（D 变化剧烈时，λ 间隔要小，D 变化不剧烈时，λ 间隔可大），再测吸光度 D，根据 D 随 λ 变化的剧烈情况，波长间隔控制在 5~10 nm。

同理，准确称取同样质量的顺式异构体产品，配制相同浓度的溶液，测定其吸收曲线。比较两种异构体吸收峰的位置和强度。

3. 反—顺异构化速率常数的测定。准确称取约 0.07 g 反式异构体产品，迅速用老师指定温度的 $1×10^{-4}$ mol·L^{-1} $HClO_4$ 溶解产品，在恒温条件下于 50 mL 容量瓶中定容。同时开始计时，迅速倒入 1 cm 比色皿，在最大吸收峰位置处以 $1×10^{-4}$ mol·L^{-1} $HClO_4$ 为参比测定吸光度 D。开始阶段每隔 2 min 测量一次 D，当反应缓慢后可以逐步延长测定的时间间隔，一般情况下约需 2 h 转化完全，当确定构型完全转化后得到数据 D_∞。以 $\lg(D_\infty-D_t)$ 对 t 作图，验证

反一顺异构化反应是否为一级反应,求出相应温度下的速率常数 k。汇总全班同学不同温度下的 k,求出异构化反应的活化能 E_a 和指前因子 A。

选做实验

设计本实验所合成配合物中 Cr^{3+}、$C_2O_4^{2-}$、H_2O 的定性和定量分析方法及测定配离子电荷的具体实验方案,经老师审核后于课余时间进行实验。

问题与思考

1. 制备 cis- $K[Cr(H_2O)_2(C_2O_4)_2]\cdot 2H_2O$ 时为什么要尽量避免水溶液生成?
2. 制备 trans- $K[Cr(H_2O)_2(C_2O_4)_2]\cdot 3H_2O$ 时为什么不能使溶液过度蒸发浓缩?
3. 配制 trans- $K[Cr(H_2O)_2(C_2O_4)_2]\cdot 3H_2O$ 溶液时为什么要用冰冷的 $HClO_4$ 水溶液?
4. 该反应速率常数的测定,除本实验提到的方法外,还有什么其他方法?试对这些方法进行比较?
5. 本实验是如何从实验方案上尽量避免 $K_3[Cr(C_2O_4)_3]\cdot 3H_2O$ 杂质生成的?

实验19 三(乙二胺)合钴(Ⅲ)盐光学异构体的制备与拆分

实验目的

1. 学习八面体配合物光学异构体的拆分和旋光度的测定。
2. 掌握 WZZ 型自动旋光仪的使用方法。

实验原理

在非手性条件下,由一般合成反应所得的手性化合物为等量的对映体组成的外消旋体,故无旋光性。利用拆分的方法把外消旋体的一对对映体分成纯净的左旋体和右旋体,即所谓外消旋体的拆分。拆分外消旋体最常用的方法是利用化学反应把对映体变为非对映体。常用的拆分剂有马钱子碱、奎宁和麻黄素等旋光纯的生物碱和酒石酸、樟脑磺酸等旋光纯的有机酸。由于非对映体具有不同的物理性质(如溶解性、结晶性等),利用结晶等方法将它们分离、精制,然后再去掉拆分剂,就可以得到纯的旋光化合物,达到拆分的目的。

本实验的主要反应为:

$$4CoSO_4 + 12en + 4HCl + O_2 = 4[Co(en)_3]ClSO_4 + 2H_2O$$

第 5 章 无机化合物的制备实验

$$2[Co(en)_3]ClSO_4 + 2Ba[(+)-C_4H_4O_6] = (+)-[Co(en)_3]Cl[(+)-C_4H_4O_6] + \\ (-)-[Co(en)_3]Cl[(+)-C_4H_4O_6] + \\ 2BaSO_4\downarrow$$

本拆分的实验过程如图 5.2 所示。

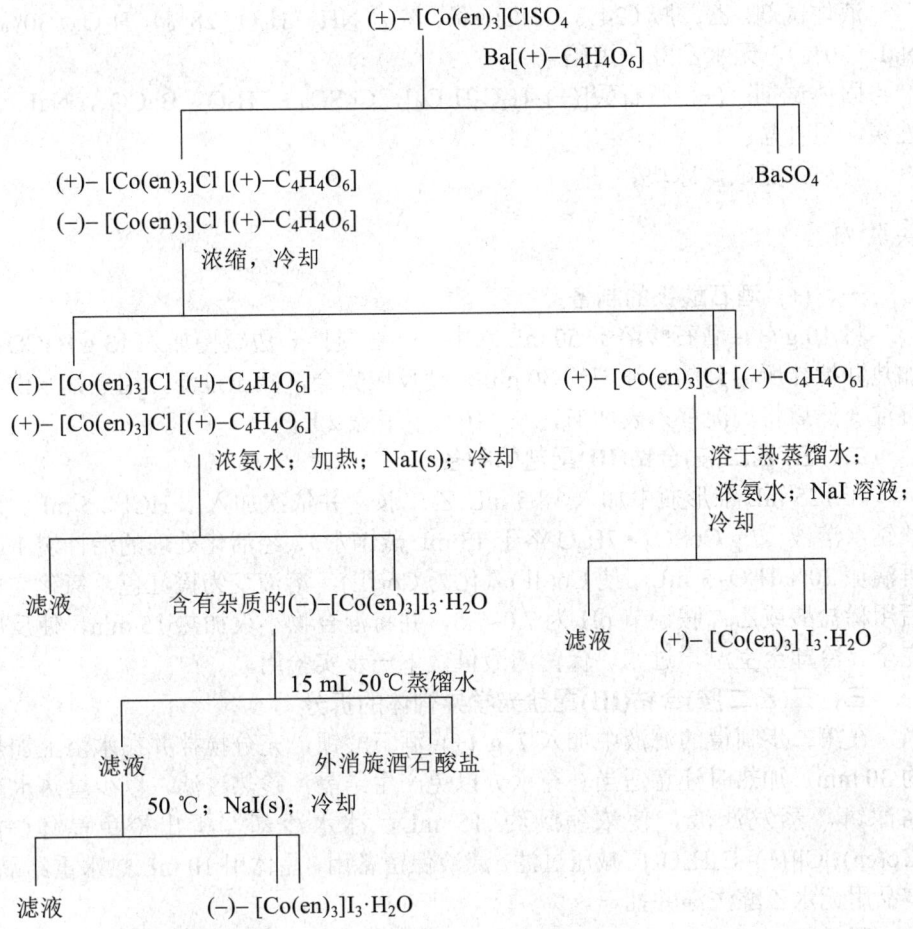

图 5.2　三(乙二胺)合钴(Ⅲ)盐光学异构体的拆分

预习要点提示

1. 了解 WZZ 型自动指示旋光仪使用方法。
2. 理解光学异构体的有关概念，学习配合物光学异构体的拆分方法。

实验用品

仪器：台秤，电子天平，数字式熔点仪，WZZ 型自动指示旋光仪，吸滤瓶，布氏漏斗，真空泵，蒸发皿，表面皿，水浴锅，酒精灯，量筒，烧杯，容量瓶，玻璃棒，滴管。

液体试剂：乙二胺（24%），HCl（稀，浓），$NH_3 \cdot H_2O$（28%），H_2O_2（30%），NaI（30%），无水乙醇，丙酮。

固体试剂：(+)–酒石酸[(+)–$H_2C_4H_4O_6$]，$CoSO_4 \cdot 7H_2O$，$BaCO_3$，NaI，活性炭，粗食盐。

材料：滤纸，冰块。

实验内容

一、(+)–酒石酸钡的制备

将 10 g (+)–酒石酸溶于 50 mL 水中，一边搅拌一边缓慢加入 13 g $BaCO_3$，加热并搅拌所得到的悬浊液约 30 min，使反应完全，减压过滤，用蒸馏水洗涤沉淀，然后将沉淀移入表面皿，在 110℃下干燥 2 h。

二、三(乙二胺)合钴(III)配盐的制备

在 125 mL 锥形瓶中加入 18.5 mL 乙二胺，并依次加入浓 HCl 2.5 mL、硫酸钴水溶液（7 g $CoSO_4 \cdot 7H_2O$ 溶于 13 mL 蒸馏水）、经活化处理的活性炭 1 g，再滴加 30% H_2O_2 3 mL，使 Co(Ⅱ)氧化为 Co(Ⅲ)，溶液变为橙红色，氧化完成后用稀盐酸或乙二胺调节 pH 为 7.0~7.5，并将混合物小火加热 15 min，使反应完全。冷却至室温，过滤，保留滤液供做下一步实验用。

三、三(乙二胺)合钴(III)配盐光学异构体的拆分

在第二步制得的滤液中加入 7 g (+)–酒石酸钡，充分搅拌并在水浴上加热约 30 min，加热时注意适当补充水分以免产生结晶，趁热过滤，以少量热水洗涤滤饼。蒸发滤液，使浓缩到约 15 mL，冰水冷却，析出橙色晶体(+)-[Co(en)$_3$]Cl[(+)–$C_4H_4O_6$]，减压过滤。滤液保留备用，晶体用 10 mL 热水重结晶，产品用无水乙醇洗涤并抽干。

四、(+)– [Co(en)$_3$]I$_3$·H$_2$O 的制备

将第三步所得晶体溶于 8 mL 热蒸馏水中，加入 5 滴浓氨水及 NaI 溶液（9 g 30% NaI 溶解于 5 mL 热蒸馏水），充分搅拌，使溶液在冰水中冷却，得到橙红色针状晶体(+)-[Co(en)$_3$] I$_3$ · H$_2$O，减压过滤，抽干，依次以冷却的 NaI 溶液、无水乙醇及丙酮洗涤，再抽干。

五、(−)– [Co(en)$_3$]I$_3$ · H$_2$O 的制备

往第三步所得滤液中滴入 5 滴浓氨水，并加热至 80℃，在搅拌下加入 9 g

NaI(s)，在冷水中冷却，减压过滤，滤饼为含有杂质的(−)–[Co(en)$_3$]I$_3$·H$_2$O，用冷却的 NaI 溶液及乙醇洗涤滤饼，抽干。将滤饼溶解在 15 mL 50 ℃的蒸馏水中，并不断搅拌，减压过滤。滤饼为难溶的外消旋酒石酸盐。往 50 ℃的滤液中加入 2.5 g NaI，在冰水中冷却得晶体(−)-[Co(en)$_3$]I$_3$·H$_2$O，减压过滤，滤饼依次用乙醇和丙酮洗涤，抽干。

六、测定产物的熔点

用数字式熔点仪分别测定(+)-[Co(en)$_3$]I$_3$·H$_2$O 和(−)–[Co(en)$_3$]I$_3$·H$_2$O 的熔点。

七、测定两种异构体的比旋光度并计算产品纯度

分别准确称取 0.500 0 g 左旋和右旋异构体产品，均用烧杯和 50 mL 容量瓶配成溶液，在旋光仪上用 1 dm 长的样品管分别测定旋光度 α，计算比旋光度的公式如下：

$$\alpha_t^\lambda = \frac{\alpha}{cl} \times 100$$

说明：α—温度为 t℃，光源波长为 λ 时测得的旋光度；c—溶液的浓度，100 mL 溶液中含有溶质的克数；l—旋光仪样品管的长度(dm)。

理论比旋光度参考值：碘化物右旋光体为+90°；左旋光体为−89°。由测得的比旋光度计算样品纯度的公式如下：

$$纯度 = \frac{\alpha_t^\lambda(测定)}{\alpha_t^\lambda(纯物质)} \times 100\%$$

选做实验

1. 设计实验在紫外−可见范围内分别测定两个产品的电子光谱，定量计算出它们最大吸收波长处的摩尔吸光系数 ε，和文献的 ε 值作比较，从而评价产物的光学纯度。

2. 设计实验在紫外−可见范围内分别测定两个产品的圆二色光谱，定量计算出它们的左、右摩尔吸光系数的差值 $\Delta\varepsilon$，和文献的 $\Delta\varepsilon$ 值作比较，从而评价产物的光学纯度。

知识介绍

手性金属配合物在生物无机化学、不对称催化和超分子化学等学科中都具有重要应用，已知在一些重要体系中精确的分子识别和严格的结构匹配都与手性密切相关。随着对手性金属配合物研究的深入，人们对其光学纯度提出了越来越高的要求，获得高纯度的手性配合物已经成为精细无机合成的极富挑战性的课题。手性拆分试剂对外消旋八面体配合物进行拆分的机制研究则是从分子水平上对手性识别机制的一种探讨。

1. 旋光性和圆二色性

当平面偏振光在一个旋光物体中传播时，组成平面偏振光的左右圆偏振光不仅传播速率不同，而且被吸收的程度也不相等。前一性质在宏观上表现为旋光性，而后一性质则被称为圆二色性。手性化合物样品对左、右圆偏振光的摩尔吸光系数 ε 不同（$\varepsilon_l \neq \varepsilon_r$），两种摩尔吸光系数之差（$\Delta\varepsilon = \varepsilon_l - \varepsilon_r$）是随入射圆偏振光的波长变化而变化的。以 $\Delta\varepsilon$ 为纵坐标，以波长或波数为横坐标作图，便得到圆二色光谱（CD 光谱）。圆二色光谱是研究有机化合物分子包括生物大分子三维结构的有效方法，它可以提供分子的绝对构型、构象及有关反应历程的信息，成为有机结构分析的重要手段之一，目前已广泛应用于有机化学、金属有机化学、配位化学、生物化学、药物化学和分析化学等领域。

2. 与手性配合物有关的名词术语

光学异构体：能够使入射偏振光平面旋转的旋光性异构体。

右旋异构体(+)：钠 D 线（589 nm）下，能够使入射偏振光平面右旋的异构体。

左旋异构体(−)：钠 D 线（589 nm）下，能够使入射偏振光平面左旋的异构体。

手征构型：一个对映异构体不能与其镜像重叠的性质称为手性。这种由于缺乏对称元素 S_n，从而具有光学活性的构型称为手征构型。

对映异构体：互为镜像对映且不重合的一对手性分子，它们具有完全相同的物理和化学性质。

外消旋体：对映异构体等量的混合物或化合物，它的溶液不能使入射偏振光平面旋转，常用前缀符号 rac 或（±）表示。

非对映异构体：外消旋体与一种手性试剂作用后得到的两种产物，它们已不是互为镜像的对映异构体，具有不同的物理和化学性质。

绝对构型：通常由反常 X 射线衍射方法确定的一个光学活性配合物的原子空间排列方式。根据 IUPAC（国际纯粹化学和应用化学联合会）命名委员会对六配位八面体手性配合物的绝对构型所推荐的符号，对光学活性八面体配合物的绝对构型，若是右手螺旋则为 Δ 构型，若是左手螺旋则为 Λ 构型。

3. 获得对映纯化合物的常用方法

化学法（非对映异构体盐分步结晶法）：向配合物的外消旋体中加入一种手性拆分试剂（可以是天然手性物质或手性配合物），通过它与配合物的左旋或右旋对映异构体形成的非对映异构体盐性质的不同，再采取分步结晶、沉淀、萃取或色谱等方法加以分离，最后利用复分解反应或色谱法使拆分试剂再生，从而得到所要求的光学活性配合物。

色谱分离法：在普通色谱法中，将配合物负载在合适的柱材料上，采用合适的手性淋洗剂淋洗，使两个异构体流经柱子的速率不等而达到分离目的；在手性固定相色谱法中，先将手性试剂通过吸附或化学键作用制成含有手性基团的柱材料，再将配合物负载在手性固定相上，采用合适的溶液或纯溶剂淋洗使两异构体分离。

4. 非对映异构光学活性配合物间的手性识别

所谓手性识别是指手性试剂对外消旋体中的一个对映体存在能量上较有利的作用，而与另一个对映体存在能量上较不利的作用。有利识别的主客体之间一般有三种相互作用方式互相匹配，且至少有一个与立体化学因素有关。作用方式为非共价键合，主要是通过分子间的弱相互作用力（如范德华力、氢键、静电作用（即偶极作用）、π-π堆积作用、短程排斥作用及亲、疏水作用）进行主客体之间的识别，立体化学因素要求将这些作用固定在特定的位置和方向。这种手性识别模型已为晶体结构所证实。

问题与思考

1. 如何判断配合物具有光学异构体？
2. 非对映异构体盐分步结晶法能否用于中性配合物的拆分？为什么？
3. 在用非对映异构体盐分步结晶法拆分配合物时，一般经验是一价阳离子对一价阴离子（其中之一为拆分试剂）比对其他价态的离子更容易拆分，为什么？

第6章 综合性、设计性与研究性实验

实验20 常见阳离子未知液的定性分析

实验目的

1. 初步了解混合阳离子的鉴定方案。
2. 掌握常见阳离子的分离和鉴定的原理和方法。
3. 培养综合应用基础知识的能力。

实验原理

常见的阳离子有 20 多种,对它们进行个别检出时容易发生相互干扰。所以,对混合阳离子进行分析时,一般都是利用阳离子的某些共性先将它们分成几组,然后再根据其个性进行个别检出。实验室常用的混合阳离子分组法有硫化氢系统法和两酸两碱系统法。

预习要点提示

1. 了解分离鉴定混合阳离子的方法、步骤和条件。
2. 总结常见硫化物和氢氧化物的沉淀条件。
3. 熟悉常见阳离子的有关性质。

实验用品

仪器:离心机,酒精灯,试管,点滴板,玻璃棒,水浴锅,胶头滴管。

液体试剂:H_2SO_4(1 mol·L^{-1},3 mol·L^{-1}),HCl(2 mol·L^{-1},浓),HNO_3(2 mol·L^{-1},6 mol·L^{-1}),HOAc(6 mol·L^{-1}),H_2S(饱和),NaOH(2 mol·L^{-1},6 mol·L^{-1}),K_2CrO_4(0.1 mol·L^{-1}),$K_4[Fe(CN)_6]$(0.1 mol·L^{-1}),Na_2CO_3(0.5 mol·L^{-1},饱和),Na_2S(0.1 mol·L^{-1}),NaOAc(3 mol·L^{-1}),EDTA(饱和),NH_4OAc(3 mol·L^{-1}),NH_4Cl(3 mol·L^{-1}),$(NH_4)_2S$(6 mol·L^{-1}),$(NH_4)_2C_2O_4$(饱和),$SnCl_2$(0.1 mol·L^{-1}),$HgCl_2$(0.1 mol·L^{-1}),奈斯勒试剂,H_2O_2(3%),乙醇(95%),戊醇,丙酮,CCl_4,丁二酮肟,二苯硫脲。

固体试剂：$NaBiO_3$，KSCN，铝片，锡片。

材料：pH试纸，滤纸。

实验内容

一、领取混合阳离子未知液，利用硫化氢系统法或两酸两碱法设计分离、鉴定方案。

二、确定自选的未知液属于下列哪一组，写出分离、鉴定步骤及有关的反应方程式。

(1) Ag^+、Fe^{3+}、Cr^{3+}、Co^{2+}
(2) Fe^{3+}、Co^{2+}、Ni^{2+}、Ag^+
(3) Zn^{2+}、Cd^{2+}、Hg^{2+}、Cu^{2+}
(4) Al^{3+}、Pb^{2+}、Bi^{3+}、Cr^{3+}
(5) Co^{2+}、Mn^{2+}、Al^{3+}、Zn^{2+}
(6) Ni^{2+}、Cr^{3+}、Mn^{2+}、Ba^{2+}
(7) Pb^{2+}、Ba^{2+}、Bi^{3+}、Sn^{4+}
(8) Mg^{2+}、Al^{3+}、Zn^{2+}、Pb^{2+}
(9) Ag^+、Pb^{2+}、Bi^{3+}、Mg^{2+}
(10) K^+、Mg^{2+}、Ca^{2+}、Ba^{2+}
(11) Cu^{2+}、Ni^{2+}、Mg^{2+}、Al^{3+}
(12) Ag^+、Pb^{2+}、Hg^{2+}、Cu^{2+}
(13) Pb^{2+}、Ag^+、Hg^{2+}、Zn^{2+}
(14) Pb^{2+}、Bi^{3+}、Zn^{2+}、K^+
(15) Mg^{2+}、Ba^{2+}、Zn^{2+}、Cd^{2+}

注意事项

为了提高分析结果的准确性，应进行"空白试验"和"对照试验"；混合离子分离过程中，为使沉淀老化需要加热，加热方法最好采用水浴加热；每步获得沉淀后，都要将沉淀用少量带有沉淀剂的稀溶液或去离子水洗涤1~2次。

问题与思考

1. 如果自选的未知液呈碱性，哪些离子可能不存在？
2. "鉴定反应最好应用两种反应，如果两种反应都给出同样的结论，则可确信结果的正确性"，谈谈你对这段话的理解。

实验 21 常见阴离子未知液的定性分析

实验目的

1. 初步了解混合阴离子的鉴定方案。
2. 掌握常见阴离子的分离和鉴定的原理和方法。
3. 培养综合应用基础知识的能力。

实验原理

由于酸碱性、氧化还原性等的限制,很多阴离子不能共存于同一溶液中,共存于溶液中的各离子彼此干扰较少,且许多阴离子有特征反应,故可采用分别分析法,即利用阴离子的分析特性先对试液进行一系列初步试验,分析并初步判断可能存在的阴离子,然后根据离子性质的差异和特征反应进行分离鉴定。初步试验包括挥发性试验、沉淀试验、氧化还原试验等。

预习要点提示

复习阴离子分组、初步试验、常见阴离子鉴定反应以及混合阴离子的分析步骤。

实验用品

仪器:离心机,酒精灯,试管,点滴板,玻璃棒,水浴锅,胶头滴管。

液体试剂:H_2SO_4(2 mol·L^{-1},浓),HCl(6 mol·L^{-1}),HNO_3(2 mol·L^{-1},6 mol·L^{-1},浓),HOAc(2 mol·L^{-1},6 mol·L^{-1}),$NH_3·H_2O$(2 mol·L^{-1}),$Ba(OH)_2$(饱和),$KMnO_4$(0.01 mol·L^{-1}),KI(0.1 mol·L^{-1}),$K_4[Fe(CN)_6]$(0.1 mol·L^{-1}),$NaNO_3$(0.1 mol·L^{-1}),$Na_2[Fe(CN)_5NO]$(1% 新配),$(NH_4)_2CO_3$(12%),$(NH_4)_2MoO_4$(0.1 mol·L^{-1}),$BaCl_2$(1 mol·L^{-1}),Ag_2SO_4(0.02 mol·L^{-1}),$AgNO_3$(0.1 mol·L^{-1}),氯水,碘水,CCl_4,淀粉溶液,阳离子混合液(离子浓度0.05 mol·L^{-1})。

固体试剂:Zn 粉,尿素,$PbCO_3$,$FeSO_4·7H_2O$。

材料:pH 试纸,滤纸。

实验内容

一、领取混合阴离子未知液，自行设计分析方案，分析鉴定未知液中所含的阴离子。

二、给出鉴定结果，写出鉴定步骤及有关的反应方程式。

知识介绍

1. 观察 Br^- 和 I^- 被氯水氧化的过程，氯水要用新鲜的氯水，这样才能保证足够的氧化剂浓度。滴加氯水时要慢，要充分振荡。

2. 在还原性试验时一定要注意，加的氧化剂 $KMnO_4$ 和 I_2 淀粉的量一定要少，因为阴离子的浓度很低。如果氧化剂的用量较大时，氧化剂的颜色变化是不容易看到的。

3. 阴离子分析溶液的制备

取几毫升试液或 0.1~0.2 g 研细的固体样品于小烧杯中，加入 4~5 mL 2 mol·L^{-1} Na_2CO_3 溶液，煮沸 5~8 min，充分搅拌，当沸腾时蒸发的水份应补充，将此溶液和沉淀移入离心试管中，离心分离，此清液即"制备溶液"，用作阴离子鉴定用。沉淀用水洗三次后用 6 mol·L^{-1} HCl 处理，如果沉淀完全溶解，表示其中不存在 PO_4^{3-}、F^-、SO_4^{2-}、S^{2-}、SiO_3^{2-} 和卤素化合物以及金属氧化物（如 Al_2O_3 及 Cr_2O_3 等）。如果沉淀没有完全溶解，则保留此不溶残渣供分析上述阴离子用。

问题与思考

1. 鉴定 NO_3^- 时，怎样除去 NO_2^-、Br^-、I^- 的干扰？
2. 鉴定 SO_4^{2-} 时，怎样除去 SO_3^{2-}、$S_2O_3^{2-}$、CO_3^{2-} 的干扰？
3. 在 Cl^-、Br^-、I^- 的分离鉴定中，为什么用 12%的$(NH_4)_2CO_3$ 将 AgCl 与 AgBr、AgI 分开？
4. 两个溶液，分别为中性和酸性，其中均含有 Ag^+ 及 Ba^{2+}，分别说明两个溶液中可能存在的阴离子。

实验 22 工业硫酸铜的提纯及其 Fe(Ⅲ)的限量分析(微型实验)

实验目的

1. 通过氧化、水解等反应，了解提纯硫酸铜的原理和方法。

2. 进一步熟悉台秤的使用及溶解、过滤、蒸发浓缩、结晶等基本操作。
3. 学习用分光光度法定量检验产品中杂质铁的含量。

实验原理

粗硫酸铜中常含有不溶杂质和可溶性杂质 $FeSO_4$、$Fe_2(SO_4)_3$ 等。不溶性杂质可通过过滤除去。Fe^{2+} 需用 H_2O_2 氧化成 Fe^{3+}，然后通过调节溶液的 pH 值使之水解生成 $Fe(OH)_3$ 沉淀后，再过滤除去。有关的反应方程式如下：

$$2Fe^{2+} + H_2O_2 + 2H^+ = 2Fe^{3+} + 2H_2O$$

$$Fe^{3+} + 3H_2O = Fe(OH)_3\downarrow + 3H^+$$

溶液的 pH 值越高，Fe^{3+} 除得越净。但 pH 值过高，Cu^{2+} 也会水解，由计算可知，当溶液 pH>4.17 时，$Cu(OH)_2$ 开始析出，特别是在加热的情况下，其水解程度更大。要做到既除净铁，又不降低产品的收率，就必须把溶液的 pH 值调到适当的范围内(本实验控制在 pH≈4)。

$$Cu^{2+} + 2H_2O = Cu(OH)_2\downarrow + 2H^+$$

除去铁的滤液经蒸发、浓缩，即可得到 $CuSO_4 \cdot 5H_2O$ 晶体，其他微量的可溶性杂质在硫酸铜结晶时，仍留在母液中，通过减压过滤与硫酸铜晶体分开。

预习要点提示

1. 预习减压过滤等基本操作。
2. 理解并掌握通过控制溶液 pH 值实现 Fe^{3+}、Cu^{2+} 分步沉淀的分离方法。

实验用品

仪器：台秤(或电子天平)，酒精灯，721 型分光光度计，微型漏斗及吸滤瓶，蒸发皿，烧杯(25 mL)，量筒(10 mL)，真空泵，泥三角，三角架，石棉网，坩埚钳。

液体试剂：H_2SO_4（2 mol·L^{-1}），HCl（2 mol·L^{-1}），H_2O_2（3%），NaOH（2 mol·L^{-1}），$NH_3 \cdot H_2O$（6 mol·L^{-1}），KSCN（1 mol·L^{-1}）。

固体试剂：粗硫酸铜。

材料：滤纸，广泛 pH 试纸，精密 pH 试纸(0.5~5.0)。

实验内容

一、粗硫酸铜的提纯

1. 称取 2 g 研细了的粗硫酸铜，放在 25 mL 烧杯中，加入 8 mL 蒸馏水，加热、搅拌使其溶解。加几滴 2 mol·L^{-1} H_2SO_4 酸化，同时伴随搅拌滴加 1 mL 3% H_2O_2，使 Fe^{2+} 氧化为 Fe^{3+}。滴加 2 mol·L^{-1} NaOH 溶液，调节溶液 pH≈4。

再加热片刻，静置沉降，用倾析法在微型漏斗和吸滤瓶上过滤，并将滤液转移到蒸发皿中。

2．用 2 mol·L^{-1} H_2SO_4 将滤液 pH 值调至 1~2。然后将蒸发皿放在泥三角或石棉网上，用小火加热，蒸发浓缩至液面出现一层晶膜时，即可停止加热。

3．冷却至室温，在微型漏斗和吸滤瓶上抽滤至干。

4．取出晶体，把它夹在两张滤纸之间，吸干其表面上的水分。将微型吸滤瓶中的母液倒入回收瓶中。

5．称出产品的质量，计算收率。

二、产品纯度的检验

1．称取 0.2 g 提纯后的硫酸铜晶体，放入小烧杯中，用 3 mL 蒸馏水溶解，加 2 滴 2 mol·L^{-1} H_2SO_4 酸化，然后加入 10 滴 3% H_2O_2，煮沸片刻，将 Fe^{2+} 氧化为 Fe^{3+}。

2．待溶液冷却后，边搅拌边加入 6 mol·L^{-1} 氨水直至生成的浅蓝色 $Cu_2(OH)_2SO_4$ 沉淀溶解，变成深蓝色 $[Cu(NH_3)_4]^{2+}$ 溶液为止。

3．用微型漏斗和吸滤瓶过滤，并用蒸馏水洗涤滤纸上的蓝色溶液。弃去滤液，如有 $Fe(OH)_3$ 沉淀，则留在滤纸上。

4．用滴管将 1.5 mL(约 30 滴)热的 2 mol·L^{-1} HCl 滴在滤纸上，使 $Fe(OH)_3$ 沉淀溶解，并将微型吸滤瓶洗净以承接滤液。如果一次溶解不了，可将滤液加热后再滴在滤纸上，直到 $Fe(OH)_3$ 全部溶解为止。

5．在滤液中加入 2 滴 1 mol·L^{-1} KSCN 溶液，并用蒸馏水稀释至 5 mL，摇匀。

6．把上述溶液倒入 1 cm 比色皿中(不要超过 $\frac{3}{4}$ 高度)，以蒸馏水为参比液，用 721 型分光光度计在波长为 465 nm 处测其吸光度(A)。然后在 $A-\omega(Fe^{3+})$ 标准曲线上查出与 A 对应的 Fe^{3+} 的质量百分数 ω。已知分析纯和化学纯 $CuSO_4·5H_2O$ 中 Fe^{3+} 的最高含量分别为 0.003% 和 0.02%，试确定你提纯的产品的纯度。

知识介绍

0.01 mg·mL^{-1} Fe^{3+} 标准溶液的配制(实验室配制)：称取 0.086 3 g 硫酸高铁铵$(NH_4)Fe(SO_4)_2·12H_2O$(又名铁铵矾)溶解于蒸馏水，加入 0.05 mL H_2SO_4，移入 1 000 mL 容量瓶中，用蒸馏水稀释至刻度，摇匀。此溶液含 Fe^{3+} 为 0.01 mg·mL^{-1}。

$A-\omega(Fe^{3+})$ 标准曲线的绘制：用吸量管分别吸取 0.01 mg·mL^{-1} Fe^{3+} 标准溶液 0 mL、1 mL、2 mL、4 mL、8 mL 于 50 mL 容量瓶中，各加入 2 mL 2 mol·L^{-1}

HCl 和 1 滴 1 mol·L^{-1} KSCN，用蒸馏水稀释至刻度。以蒸馏水为参比液，在波长为 465 nm 处，用 721 型分光光度计分别测定其吸光度(A)。以 ω(Fe^{3+})为横坐标，A 为纵坐标作图，即为 $A-\omega$(Fe^{3+})工作曲线。

问题与思考

1. 为什么除铁时要把溶液 pH 调到 4 而在蒸发前又把 pH 调至 1~2？
2. Cl_2、Br_2、H_2O_2、$KMnO_4$、$K_2Cr_2O_7$、$NaClO_3$ 等水溶液均可将 Fe^{2+} 氧化为 Fe^{3+}，本实验中选用 H_2O_2 作氧化剂，有何优越性？
3. 用 KSCN 检验 Fe^{3+} 时为什么要加入盐酸？

实验 23 铬(Ⅲ)配合物中配体的光谱化学顺序的测定

实验目的

1. 了解不同配体对配合物中心离子 d 轨道能级分裂的影响。
2. 通过测定某些铬配离子的分裂能（△），确定铬配合物某些配体的光谱化学顺序。
3. 掌握分光光度计的使用方法。

实验原理

在配合物中，大多数中心离子为过渡元素离子，其价电子层有 5 个简并的 d 轨道，由于 5 个 d 轨道的空间伸展方向不同，因而受配位场的影响各不相同，所以在不同配位场的作用下，d 轨道的分裂形式和轨道间的能量差也不同，如图 6.1 所示。

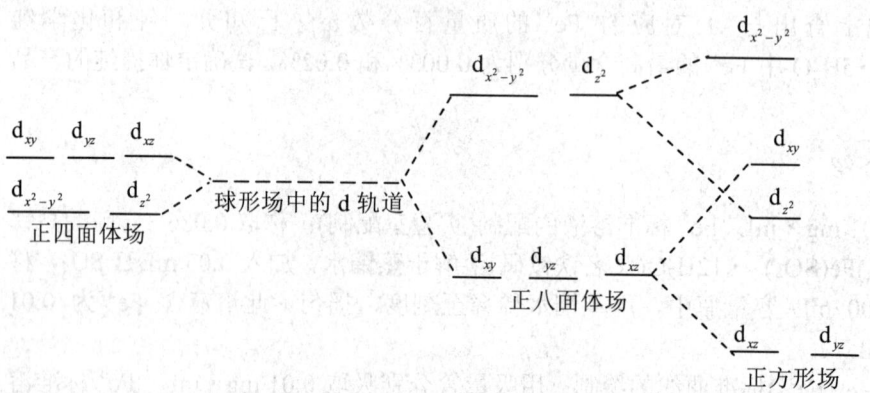

图 6.1 d 轨道在不同对称性配位场中的分裂

电子在分裂后的 d 轨道之间的跃迁称为 d-d 跃迁，这种 d-d 跃迁的能量一般相当于可见光区的能量范围，这就是过渡金属配合物呈现颜色的原因之一。

分裂后的 d 轨道之间的能量差称为分裂能，用 $\triangle$ 表示，其中八面体场的分裂能常用 $\triangle_o$ 表示。$\triangle$ 值的大小受中心离子的电荷、周期数、d 电子数和配体性质等因素的影响。由实验总结得出诸因素影响 $\triangle$ 的一般规律为：

1．对于相同的中心离子，不同的配体，$\triangle$ 值随配体的不同而不同，其大小顺序为：

$I^- < Br^- < Cl^- \sim -SCN^- < F^- \sim OH^- \sim -ONO^- \sim HCOO^- < C_2O_4^{2-} < H_2O < -NCS^- < NH_2CH_2COO^- < EDTA^{4-} < py(吡啶) \sim NH_3 < en(乙二胺) < SO_3^{2-} < -NO_2^- < CN^-$

上述 $\triangle$ 值的次序称为光谱化学序列或光谱化学顺序，因此，如果配合物中的配体被序列右边的配体所取代，则吸收峰朝短波长（高波数）方向移动。但要注意上述光谱化学序列仅是一个近似的规则，在某些金属配合物中，该序列中相邻配体的次序可能会发生变化。

2．对于相同的配体，不同的中心离子，$\triangle$ 值随金属离子的不同而不同，其大小顺序为：

$Mn^{2+} < Ni^{2+} < Co^{2+} < Fe^{2+} < V^{2+} < Fe^{3+} < Cr^{3+} < V^{3+} < Co^{3+} < Mn^{4+} < Mo^{4+} < Rh^{4+} < Ir^{4+} < Re^{4+} < Pt^{4+}$

3．同一元素不同氧化态的中心离子与相同配体形成配合物，高氧化态中心离子配合物比低氧化态中心离子配合物的 $\triangle$ 值大，如：

$[M(H_2O)_6]^{2+}$　　$\triangle_o \approx 2\ 000\ cm^{-1}$；　　$[M(H_2O)_6]^+$　　$\triangle_o \approx 1\ 000\ cm^{-1}$

这表现在一般高氧化态中心离子配合物的颜色比低氧化态中心离子配合物的颜色要深。

4．相同氧化态的同族中心离子与相同配体形成的配离子，其 $\triangle$ 值随中心离子周期数的增大而增大，第二过渡系列过渡元素的 $\triangle$ 值比第一过渡系列约增大 40%～50%，第三过渡系列过渡元素比第二过渡系列又增大约 20%～25%。

本实验是测定某些配体参与形成的八面体 Cr(III) 配合物的吸收光谱，并找出最大波长的吸收峰位置，计算在相应配体情况下的 $\triangle_o$ 值，与光谱化学序列进行比较。

$\triangle_o$ 值计算如下：

$$\triangle_o = \frac{10^7}{\lambda}\ cm^{-1}\ （式中 \lambda 为波长，单位为 nm） \tag{*}$$

不同 d 电子结构及不同空间构型的配合物的吸收光谱是不同的，因此计算分裂能 $\triangle_o$ 值的方案也各不相同。在八面体和四面体配位场中，配离子的中心离子的电子组态为 d^1、d^4、d^6、d^9 时，其吸收光谱只有一个简单的吸收峰，根据此吸收峰计算Δ_o值；配离子的中心离子的电子组态为d^2、d^3、d^7、d^8时，其吸收光谱应该有三个吸收峰，对于八面体配位场的d^3、d^8电子组态和四面体配位场的d^2、d^7电子组态，由吸收光谱中最大波长的吸收峰计算Δ_o值；对八面体配位场的d^2、d^7电子组态和四面体配位场的d^3、d^8电子组态，由吸收光谱中最大波长的吸收峰和最小波长的吸收峰之间的波长差，计算Δ_o值。

实验用品

仪器：台秤，721（或722）型分光光度计，量筒（100 mL），烧杯（50 mL，100 mL，250 mL，500 mL），酒精灯，三角架，泥三角，石棉网，减压过滤装置，玻璃棒，蒸发皿，试剂瓶（盛$K_3[Cr(C_2O_4)_3]\cdot 3H_2O$晶体）。

液体试剂：丙酮。

固体试剂：$CrCl_3\cdot 6H_2O$，EDTA二钠盐，$K_2C_2O_4$，$H_2C_2O_4\cdot 2H_2O$，$K_2Cr_2O_7$。

实验内容

一、$K_3[Cr(C_2O_4)_3]\cdot 3H_2O$的合成

在100 mL烧杯中，加入50 mL蒸馏水，加入3.0 g $K_2C_2O_4$和7.0 g $H_2C_2O_4\cdot 2H_2O$，加热溶解。再慢慢加入2.5 g研细的$K_2Cr_2O_7$，并不断搅拌，待反应完毕后，转移至蒸发皿中，用酒精灯加热，蒸发溶液至体积约为10~15 mL，停止加热。转移至50 mL烧杯中以冰水冷却，晶体析出后，减压过滤，并用丙酮洗涤晶体3次，得到暗绿色的$K_3[Cr(C_2O_4)_3]\cdot 3H_2O$晶体，在烘箱内于110 ℃烘干备用。

二、Cr(Ⅲ)配合物溶液的配制

1. $[Cr(H_2O)_6]^{3+}$溶液的配制：称取0.25 g $CrCl_3\cdot 6H_2O$，在烧杯中使之溶于50 mL蒸馏水中。

2. $[Cr(EDTA)]^-$溶液的配制：称取2.5 g EDTA二钠盐，用250 mL蒸馏水加热溶解后，加入约0.25 g $CrCl_3\cdot 6H_2O$，稍加热得紫色的$[Cr(EDTA)]^-$。

3. $K_3[Cr(C_2O_4)_3]$溶液的配制：称取0.25 g $K_3[Cr(C_2O_4)_3]\cdot 3H_2O$晶体，溶于125 mL蒸馏水中。

三、配合物吸收光谱的测定

取已配制好的三种Cr(Ⅲ)配合物的溶液放入1 cm比色皿中，以蒸馏水为参比液，用722型分光光度计在同一波长处测定各配合物溶液的吸光度，波长范围为360~700 nm，波长间隔先选择10 nm。

第一轮测量完毕后，分析实验数据，在每一个配合物的每一个吸收峰附近，测量的波长间隔缩短为5 nm，继续补充吸光度数据。

注意：在测定吸光度过程中，每改变一次波长，都要重新对分光光度计调

零和调满刻度。

四、实验结果及计算

1. 参照表 6.1 自己设计表格,用来记录各配合物在不同波长时的吸光度。

表 6.1 三种 Cr(Ⅲ)配合物水溶液在不同波长时的吸光度

λ /nm	A		
	$Cr(C_2O_4)_3^{3-}$	$Cr(H_2O)_6^{3+}$	$Cr(EDTA)^-$
360			
370			
380			
⋮			
700			

2. 以 λ 为横坐标,A 为纵坐标作图,即得到配合物的吸收光谱。

3. 由吸收光谱确定最大波长的吸收峰位置,并由式(*)计算不同配体的 $\triangle_o$,由 $\triangle_o$ 值的相对大小排出上述配体的光谱化学顺序。

问题与思考

1. 配合物的分裂能 $\triangle$ 受哪些因素的影响?
2. 本实验中,溶液的浓度对测定 $\triangle$ 值是否有影响?
3. 如何用分光光度法测定 $[Ti(H_2O)_6]^{3+}$、$[Cu(H_2O)_6]^{2+}$、$[Cu(NH_3)_6]^{2+}$ 的 $\triangle_o$?
4. 查阅资料,了解如何合成配合物 $[Cr(en)_3]Cl_3 \cdot 3H_2O$ 并测定配离子 $[Cr(en)_3]^{3+}$ 的分裂能 $\triangle_o$。

实验 24 硫代硫酸钠的制备和性质

实验目的

1. 学习亚硫酸钠法制备硫代硫酸钠的原理和方法。
2. 学习硫代硫酸钠的检验方法。
3. 进一步练习过滤、蒸发、结晶、干燥等基本操作。

实验原理

硫代硫酸钠是最重要的硫代硫酸盐,俗称"海波",又名"大苏打",是无色透明单斜晶体。易溶于水,不溶于乙醇,具有较强的还原性和配位能力,是冲洗照相底片的定影剂、棉织物漂白后的脱氯剂、定量分析中的还原剂。有关反应如下：

$AgBr + 2Na_2S_2O_3 \Longrightarrow Na_3[Ag(S_2O_3)_2] + NaBr$（定影）

$2Ag^+ + S_2O_3^{2-} \Longrightarrow Ag_2S_2O_3 \downarrow$

$Ag_2S_2O_3 + H_2O \Longrightarrow Ag_2S \downarrow + H_2SO_4$（鉴定 $S_2O_3^{2-}$）

$2 S_2O_3^{2-} + I_2 \Longrightarrow S_4O_6^{2-} + 2I^-$

$Na_2S_2O_3 \cdot 5H_2O$ 的制备方法有多种，其中亚硫酸钠法是工业和实验室中常用的方法：

$Na_2SO_3 + S + 5H_2O \Longrightarrow Na_2S_2O_3 \cdot 5H_2O$

反应液经脱色、过滤、浓缩结晶、过滤、干燥即得产品。

$Na_2S_2O_3 \cdot 5H_2O$ 熔点 40~45 ℃，48 ℃转变成 $Na_2S_2O_3 \cdot 2H_2O$，100 ℃失去所有的结晶水，因此，在浓缩过程中要注意不能蒸发过度。

预习要点提示

1. 常用玻璃（瓷质）仪器（如烧杯、量筒、蒸发皿等）的使用方法，减压蒸馏中布氏漏斗和抽滤瓶的使用方法，结晶操作中需注意的问题。

2. 熟悉亚硫酸钠、硫代硫酸钠的性质。

实验用品

仪器：台秤，烧杯(100 mL)，蒸发皿，布氏漏斗，真空泵，试管，泥三角，石棉网，酒精灯，点滴板。

液体试剂：乙醇，$AgNO_3$（0.1 mol·L^{-1}），KBr（0.1 mol·L^{-1}）。

固体试剂：Na_2SO_3，硫磺粉，活性炭。

材料：滤纸。

实验内容

一、硫代硫酸钠的制备

1. 取 5.0 g (0.04 mol) Na_2SO_3 于 100 mL 烧杯中，加 50 mL 蒸馏水搅拌溶解。取 1.5 g 硫磺粉于 100 mL 烧杯中，加 3 mL 乙醇充分搅拌均匀，再加入 Na_2SO_3 溶液，隔石棉网小火加热煮沸，不断搅拌至硫磺粉几乎全部反应。停止加热，待溶液稍冷却后加 1 g 活性炭，加热煮沸 2 min。

2. 趁热过滤，把滤液转移至蒸发皿中，于泥三角上小火蒸发浓缩至溶液呈微黄色浑浊。冷却、结晶。减压过滤，滤液回收。晶体用乙醇洗涤，用滤纸吸干后，称重，计算产率。

二、硫代硫酸钠的性质

1. 取一粒硫代硫酸钠晶体于点滴板的一个孔穴中,加入几滴蒸馏水使之溶解,再加两滴 $0.1\ mol \cdot L^{-1}\ AgNO_3$,观察现象,写出反应方程式。

2. 取一粒硫代硫酸钠晶体于试管中,加 1 mL 蒸馏水使之溶解,再分成两份,滴加碘水,观察现象,写出反应方程式。

3. 取 10 滴 $0.1\ mol \cdot L^{-1}\ AgNO_3$ 于试管中,加 10 滴 $0.1\ mol \cdot L^{-1}\ KBr$,静置,弃去上清液。另取少量硫代硫酸钠晶体于试管中,加 1 mL 蒸馏水使之溶解。将硫代硫酸钠溶液迅速倒入 AgBr 沉淀中,观察现象,写出反应方程式。

知识介绍

硫代硫酸钠在洗相定影中的应用

在洗相过程中,相纸(感光材料)经过照相底板的感光,只能得到潜影。再经过显影液显影以后,看不见的潜影才被显现成可见的影像。但相纸在乳剂层中还有大部分未感光的溴化银存在。由于它的存在,一方面得不到透明的影像,另一方面在保存过程中这些溴化银见光时,将继续发生变化,使影像不能稳定。因此显影后,必须经过定影过程。显影液和定影液的配方举例如表 6.2 所示。

表 6.2 显影液和定影液的配方举例

	米吐尔	无水亚硫酸钠	对苯二酚	无水碳酸钠	溴化钾
D—72 型显影液	3 g	45 g	12 g	67.5 g	2 g
	海波	无水亚硫酸钠	醋酸(28%)	硼酸	钾矾
F—5 型定影液	240 g	15 g	47 mL	7.5 g	15 g

问题与思考

1. 制备硫代硫酸钠时硫磺粉稍有过量,为什么?
2. 在制备硫代硫酸钠时加入乙醇和活性炭的目的分别是什么?
3. 蒸发浓缩时,为什么不可将溶液蒸干?
4. 减压过滤后晶体要用乙醇来洗涤,为什么?
5. 试以 Na_2CO_3、SO_2 和 S 为原料,设计实验方案制备 $Na_2S_2O_3 \cdot 5H_2O$。

实验 25　三草酸根合铁(Ⅲ)酸钾的制备、组成、结构和性质

实验目的

通过三草酸根合铁(Ⅲ)酸钾的制备、化学分析、电荷测定、红外光谱、磁性测定等了解从配合物的制备、组成确定到电子结构确定的全过程。

实验原理

Fe^{3+} 或 $Fe(OH)_3$ 与 $C_2O_4^{2-}$ 发生配位反应得到配离子 $[Fe(C_2O_4)_3]^{3-}$，在 K^+ 存在的条件下，进一步生成在冷水中溶解度较小的翠绿色单斜晶体 $K_3[Fe(C_2O_4)_3]\cdot 3H_2O$。也可以通过酸碱、沉淀、氧化还原、配位反应多步转化，从 $(NH_4)_2SO_4\cdot FeSO_4\cdot 6H_2O$ 出发，以 $H_2C_2O_4$ 为沉淀剂，先生成 FeC_2O_4，再以 H_2O_2 为氧化剂，以 $K_2C_2O_4$ 为配合剂，得到 $K_3[Fe(C_2O_4)_3]\cdot 3H_2O$。

本实验通过比色分析法确定 $K_3[Fe(C_2O_4)_3]\cdot 3H_2O$ 中 Fe^{3+} 含量；用电导法测定配离子的电荷；通过红外光谱定性分析草酸根和结晶水的存在；通过磁化率的测定推测中心离子 Fe^{3+} 的 d 电子排布和 $C_2O_4^{2-}$ 配位场的强弱。

该配合物极易感光，由于它的光化学活性，能定量进行光化学反应，常作化学光量计。室温光照，进行下列光化学反应而变黄色：

$$2[Fe(C_2O_4)_3]^{3-} \xrightarrow{h\nu} 2FeC_2O_4 + 3\,C_2O_4^{2-} + 2CO_2\uparrow$$

生成的草酸亚铁，遇六氰合铁(Ⅲ)酸钾生成藤氏蓝蓝色沉淀，反应为：

$$FeC_2O_4 + K_3[Fe(CN)_6] = [KFe(CN)_6Fe]\downarrow + K_2C_2O_4$$

据此，在实验室中可用 $K_3[Fe(C_2O_4)_3]\cdot 3H_2O$ 制作感光纸，进行感光实验。

预习要点提示

理解分光光度计、电导率仪、红外光谱仪、古埃磁天平的工作原理。

实验用品

仪器：722 型分光光度计，电导率仪，古埃磁天平（包括特斯拉计、样品管），红外光谱仪，分析天平，托盘天平，烧杯，量筒，漏斗，布氏漏斗，吸滤瓶，真空泵，蒸发皿，试管，表面皿，吸量管等。

液体试剂：H_2O_2（30%），$NH_3\cdot H_2O$（6 mol·L^{-1}），HCl（6 mol·L^{-1}），磺基水杨酸（25%），$K_3[Fe(CN)_6]$（3.5%）。

固体试剂：$(NH_4)_2Fe(SO_4)_2\cdot 6H_2O$，KOH，$H_2C_2O_4\cdot 2H_2O$，$K_3[Fe(CN)_6]$。

材料：滤纸，图案（如钥匙、印有清晰图案的透明塑料等）。

实验内容

一、$K_3[Fe(C_2O_4)_3]\cdot 3H_2O$ 的制备

称取 5 g $(NH_4)_2Fe(SO_4)_2\cdot 6H_2O$ 放入 250 mL 烧杯中，加入 100 mL 水，加热溶解。加入 5 mL 30% H_2O_2，搅拌，微热。溶液变为棕红色并有少量棕色沉淀生成，往此烧杯中再加入一定体积（按计算量过量50%）的 6 mol·L^{-1}氨水至溶液中，使氢氧化铁沉淀完全，直接加热，不断搅拌，煮沸后静置，倾去上层清液。在留下的沉淀中加入 100 mL 蒸馏水，进行同样操作洗涤沉淀，然后进行减压过滤。再用 50 mL 热蒸馏水洗涤沉淀，抽干，得氢氧化铁沉淀。

称取 2 g KOH 和 4 g $H_2C_2O_4\cdot 2H_2O$ 并溶解在 100 mL 蒸馏水中，加热使其完全溶解后，得 KHC_2O_4 溶液，在搅动下，将 $Fe(OH)_3$ 沉淀连同滤纸一起放入 KHC_2O_4 溶液中。加热，使 $Fe(OH)_3$ 溶解。减压过滤，除去不溶物，将滤液收集在蒸发皿中，在水浴上加热浓缩，及时将壁上析出的晶体捅入溶液中，浓缩至约 20 mL，将溶液转移至 50 mL 的烧杯中，用冰水浴冷却，搅拌，便析出翠绿色晶体。待结晶完全后，减压过滤，获得粗产品。

将粗产品溶解于约 20 mL 的热蒸馏水中，趁热过滤，将滤液在冰水中冷却、结晶、过滤，并用少量冷却的蒸馏水洗涤晶体，在空气中干燥后得纯品。称重，计算产率。重结晶的配合物应置于干燥器内避光保存。

二、配合物的感光性质

1. 将少量产品放在表面皿上，在日光下观察晶体颜色变化。并与放在暗处的晶体比较。

2. 配感光液：取 0.3~0.5 g 产品，加蒸馏水 5 mL 配成溶液，用滤纸做成感光纸。附上图案，在日光下直射数分钟，曝光后去掉图案，用 3.5% $K_3[Fe(CN)_6]$ 溶液润湿或漂洗即显影出图案来。

3. 制感光纸：按 0.3 g 产品、0.4 g $K_3[Fe(CN)_6]$、5 mL 蒸馏水的比例配成溶液，涂在滤纸上即成黄色的感光纸。附上图案，在日光下直射数分钟，曝光部分呈蓝色，被遮盖的部分呈黄色，从而显影出图案来。再用大量水洗去未感光的三草酸根合铁(Ⅲ)酸钾完成定影过程。

三、$K_3[Fe(C_2O_4)_3]\cdot 3H_2O$ 中 Fe^{3+} 含量的测定

样品溶液的配制：准确称取 2.000 g 干燥的产品溶于 50 mL 蒸馏水中，加入 1 mL 6 mol·L^{-1} 的盐酸，移入 100 mL 容量瓶中，用蒸馏水定容。吸取上述溶液 5 mL 于 500 mL 容量瓶中定容。为防止见光分解，将该溶液保存在暗处。

吸取 1 mg·mL^{-1} Fe^{3+} 标准溶液 10 mL 于 100 mL 容量瓶中，配制成 0.1 mg·mL^{-1} 的 Fe^{3+} 标准溶液。如表 6.3 所示，用吸量管分别吸取 0 mL、1.0 mL、

2.5 mL、5.0 mL、7.5 mL、10.0 mL、12.5 mL、15.0 mL 0.1 mg·mL^{-1} 的 Fe^{3+} 标准溶液于 100 mL 容量瓶中，用蒸馏水稀释到约 50 mL，加入 5 mL 25%的磺基水杨酸，用 6 mol·L^{-1} 氨水中和至呈黄色后，再多加 1 mL 氨水，用蒸馏水定容，摇匀。以 25.0 mL 样品溶液代替 Fe^{3+} 标准溶液，以同样的方法配制样品的比色用溶液。在分光光度计上，用 1 cm 的比色皿在 450 nm 波长处测量各 Fe^{3+} 标准溶液和样品溶液的吸光度 A。第 1 次测定完成后，让老师审阅数据，根据老师的要求再补充测定某些实验数据。

表 6.3 分光光度法测定 Fe^{3+} 数据记录表

编号	$V(Fe^{3+})$/mL	$c(Fe^{3+})$/ mg·mL^{-1}	吸光度 A			
			第 1 次	第 2 次	第 3 次	平均值
1	0					
2	1.0					
3	2.5					
4	5.0					
5	7.5					
6	10.0					
7	12.5					
8	15.0					
样品	25.0					

根据上表，作标准曲线，从标准曲线上求得样品中 Fe^{3+} 的含量。

四、配离子电荷的测定

用电导率仪测定溶液的电导率，由测得的电导率计算摩尔电导率 Λ_m（$\Lambda_m = \kappa \times \dfrac{10^{-3}}{c}$），并参照表 6.4 确定配离子电荷。

表 6.4 不同溶剂中不同类型电解质溶液 Λ_m（S·cm^2·mol^{-1}）（25℃）

电解质类型	Λ_m/S·cm^2·mol^{-1}			
	水	甲醇	乙醇	丙酮
1∶1	110~131	80~115	35~45	100~140
2∶1	235~273	160~220	70~90	160~200
3∶1	408~435	290~350	~120	~270
4∶1	523~560	~450	~160	~360

五、配合物的红外光谱分析

用 KBr 压片法测定配合物的红外光谱。根据官能团的特征吸收频率说明样品所含官能团，并与标准红外光谱图对照，初步确定是何种配合物。

六、配合物磁化率的测定

以 $(NH_4)_2Fe(SO_4)_2 \cdot 6H_2O(s)$ 为标定物，用古埃磁天平测定配合物的磁化率，计算配合物的有效磁矩，确定中心离子 Fe^{3+} 的 d 电子组态，说明草酸根是强场配体还是弱场配体。

选做实验

1. 通过对 Fe^{3+}、K^+、$C_2O_4^{2-}$ 的定性分析来初步确定配合物的内界和外界。
2. 设计实验方案对所合成配合物的 K^+ 含量进行测定。
3. 设计实验方案对所合成配合物的 $C_2O_4^{2-}$ 含量进行测定。

注意事项

$1\ mg \cdot mL^{-1}\ Fe^{3+}$ 标准溶液的配制：将铁丝(GR)用砂纸打磨后用蒸馏水洗净，烘干，准确称量该铁丝 1.000 g 于小烧杯中，加入 30 mL 6 $mol \cdot L^{-1}$ 盐酸，在低温电热板上加热，待铁丝全部溶解后，移入 1 000 mL 容量瓶，用蒸馏水定容。

在测定配合物磁化率时，所测样品应事先研细，放在装有浓硫酸的干燥器中干燥。空样品管需干燥洁净。装样时使样品均匀填实。称量时，样品管应正好处于两磁极之间，其底部与磁极中心线齐平。悬挂样品管的悬线勿与任何物件相接触。样品倒回试剂瓶时，注意瓶上所贴标签，不要倒错瓶子。

问题与思考

1. 如何确定配合物中草酸根的含量？
2. 查阅文献，举例说明除电导法之外的另外一种测定配离子电荷的方法。
3. 为什么不用 $FeCl_3 \cdot 6H_2O$ 配制 Fe^{3+} 标准溶液？
4. 结合实验解释下列名词术语的含义：曝光、潜影、显影、定影、晒图。

第 7 章 无机化学实验常用数据

7.1 无机化学实验中一些溶液的配制方法

（1）0.5 mol·L^{-1} Na$_2$S 溶液

称取 120 g Na$_2$S·9H$_2$O 和 40 g NaOH 溶于适量水中，用水稀释至 1 L，混匀。

（2）3 mol·L^{-1} (NH$_4$)$_2$S 溶液

通 H$_2$S 于 200 mL 浓 NH$_3$·H$_2$O 中直至饱和，然后再加 200 mL 浓 NH$_3$·H$_2$O，最后加水稀释至 1 L，混匀。

（3）0.25 mol·L^{-1} SnCl$_2$ 溶液

称取 56.4 g SnCl$_2$·2H$_2$O 溶于 100 mL 浓 HCl 中，加水稀释至 1 L，在溶液中放几颗纯锡粒。

（4）0.1 mol·L^{-1} SbCl$_3$ 溶液

称取 22.8 g SbCl$_3$ 于 330 mL 6 mol·L^{-1} HCl 中，加水稀释至 1 L。

（5）0.5 mol·L^{-1} FeCl$_3$ 溶液

称取 135.2 g 氯化铁 FeCl$_3$·6H$_2$O 溶于 100 mL 6 mol·L^{-1} HCl 中，加水稀释至 1 L。

（6）0.1 mol·L^{-1} FeCl$_3$ 溶液

称取 27 g FeCl$_3$·6H$_2$O 溶于含有 4 mL 浓 HCl 的水中，再稀释至 1 L。

（7）0.1 mol·L^{-1} CrCl$_3$ 溶液

称取 26.7 g CrCl$_3$·6H$_2$O 溶于 30 mL 6 mol·L^{-1} HCl 中，加水稀释至 1 L。

（8）0.1 mol·L^{-1} Hg$_2$(NO$_3$)$_2$ 溶液

称取 56 g Hg$_2$(NO$_3$)$_2$·2H$_2$O，溶于 250 mL 6 mol·L^{-1} HNO$_3$ 中，加水稀释至 1 L，并加入少许金属汞。

（9）0.25 mol·L^{-1} Pb(NO$_3$)$_2$ 溶液

称取 83 g Pb(NO$_3$)$_2$，溶于少量水中，加入 15 mL 6 mol·L^{-1} HNO$_3$，加水稀释至 1 L。

（10）0.1 mol·L^{-1} Bi(NO$_3$)$_3$ 溶液

称取 48.5 g Bi(NO$_3$)$_3$·5H$_2$O，溶于 250 mL 1 mol·L^{-1} HNO$_3$ 中，加水稀释

至 1 L。

（11）0.1 mol·L^{-1} BiCl$_3$ 溶液

溶解 31.6 g BiCl$_3$ 于 330 mL 6 mol·L^{-1} HCl 中，加水稀释至 1 L。

（12）0.25 mol·L^{-1} FeSO$_4$ 溶液

称取 69.5 g FeSO$_4$·7H$_2$O，溶于适量水中，加入 5 mL 18 mol·L^{-1} 浓 H$_2$SO$_4$，再加水稀释至 1 L，并置入小铁钉数枚。

（13）0.5 mol·L^{-1} (NH$_4$)$_2$Fe(SO$_4$)$_2$ 溶液

溶解 196 g FeSO$_4$·(NH$_4$)$_2$SO$_4$·6H$_2$O 于含有 4 mL 浓 H$_2$SO$_4$ 的适量水中，再稀释至 1 L（用时新配）。

（14）饱和 Cl$_2$ 水

将 Cl$_2$ 通入水中至饱和为止（使用前临时配制）。

（15）饱和 Br$_2$ 水

在带有良好磨口塞的玻璃瓶内，将市售的液溴约 50 g(16 mL)注入水中，剧烈振荡 2 h，每次振荡之后微开塞子，使积聚的溴蒸气放出。在储存瓶底总有过量的溴。将 Br$_2$ 水倒入试剂瓶时，剩余的 Br$_2$ 应留于储存瓶中，而不倒入试剂瓶。倾倒 Br$_2$ 或 Br$_2$ 水时，应在通风橱中进行，将凡士林涂在手上或带胶皮手套操作，以防 Br$_2$ 蒸气灼伤。

（16）0.005 mol·L^{-1} I$_2$ 水

将 1.3 g I$_2$ 和 5 g KI 溶解在尽可能少量的水中，充分搅动，待 I$_2$ 完全溶解后，再加水稀释至 1 L。

（17）3%亚硝酰铁氰化钠溶液

称取 3 g Na$_2$[Fe(CN)$_5$NO]·2H$_2$O 并溶于 100 mL 水中。

（18）0.5%淀粉溶液

称取易溶淀粉 1 g 和 HgCl$_2$ 5 mg（作防腐剂）置于烧杯中，加水少许调成薄浆，然后倾入 200 mL 沸水中。

（19）奈斯勒试剂

称取 115 g HgI$_2$ 和 80 g KI 溶于足量的水中，稀释至 500 mL，然后加入 500 mL 6 mol·L^{-1} NaOH 溶液，静置后取其清液保存于棕色瓶中。

（20）0.34%对氨基苯磺酸溶液

0.5 g 对氨基苯磺酸溶于 150 mL 2 mol·L^{-1} HOAc 溶液中。

（21）0.12% α-奈胺溶液

0.3 g α-奈胺加 20 mL 水，加热煮沸，在所得溶液中加入 150 mL 2 mol·L^{-1} HOAc。

（22）六硝基合钴(III)酸钠溶液

方法一：称取 Na$_3$[Co(NO$_2$)$_6$]和 NaOAc 各 20 g，溶解于 20 mL 冰醋酸和

80 mL 水的混合溶液中，储于棕色瓶中备用。久置溶液，颜色由棕变红即失效。

方法二：溶解 220 g $NaNO_2$ 于 500 mL H_2O 中，加入 165 mL 6 mol·L^{-1} HOAc 和 30 g $Co(NO_3)_2$·$6H_2O$ 放置 24 h，取其清液，稀释至 1 L，并保存在棕色瓶中。此溶液应呈橙色，若变成红色，表示已分解，应重新配制。

（23）NH_3·H_2O－NH_4Cl 缓冲溶液（pH=10.0）

称取 20.00 g $NH_4Cl(s)$ 溶于适量水中，加入 100.00 mL 浓氨水（密度 0.9 g·mL^{-1}），混合后稀释至 1L。

（24）邻苯二甲酸氢钾—氢氧化钠缓冲溶液（pH=4.00）

量取 0.200 mol·L^{-1} 邻苯二甲酸氢钾溶液 250.00 mL，0.100 mol·L^{-1} 氢氧化钠溶液 4.00 mL，混合后稀释至 1 L。

（25）钼酸铵溶液

将 5 g 钼酸铵溶于 100 mL 水中，加入 35 mL HNO_3（密度 1.2 g·mL^{-1}）。

（26）5%硫代乙酰胺溶液

5 g 硫代乙酰胺溶于 100 mL 水中。

（27）0.01%二苯硫腙溶液

10 mg 二苯硫腙溶于 100 mL CCl_4 中。

（28）1%丁二酮肟溶液

1 g 丁二酮肟溶于 100 mL 95%乙醇中。

7.2 常用弱酸在水中的解离常数（298 K，I=0）

弱酸名称	分子式	$K_a^{\ominus}$	p$K_a^{\ominus}$
砷酸	H_3AsO_4	6.3×10^{-3} ($K_{a1}^{\ominus}$)	2.20
		1.0×10^{-7} ($K_{a2}^{\ominus}$)	7.00
		3.2×10^{-12} ($K_{a3}^{\ominus}$)	11.50
亚砷酸	$HAsO_2$	6.0×10^{-10} ($K_a^{\ominus}$)	9.22
硼酸	H_3BO_3	5.8×10^{-10} ($K_a^{\ominus}$)	9.24
碳酸	H_2CO_3 (CO_2+H_2O)	4.2×10^{-7} ($K_{a1}^{\ominus}$)	6.38
		5.6×10^{-11} ($K_{a2}^{\ominus}$)	10.25
氢氟酸	HF	6.6×10^{-4} ($K_a^{\ominus}$)	3.18
次氯酸	HClO	2.9×10^{-8} ($K_a^{\ominus}$)	7.54
亚硝酸	HNO_2	5.1×10^{-4} ($K_a^{\ominus}$)	3.29
过氧化氢	H_2O_2	1.8×10^{-12} ($K_a^{\ominus}$)	11.75

续表

弱酸名称	分子式	$K_a^{\ominus}$	$pK_a^{\ominus}$
磷酸	H_3PO_4	7.6×10^{-3} ($K_{a1}^{\ominus}$)	2.12
		6.3×10^{-8} ($K_{a2}^{\ominus}$)	7.20
		4.4×10^{-13} ($K_{a3}^{\ominus}$)	12.36
氢硫酸	H_2S	1.3×10^{-7} ($K_{a1}^{\ominus}$)	6.88
		7.1×10^{-15} ($K_{a2}^{\ominus}$)	14.15
硫酸	H_2SO_4	1.0×10^{-2} ($K_{a2}^{\ominus}$)	1.99
亚硫酸	H_2SO_3(SO_2+H_2O)	1.3×10^{-2} ($K_{a1}^{\ominus}$)	1.90
		6.3×10^{-8} ($K_{a2}^{\ominus}$)	7.20
偏硅酸	H_2SiO_3	1.7×10^{-10} ($K_{a1}^{\ominus}$)	9.77
		1.6×10^{-12} ($K_{a2}^{\ominus}$)	11.8
乙酸	CH_3COOH(HOAc)	1.8×10^{-5} ($K_a^{\ominus}$)	4.74
一氯乙酸	$CH_2ClCOOH$	1.4×10^{-3} ($K_a^{\ominus}$)	2.86
草酸	$H_2C_2O_4$	5.9×10^{-2} ($K_{a1}^{\ominus}$)	1.22
		6.4×10^{-5} ($K_{a2}^{\ominus}$)	4.19
d-酒石酸	$HOOC(CHOH)_2COOH$	9.1×10^{-4} ($K_{a1}^{\ominus}$)	3.04
		4.3×10^{-5} ($K_{a2}^{\ominus}$)	4.37
苯酚	C_6H_5OH	1.1×10^{-10} ($K_a^{\ominus}$)	9.95
乙二胺四乙酸	H_6-EDTA^{2+}	0.1 ($K_{a1}^{\ominus}$)	0.9
	H_5-EDTA$^+$	3×10^{-2} ($K_{a2}^{\ominus}$)	1.6
	H_4-EDTA	8.5×10^{-3} ($K_{a3}^{\ominus}$)	2.07
	H_3-EDTA$^-$	2.1×10^{-3} ($K_{a4}^{\ominus}$)	2.67
	H_2-EDTA^{2-}	6.9×10^{-7} ($K_{a5}^{\ominus}$)	6.16
	H-EDTA^{3-}	5.5×10^{-11} ($K_{a6}^{\ominus}$)	10.26

7.3 常用弱碱在水中的解离常数（298 K，$I=0$）

弱碱名称	分子式	$K_b^{\ominus}$	$pK_b^{\ominus}$
苯胺	$C_6H_5NH_2$	4.0×10^{-10} ($K_b^{\ominus}$)	9.40
氨水	$NH_3\cdot H_2O$	1.8×10^{-5} ($K_b^{\ominus}$)	4.74
羟胺	NH_2OH	9.1×10^{-9} ($K_b^{\ominus}$)	8.04

续表

弱碱名称	分子式	$K_b^{\ominus}$	$pK_b^{\ominus}$
联氨	H_2NNH_2	3.0×10^{-6} ($K_{b1}^{\ominus}$)	5.52
		7.6×10^{-15} ($K_{b2}^{\ominus}$)	14.12
乙二胺	$H_2NCH_2CH_2NH_2$	8.5×10^{-5} ($K_{b1}^{\ominus}$)	4.07
		7.1×10^{-8} ($K_{b2}^{\ominus}$)	7.15
吡啶	C_5H_5N	1.7×10^{-9} ($K_b^{\ominus}$)	8.77

7.4　常用微溶化合物的溶度积常数（298 K，$I=0$）

微溶化合物	$K_{sp}^{\ominus}$	微溶化合物	$K_{sp}^{\ominus}$
AgBr	4.1×10^{-13}	BiOCl	1.8×10^{-31}
Ag_2CO_3	8.1×10^{-12}	Bi_2S_3	1.0×10^{-87}
AgCl	1.8×10^{-10}	$CaCO_3$	2.9×10^{-9}
Ag_2CrO_4	2.0×10^{-12}	CaF_2	2.7×10^{-11}
AgCN	1.2×10^{-16}	$CaC_2O_4 \cdot H_2O$	2.0×10^{-9}
AgOH	2.0×10^{-8}	$Ca_3(PO_4)_2$	2.0×10^{-29}
AgI	9.3×10^{-17}	$CaSO_4$	9.1×10^{-6}
$Ag_2C_2O_4$	3.5×10^{-11}	$CdCO_3$	5.2×10^{-12}
$AgNO_2$	6.0×10^{-4}	$Cd(OH)_2$ (新析出)	2.5×10^{-14}
Ag_3PO_4	1.4×10^{-16}	CdS	8.0×10^{-27}
Ag_2SO_4	1.4×10^{-5}	$Co(OH)_2$ (新析出)	2.0×10^{-15}
Ag_2S	2×10^{-49}	$Co(OH)_3$	2.0×10^{-44}
AgSCN	1.0×10^{-12}	$Co[Hg(SCN)_4]$	1.5×10^{-6}
$Al(OH)_3$ (无定形)	1.3×10^{-33}	CoS (α 型)	4.0×10^{-21}
As_2S_3	2.1×10^{-22}	CoS (β 型)	2.0×10^{-25}
$BaCO_3$	5.1×10^{-9}	$Cr(OH)_3$	1.0×10^{-31}
$BaCrO_4$	1.2×10^{-10}	CuBr	5.2×10^{-9}
$BaC_2O_4 \cdot H_2O$	2.3×10^{-8}	CuCl	1.2×10^{-6}
$BaSO_4$	1.1×10^{-10}	CuCN	3.2×10^{-20}
$BaSO_3$	8.0×10^{-7}	CuI	1.1×10^{-12}
$Bi(OH)_3$	4.0×10^{-31}	CuOH	1.0×10^{-14}
BiOOH	4.0×10^{-10}	Cu_2S	2.5×10^{-48}

微溶化合物	$K_{sp}^{\ominus}$	微溶化合物	$K_{sp}^{\ominus}$
$FeC_2O_4 \cdot 2H_2O$	3.2×10^{-7}	$NiS(\gamma 型)$	2.0×10^{-26}
$Fe_4[Fe(CN)_6]_3$	3.3×10^{-41}	$PbCrO_4$	2.8×10^{-13}
$Fe(OH)_3$	4.0×10^{-38}	$PbCO_3$	7.4×10^{-14}
Hg_2CO_3	3.6×10^{-17}	$PbCl_2$	1.6×10^{-5}
Hg_2CrO_4	2.0×10^{-9}	$Pb(OH)_2$	1.2×10^{-15}
Hg_2I_2	4.5×10^{-29}	PbS	8.0×10^{-28}
Hg_2S	1.0×10^{-47}	PbI_2	7.1×10^{-9}
$Hg(OH)_2$	3.0×10^{-26}	$PbSO_4$	1.6×10^{-8}
HgS (红色)	4.0×10^{-53}	$Pb(OH)_4$	3.0×10^{-66}
HgS (黑色)	2.0×10^{-52}	$Sb(OH)_3$	4.0×10^{-42}
$MgCO_3$	6.82×10^{-6}	Sb_2S_3	2.0×10^{-93}
MgF_2	6.4×10^{-9}	$Sn(OH)_2$	1.4×10^{-28}
$Mg(OH)_2$	1.8×10^{-11}	SnS	1.0×10^{-25}
$MnCO_3$	1.8×10^{-11}	$Sn(OH)_4$	1.0×10^{-56}
$Mn(OH)_2$	1.9×10^{-13}	SnS_2	2.0×10^{-27}
MnS (无定形)	3.0×10^{-10}	$SrCO_3$	1.1×10^{-10}
$NiCO_3$	1.4×10^{-7}	$SrCrO_4$	2.2×10^{-5}
$Ni(OH)_2$ (新析出)	2.0×10^{-15}	$SrC_2O_4 \cdot H_2O$	1.6×10^{-7}
$Ni_3(PO_4)_2$	5.0×10^{-31}	$ZnCO_3$	1.4×10^{-10}
$NiS(\alpha 型)$	3.0×10^{-19}	$Zn(OH)_2$	1.2×10^{-17}
$NiS(\beta 型)$	1.0×10^{-24}	ZnS	2.9×10^{-25}

7.5 常用配合物的稳定常数

配离子	$K_{稳}$	配离子	$K_{稳}$
$[AgCl_2]^-$	1.1×10^5	$[Ag(S_2O_3)_2]^{3-}$	2.9×10^{13}
$[AgBr_2]^-$	2.1×10^7	$[Ag(NH_3)_2]^+$	1.1×10^7
$[AgI_2]^-$	5.5×10^{11}	$[AlF_6]^{3-}$	6.9×10^{19}
$[Ag(CN)_2]^-$	1.0×10^{21}	$[Al(C_2O_4)_3]^{3-}$	2.0×10^{16}
$[Ag(SCN)_2]^-$	4.0×10^8	$[Au(CN)_2]^-$	2.0×10^{38}

续表

配离子	$K_稳$	配离子	$K_稳$
$[AuCl_4]^-$	$2.0×10^{21}$	$[FeF_6]^{3-}$	$1.0×10^{16}$
$[CaEDTA]^{2-}$	$1.0×10^{11}$	$[Fe(CN)_6]^{3-}$	$1.0×10^{42}$
$[CdCl_4]^{2-}$	$3.1×10^2$	$[Fe(NCS)_6]^{3-}$	$1.3×10^9$
$[CdI_4]^{2-}$	$2.7×10^6$	$[Fe(C_2O_4)_3]^{3-}$	$1.0×10^{20}$
$[Cd(CN)_4]^{2-}$	$1.3×10^{18}$	FeX①	$4.4×10^{14}$
$[Cd(SCN)_4]^{2-}$	$1.0×10^3$	$[FeX_2]^{3-①}$	$1.5×10^{25}$
$[Cd(NH_3)_4]^{2+}$	$3.6×10^6$	$[FeX_3]^{6-①}$	$1.2×10^{32}$
$[Co(NH_3)_6]^{2+}$	$1.3×10^5$	$[HgCl_4]^{2-}$	$1.6×10^{15}$
$[Co(CN)_6]^{3-}$	$1.0×10^{64}$	$[HgBr_4]^{2-}$	$1.0×10^{21}$
$[Co(NH_3)_6]^{3+}$	$1.4×10^{35}$	$[HgI_4]^{2-}$	$7.2×10^{29}$
$[Cr(OH)_4]^-$	$7.94×10^{29}$	$[Hg(CN)_4]^{2-}$	$3.3×10^{41}$
$[CuCl_2]^-$	$3.2×10^5$	$[Hg(SCN)_4]^{2-}$	$7.7×10^{21}$
$[CuBr_2]^-$	$7.8×10^5$	$[Hg(NH_3)_4]^{2+}$	$1.9×10^{19}$
$[CuI_2]^-$	$7.1×10^8$	$[Ni(CN)_4]^{2-}$	$1.0×10^{22}$
$[Cu(CN)_2]^-$	$1.0×10^{24}$	$[Ni(NH_3)_6]^{2+}$	$5.5×10^8$
$[Cu(SCN)_2]^-$	$1.5×10^5$	$[Ni(en)_3]^{2+}$	$3.9×10^{18}$
$[Cu(NH_3)_2]^+$	$7.4×10^{10}$	$[PbI_4]^{2-}$	$2.9×10^4$
$[Cu(NH_3)_4]^{2+}$	$2.1×10^{13}$	$[Zn(CN)_4]^{2-}$	$5.0×10^{16}$
$[Cu(en)_2]^{2+}$	$4.0×10^{19}$	$[Zn(SCN)_4]^{2-}$	$2.0×10^1$
$[Cu(OH)_4]^{2-}$	$3.16×10^{18}$	$[ZnEDTA]^{2-}$	$2.5×10^{16}$
$[Fe(CN)_6]^{4-}$	$1.0×10^{35}$	$[Zn(NH_3)_4]^{2+}$	$4.9×10^8$
$[FeEDTA]^{2-}$	$2.14×10^{14}$	$[Zn(en)_2]^{2+}$	$6.8×10^{10}$
$[FeEDTA]^-$	$1.70×10^{24}$	$[Zn(OH)_4]^{2-}$	$4.6×10^{17}$

注：①X—磺基水杨酸根

7.6 常用酸性溶液中电对的标准电极电势（298 K，$P^{\ominus}$ = 100 kPa）

电 对	电极反应	$E^{\ominus}$/V
Zn^{2+}/Zn	$Zn^{2+} + 2e^- = Zn$	−0.761 8
Fe^{2+}/Fe	$Fe^{2+} + 2e^- = Fe$	−0.447

续表

电 对	电极反应	$E^{\ominus}$/V
AgI/Ag	$AgI + e^- = Ag + I^-$	−0.152 24
Sn^{2+}/Sn	$Sn^{2+} + 2e^- = Sn$	−0.137 5
AgBr/Ag	$AgBr + e^- = Ag + Br^-$	0.071 33
S/H_2S	$S + 2H^+ + 2e^- = H_2S(aq)$	0.142
Sn^{4+}/Sn^{2+}	$Sn^{4+} + 2e^- = Sn^{2+}$	0.15
Cu^{2+}/Cu^+	$Cu^{2+} + e^- = Cu^+$	0.158
SO_4^{2-}/H_2SO_3	$SO_4^{2-} + 4H^+ + 2e^- = H_2SO_3 + H_2O$	0.172
SbO^+/Sb	$SbO^+ + 2H^+ + 3e^- = Sb + H_2O$	0.212
BiO^+/Bi	$BiO^+ + 2H^+ + 3e^- = Bi + H_2O$	0.212
AgCl/Ag	$AgCl + e^- = Ag + Cl^-$	0.222 33
Hg_2Cl_2/Hg	$Hg_2Cl_2 + e^- = 2Hg + 2Cl^-$ (饱和 KCl)	0.268 08
Cu^{2+}/Cu	$Cu^{2+} + 2e^- = Cu$	0.3419
Cu^+/Cu	$Cu^+ + e^- = Cu$	0.521
I_2/I^-	$I_2(s) + 2e^- = 2I^-$	0.535
$HgCl_2$/Hg_2Cl_2	$2HgCl_2 + 2e^- = Hg_2Cl_2 + 2Cl^-$	0.63
O_2/H_2O_2	$O_2 + 4H^+ + 4e^- = 2H_2O$	0.695
Fe^{3+}/Fe^{2+}	$Fe^{3+} + e^- = Fe^{2+}$	0.771
Hg_2^{2+}/Hg	$Hg_2^{2+} + 2e^- = 2Hg$	0.795 9
Ag^+/Ag	$Ag^+ + e^- = Ag$	0.799 6
Hg^{2+}/Hg	$Hg^{2+} + 2e^- = Hg$	0.8
Cu^{2+}/CuI	$Cu^{2+} + I^- + e^- = CuI$	0.86
Hg^{2+}/Hg_2^{2+}	$2Hg^{2+} + 2e^- = Hg_2^{2+}$	0.920
NO_3^-/NO	$NO_3^- + 4H^+ + 3e^- = NO + 2H_2O$	0.957
HNO_2/NO	$HNO_2 + H^+ + e^- = NO + H_2O$	0.983
IO_3^-/I^-	$IO_3^- + 6H^+ + 6e^- = I^- + 3H_2O$	1.085
Br_2/Br^-	$Br_2 + 2e^- = 2Br^-$	1.087 3
IO_3^-/I_2	$2IO_3^- + 12H^+ + 10e^- = I_2 + 6H_2O$	1.195
MnO_2/Mn^{2+}	$MnO_2 + 4H^+ + 2e^- = Mn^{2+} + 2H_2O$	1.224
O_2/H_2O	$O_2 + 4H^+ + 4e^- = 2H_2O$	1.229
$Cr_2O_7^{2-}$/Cr^{3+}	$Cr_2O_7^{2-} + 14H^+ + 6e^- = 2Cr^{3+} + 7H_2O$	1.33
Cl_2/Cl^-	$Cl_2 + 2e^- = 2Cl^-$	1.358 27

续表

电　对	电极反应	$E^{\ominus}/V$
ClO_3^-/Cl^-	$ClO_3^- + 6H^+ + 6e^- = Cl^- + 3H_2O$	1.451
PbO_2/Pb^{2+}	$PbO_2 + 4H^+ + 2e^- = Pb^{2+} + 2H_2O$	1.455
ClO_3^-/Cl_2	$2ClO_3^- + 12H^+ + 10e^- = Cl_2 + 6H_2O$	1.47
MnO_4^-/Mn^{2+}	$MnO_4^- + 8H^+ + 5e^- = Mn^{2+} + 4H_2O$	1.507
Bi_2O_5/BiO^+	$Bi_2O_5 + 6H^+ + 4e^- = 2BiO^+ + 3H_2O$	1.6
$HClO/Cl_2$	$2HClO + 2H^+ + 2e^- = Cl_2 + 2H_2O$	1.661
MnO_4^-/MnO_2	$MnO_4^- + 4H^+ + 3e^- = MnO_2 + 2H_2O$	1.679
H_2O_2/H_2O	$H_2O_2 + 2H^+ + 2e^- = 2H_2O$	1.776
Co^{3+}/Co^{2+}	$Co^{3+} + e^- = Co^{2+}$	1.83
$S_2O_8^{2-}/SO_4^{2-}$	$S_2O_8^{2-} + 2e^- = 2SO_4^{2-}$	2.010

7.7　常用碱性溶液中电对的标准电极电势（298 K，$P^{\ominus}$ = 100 kPa）

电　对	电极反应	$E^{\ominus}/V$
ZnO_2^{2-}/Zn	$ZnO_2^{2-} + 2H_2O + 2e^- = Zn + 4OH^-$	−1.215
$[Sn(OH)_6]^{2-}/HSnO_2^-$	$[Sn(OH)_6]^{2-} + 2e^- = HSnO_2^- + H_2O + 3OH^-$	−0.93
SO_4^{2-}/SO_3^{2-}	$SO_4^{2-} + H_2O + 2e^- = SO_3^{2-} + 2OH^-$	−0.93
$HSnO_2^-/Sn$	$HSnO_2^- + H_2O + 2e^- = Sn + 3OH^-$	−0.909
$Fe(OH)_3/Fe(OH)_2$	$Fe(OH)_3 + e^- = Fe(OH)_2 + OH^-$	−0.56
S/S^{2-}	$S + 2e^- = S^{2-}$	−0.476
Bi_2O_3/Bi	$Bi_2O_3 + 3H_2O + 6e^- = 2Bi + 6OH^-$	−0.46
NO_2^-/NO	$NO_2^- + H_2O + e^- = NO + 2OH^-$	−0.46
$[Ag(CN)_2]^-/Ag$	$[Ag(CN)_2]^- + e^- = Ag + 2CN^-$	−0.31
O_2/HO_2^-	$O_2 + H_2O + 2e^- = HO_2^- + OH^-$	−0.076
NO_3^-/NO_2^-	$NO_3^- + H_2O + 2e^- = NO_2^- + 2OH^-$	0.01
$S_4O_6^{2-}/S_2O_3^{2-}$	$S_4O_6^{2-} + 2e^- = 2S_2O_3^{2-}$	0.08
$[Co(NH_3)_6]^{3+}/[Co(NH_3)_6]^{2+}$	$[Co(NH_3)_6]^{3+} + e^- = [Co(NH_3)_6]^{2+}$	0.108
$Co(OH)_3/Co(OH)_2$	$Co(OH)_3 + e^- = Co(OH)_2 + OH^-$	0.17
$[Fe(CN)_6]^{3-}/[Fe(CN)_6]^{4-}$	$[Fe(CN)_6]^{3-} + e^- = [Fe(CN)_6]^{4-}$	0.358

续表

电对	电极反应	$E^{\ominus}/V$
$[Ag(NH_3)_2]^+/Ag$	$[Ag(NH_3)_2]^+ + e^- = Ag + 2NH_3$	0.373
O_2/OH^-	$O_2 + 2H_2O + 4e^- = 4OH^-$	0.401
MnO_4^-/MnO_4^{2-}	$MnO_4^- + e^- = MnO_4^{2-}$	0.558
MnO_4^-/MnO_2	$MnO_4^- + 2H_2O + 3e^- = MnO_2 + 4OH^-$	0.595
MnO_4^{2-}/MnO_2	$MnO_4^{2-} + 2H_2O + 2e^- = MnO_2 + 4OH^-$	0.60
ClO_3^-/Cl^-	$ClO_3^- + 3H_2O + 6e^- = Cl^- + 6OH^-$	0.62
ClO^-/Cl^-	$ClO^- + H_2O + 2e^- = Cl^- + 2OH^-$	0.841

7.8 常用氢氧化物沉淀生成的 pH 条件

氢氧化物	pH 开始沉淀 初始浓度 $1\ mol \cdot L^{-1}$	pH 开始沉淀 初始浓度 $0.01\ mol \cdot L^{-1}$	沉淀完全
$Sn(OH)_4$	0	0.5	1
$TiO(OH)_2$	0	0.5	2.0
$Sn(OH)_2$	0.9	2.1	4.7
$ZrO(OH)_2$	1.3	2.3	3.8
HgO	1.3	2.4	5.0
$Fe(OH)_3$	1.5	2.3	4.1
$Al(OH)_3$	3.3	4.0	5.2
$Cr(OH)_3$	4.0	4.9	6.8
$Be(OH)_2$	5.2	6.2	8.8
$Zn(OH)_2$	5.4	6.4	8.0
Ag_2O	6.2	8.2	11.2
$Fe(OH)_2$	6.5	7.5	9.7
$Co(OH)_2$	6.6	7.6	9.2
$Ni(OH)_2$	6.7	7.7	9.5
$Cd(OH)_2$	7.2	8.2	9.7
$Mn(OH)_2$	7.8	8.8	10.4
$Mg(OH)_2$	9.4	10.4	12.4
$Pb(OH)_2$	—	7.2	8.7

7.9 常用缓冲溶液的 pH 范围

缓冲溶液	$pK_a^{\ominus}$	pH 缓冲范围
盐酸—邻苯二甲酸氢钾	3.1	2.2~4.0
乙酸—乙酸钠	4.8	3.6~5.6
邻苯二甲酸氢钾—氢氧化钾	5.4	4.0~6.2
磷酸二氢钾—氢氧化钠	7.2	5.8~8.0
磷酸二氢钾—硼砂	7.2	5.8~9.2
磷酸二氢钾—磷酸氢二钾	7.2	5.9~8.0
硼酸—硼砂	9.2	7.2~9.2
硼酸—氢氧化钠	9.2	8.0~10.0
氯化铵—氨水	9.3	8.3~10.3
碳酸氢钠—碳酸钠	10.3	9.2~11.0
磷酸氢二钠—氢氧化钠	12.4	11.0~12.0

7.10 常用酸碱指示剂的变色范围

指示剂	$pK_{HIn}^{\ominus}$	pH 变色范围	颜色		浓度
			酸色	碱色	
百里酚蓝（第一次变色）	1.6	1.2~2.8	红	黄	0.1%的20%乙醇溶液
甲基黄	3.3	2.9~4.0	红	黄	0.1%的90%乙醇溶液
甲基橙	3.4	3.1~4.4	红	橙黄	0.05%的水溶液
溴酚蓝	4.1	3.1~4.6	黄	紫	0.1%的20%乙醇溶液或其钠盐水溶液
溴甲酚绿	4.9	3.8~5.4	黄	蓝	0.1%的20%乙醇溶液
甲基红	5.2	4.4~6.2	红	黄	0.1%的60%乙醇溶液或其钠盐水溶液
溴甲酚紫	6.3	5.2~6.8	黄	紫	0.1%的20%乙醇溶液
中性红	7.4	6.8~8.0	红	黄橙	0.1%的60%乙醇溶液
酚酞	9.1	8.2~10.0	无	红	0.1%的60%乙醇溶液
百里酚蓝（第二次变色）	8.9	8.0~9.6	黄	蓝	0.1%的20%乙醇溶液
百里酚酞	10.0	9.4~10.6	无	蓝	0.1%的90%乙醇溶液

7.11 常见离子和化合物的颜色

物质	颜色
1. 离子	
$[Co(H_2O)_6]^{2+}$	粉红色
$[Co(NH_3)_6]^{2+}$	土黄色
$[Co(NH_3)_6]^{3+}$	红棕色
$[Co(NCS)_4]^{2-}$	蓝色
$[Cu(H_2O)_4]^{2+}$	蓝色
$[Cu(NH_3)_4]^{2+}$	深蓝色
$[Cu(OH)_4]^{2-}$	亮蓝色
$[CuCl_2]^{-}$	无色
$[Cu(NH_3)_2]^{+}$	无色
$[CuCl_4]^{2-}$	黄色
$[Cr(H_2O)_6]^{2+}$	天蓝色
$[Cr(H_2O)_6]^{3+}$	蓝紫色
$[Cr(NH_3)_6]^{3+}$	黄色
$[CrCl(H_2O)_5]^{2+}$	蓝绿色
$[CrCl_2(H_2O)_4]^{+}$	绿色
$[Cr(OH)_4]^{-}$	亮绿色
CrO_4^{2-}	黄色
$Cr_2O_7^{2-}$	橙色
$[Fe(H_2O)_6]^{2+}$	浅绿色
$[Fe(H_2O)_6]^{3+}$	淡紫色[①]
$[Fe(NCS)_n]^{3-n}$	血红色($n \leqslant 6$)
$[Fe(CN)_6]^{4-}$	黄色
$[Fe(CN)_6]^{3-}$	红棕色
$[FeCl_6]^{3-}$	黄色
$[FeF_6]^{3-}$	无色
$[Fe(C_2O_4)_3]^{3-}$	黄色
I_3^{-}	浅棕黄色
$[Mn(H_2O)_6]^{2+}$	肉色
MnO_4^{2-}	绿色
MnO_4^{-}	紫红色
$[Ti(H_2O)_6]^{3+}$	紫色

续表

物质	颜色
$[TiO(H_2O)_2]^{2+}$	橙色
TiO^{2+}	无色
$[V(H_2O)_6]^{2+}$	蓝紫色
$[V(H_2O)_6]^{3+}$	绿色
VO^{2+}	蓝色
VO_2^+	黄色
2. 氧化物	
Ag_2O	褐色
Bi_2O_3	黄色
CdO	棕黄色
CoO	灰绿色
Co_2O_3	黑色
Cr_2O_3	绿色
CrO_3	橙红色
CuO	黑色
Cu_2O	暗红色
FeO	黑色
Fe_2O_3	棕红色
Hg_2O	黑色
HgO	红色或黄色
MnO_2	棕色
MoO_2	紫色
Ni_2O_3	黑色
PbO_2	棕褐色
Pb_3O_4	红色
Pb_2O_3	橙色
Sb_2O_3	白色
TiO_2	白色
VO_2	深蓝色
V_2O_3	黑色
WO_2	棕红色
ZnO	白色
3. 氢氧化物	
$Al(OH)_3$	白色

续表

物质	颜色
$Bi(OH)_3$	白色
$BiO(OH)$	灰黄色
$Cd(OH)_2$	白色
$Cr(OH)_3$	灰绿色
$Co(OH)_2$	粉红色
$CoO(OH)$	褐色
$Cu(OH)$	黄色
$Cu(OH)_2$	浅蓝色
$Fe(OH)_2$	白色
$Fe(OH)_3$	红棕色
$Mg(OH)_2$	白色
$Mn(OH)_2$	白色
$MnO(OH)_2$	棕黑色
$Ni(OH)_2$	绿色
$NiO(OH)$	黑色
$Pb(OH)_2$	白色
$Sb(OH)_3$	白色
$Sn(OH)_2$	白色
$Sn(OH)_4$	白色
$Zn(OH)_2$	白色
4. 氯化物	
$AgCl$	白色
$BiOCl$	白色
$CrCl_3 \cdot 6H_2O$	绿色
$CoCl_2$	蓝色
$CoCl_2 \cdot H_2O$	蓝紫色
$CoCl_2 \cdot 2H_2O$	紫红色
$CoCl_2 \cdot 6H_2O$	粉红色
$Co(OH)Cl$	蓝色
$CuCl$	白色
$CuCl_2$	棕色
$CuCl_2 \cdot 2H_2O$	蓝色
$FeCl_3 \cdot 6H_2O$	棕黄色
Hg_2Cl_2	白色

续表

物质	颜色
$Hg(NH_2)Cl$	白色
$PbCl_2$	白色
$Sn(OH)Cl$	白色
$SbOCl$	白色
$TiCl_3 \cdot 6H_2O$	紫色或绿色
5. 溴化物	
$AgBr$	淡黄色
$PbBr_2$	白色
6. 碘化物	
AgI	黄色
CuI	白色
Hg_2I_2	黄绿色
HgI_2	红色
PbI_2	黄色
SbI_3	黄色
7. 硫酸盐	
Ag_2SO_4	白色
$BaSO_4$	白色
$CaSO_4$	白色
$CoSO_4 \cdot 7H_2O$	红色
$Cr_2(SO_4)_3$	桃红色
$Cr_2(SO_4)_3 \cdot 18H_2O$	紫色
$Cr_2(SO_4)_3 \cdot 6H_2O$	绿色
$Cu_2(OH)_2SO_4$	浅蓝色
$CuSO_4 \cdot 5H_2O$	蓝色
$[Fe(NO)]SO_4$	深棕色
Hg_2SO_4	白色
$HgSO_4 \cdot HgO$	黄色
$(NH_4)_2Fe(SO_4)_2 \cdot 6H_2O$	浅绿色
$NH_4Fe(SO_4)_2 \cdot 12H_2O$	浅紫色
$PbSO_4$	白色
$SrSO_4$	白色
8. 碳酸盐	
Ag_2CO_3	白色

物质	颜色
$BaCO_3$	白色
$Bi(OH)CO_3$	白色
$CaCO_3$	白色
$CdCO_3$	白色
$Cd_2(OH)_2CO_3$	白色
$Co_2(OH)_2CO_3$	红色
$Cu_2(OH)_2CO_3$	蓝色
$FeCO_3$	白色
$Hg_2(OH)_2CO_3$	红褐色
Hg_2CO_3	浅黄色
$Mg_2(OH)_2CO_3$	白色
$MnCO_3$	白色
$Ni_2(OH)_2CO_3$	浅绿色
$Pb_2(OH)_2CO_3$	白色
$SrCO_3$	白色
$Zn_2(OH)_2CO_3$	白色
9. 磷酸盐	
Ag_3PO_4	黄色
$BaHPO_4$	白色
$Ca_3(PO_4)_2$	白色
$CaHPO_4$	白色
$FePO_4$	浅黄色
$MgNH_4PO_4$	白色
10. 硅酸盐	
Ag_2SiO_3	黄色
$BaSiO_3$	白色
$CoSiO_3$	紫色
$CuSiO_3$	蓝色
$Fe_2(SiO_3)_3$	棕红色
$MnSiO_3$	肉色
$NiSiO_3$	翠绿色
$ZnSiO_3$	白色
11. 铬酸盐	
Ag_2CrO_4	砖红色

续表

物质	颜色
$BaCrO_4$	黄色
$CaCrO_4$	黄色
$CdCrO_4$	黄色
Hg_2CrO_4	棕色
$HgCrO_4$	红色
$PbCrO_4$	黄色
$SrCrO_4$	浅黄色
12. 草酸盐	
$Ag_2C_2O_4$	白色
BaC_2O_4	白色
CaC_2O_4	白色
FeC_2O_4	浅黄色
PbC_2O_4	白色
13. 拟卤化物	
$AgCN$	白色
$AgSCN$	白色
$CuCN$	白色
$Cu(CN)_2$	黄色
$Cu(SCN)_2$	黑绿色
$Ni(CN)_2$	浅绿色
14. 硫化物	
Ag_2S	黑色
As_2S_3	黄色
As_2S_5	黄色
Bi_2S_3	黑褐色
Bi_2S_5	黑褐色
CdS	黄色
CoS	黑色
Cu_2S	黑色
CuS	黑色
FeS	黑色
Fe_2S_3	黑色
HgS	红色或黑色
MnS	肉色

续表

物质	颜色
NiS	黑色
PbS	黑色
Sb_2S_3	橙色
Sb_2S_5	橙红色
SnS	褐色
SnS_2	黄色
ZnS	白色
15. 其他含氧酸盐	
$Ag_2S_2O_3$	白色
$BaSO_3$	白色
BaS_2O_3	白色
$NaBiO_3$	浅黄色
16. 其他化合物	
$Ag_4[Fe(CN)_6]$	白色
$Co_2[Fe(CN)_6]$	绿色
$Cu_2[Fe(CN)_6]$	棕红色
Hg_2NI	棕红色
$K[Fe(CN)_6Fe]$	深蓝色
$Ni_2[Fe(CN)_6]$	浅绿色
二(丁二酮肟)合镍（Ⅱ）	鲜红色
$(NH_4)_3PO_4 \cdot 12MoO_3 \cdot 6H_2O$	黄色
$Pb_2[Fe(CN)_6]$	白色
$Zn_2[Fe(CN)_6]$	白色
$Cr(OAc)_2 \cdot 2H_2O$	紫色
$K_2Na[Co(NO_2)_6]$	黄色
$K_2[PtCl_6]$	黄色
$Na[Sb(OH)_6]$	白色
$Na_2[Fe(CN)_5NO] \cdot 2H_2O$	红色

注：①溶液中因为水解生成$[Fe(H_2O)_5(OH)]^{2+}$而呈现棕黄色，未水解的$FeCl_3$溶液因为生成$FeCl_4^-$也会呈棕黄色。

7.12　一些无机化合物的溶解度[①]

化合物	溶解度/g	t/℃	化合物	溶解度/g	t/℃
$AgNO_3$	122	0	$KCl \cdot MgCl_2 \cdot 6H_2O$	64.5	20
$Al_2(SO_4)_3$	31.3	0	$K_2Cr_2O_7$	4.9	0
$Al_2(SO_4)_3 \cdot 18H_2O$	86.9	0	$KMnO_4$	6.38	20
$KAl(SO_4)_2 \cdot 12H_2O$	5.9	20	KI	127.5	0
H_3BO_3	6.35	20	KIO_3	4.74	0
$Na_2B_4O_7 \cdot 10H_2O$	2.01	0	K_2CO_3	112	20
$Ca(OH)_2$	0.185	0	$LiOH$	12.8	20
$CuSO_4$	14.3	0	$MgCl_2 \cdot 6H_2O$	167	20
$CuSO_4 \cdot 5H_2O$	31.6	0	$NaOH$	42	0
$Cr_2(SO_4)_3 \cdot 18H_2O$	120	20	NH_4Cl	29.7	0
$KCr(SO_4)_2 \cdot 12H_2O$	24.39	25	$(NH_4)_2SO_4$	70.6	0
$FeSO_4 \cdot H_2O$	50.9	70	$NH_4Fe(SO_4)_2 \cdot 12H_2O$	124.0	25
	43.6	80	$Na_2S_2O_3 \cdot 5H_2O$	79.4	0
	37.3	90	$(NH_4)_2CO_3 \cdot H_2O$	100	15
$FeSO_4 \cdot 7H_2O$	15.65	0	$NaHCO_3$	6.9	0
	26.5	20	NH_4HCO_3	11.9	0
	40.2	40	$Na_2C_2O_4$	3.7	20
	48.6	50	$(NH_4)_2C_2O_4 \cdot H_2O$	2.54	0
$(NH_4)_2Fe(SO_4)_2 \cdot 6H_2O$	26.9	20	$Na_2MoO_4 \cdot 2H_2O$	56.2	0
$HgCl_2$	6.9	20	Na_2CO_3	7.1	0
$H_2MoO_4 \cdot H_2O$	0.133	18	$Na_2CO_3 \cdot 10H_2O$	21.5	0
KCl	23.8	20			

注：①这里溶解度用在相应温度下 100 mL 水中达到饱和时所能溶解的溶质的质量表示。

7.13 实验室常用酸、碱溶液的浓度和密度（298 K）

溶液名称	密度/(g·mL^{-1})	质量分数/%	物质的量浓度/(mol·L^{-1})
浓 H_2SO_4	1.84	98	18
稀 H_2SO_4	1.18	25	3
	1.06	9	1
浓 HNO_3	1.42	69	16
稀 HNO_3	1.20	33	6
	1.07	12	2
浓 HCl	1.19	38	12
稀 HCl	1.10	20	6
	1.03	7	2
H_3PO_4	1.7	85	15
浓 $HClO_4$	1.7~1.75	70~72	12
稀 $HClO_4$	1.12	19	2
冰醋酸	1.05	99	17
稀 HOAc	1.02	12	2
HF	1.13	40	23
浓 $NH_3·H_2O$	0.88	28	15
稀氨水	0.98	4	2
浓 NaOH	1.43	40	14
	1.33	30	13
稀 NaOH	1.09	8	2

7.14 元素的相对原子质量[①]

原子序数	名称	符号	相对原子质量	原子序数	名称	符号	相对原子质量
1	氢	H	1.008	32	锗	Ge	72.61
2	氦	He	4.003	33	砷	As	74.92
3	锂	Li	6.941	34	硒	Se	78.96
4	铍	Be	9.012	35	溴	Br	79.90
5	硼	B	10.81	36	氪	Kr	83.80
6	碳	C	12.01	37	铷	Rb	85.47
7	氮	N	14.01	38	锶	Sr	87.62
8	氧	O	16.00	39	钇	Y	88.91
9	氟	F	19.00	40	锆	Zr	91.22
10	氖	Ne	20.18	41	铌	Nb	92.91
11	钠	Na	22.99	42	钼	Mo	95.94
12	镁	Mg	24.31	43	锝	Te	[97.97][②]
13	铝	Al	26.98	44	钌	Ru	101.1
14	硅	Si	28.09	45	铑	Rh	102.9
15	磷	P	30.97	46	钯	Pd	106.4
16	硫	S	32.07	47	银	Ag	107.9
17	氯	Cl	35.45	48	镉	Cd	112.4
18	氩	Ar	39.95	49	铟	In	114.8
19	钾	K	39.10	50	锡	Sn	118.7
20	钙	Ca	40.08	51	锑	Sb	121.8
21	钪	Sc	44.96	52	碲	Te	127.6
22	钛	Ti	47.88	53	碘	I	126.9
23	钒	V	50.94	54	氙	Xe	131.3
24	铬	Cr	52.00	55	铯	Cs	132.9
25	锰	Mn	54.94	56	钡	Ba	137.3
26	铁	Fe	55.85	57	镧	La	138.9
27	钴	Co	58.93	58	铈	Ce	140.1
28	镍	Ni	58.69	59	镨	Pr	140.9
29	铜	Cu	63.55	60	钕	Nd	144.2
30	锌	Zn	65.55	61	钷	Pm	[144.9]
31	镓	Ga	69.72	62	钐	Sm	150.4

续表

原子序数	名称	符号	相对原子质量	原子序数	名称	符号	相对原子质量
63	铕	Eu	152.0	87	钫	Fr	[223.0]
64	钆	Gd	157.3	88	镭	Ra	[226.0]
65	铽	Tb	158.9	89	锕	Ac	[227.0]
66	镝	Dy	162.5	90	钍	Th	[232.0]
67	钬	Ho	164.9	91	镤	Pa	[231.0]
68	铒	Er	167.3	92	铀	U	[238.0]
69	铥	Tm	168.9	93	镎	Np	[237.1]
70	镱	Yb	173.0	94	钚	Pu	[244.1]
71	镥	Lu	175.0	95	镅③	Am	[243.1]
72	铪	Hf	178.5	96	锔	Cm	[247.1]
73	钽	Ta	180.9	97	锫	Bk	[247.1]
74	钨	W	183.8	98	锎	Cf	[251.1]
75	铼	Re	186.2	99	锿	Es	[252.1]
76	锇	Os	190.2	100	镄	Fm	[257.1]
77	铱	Ir	192.2	101	钔	Md	[258.1]
78	铂	Pt	195.1	102	锘	No	[259.1]
79	金	Au	197.0	103	铹	Lr	[262.1]
80	汞	Hg	200.6	104	Ung	Rf	[261.1]
81	铊	Tl	204.4	105	Unp	Db	[262.1]
82	铅	Pb	207.2	106	Unh[3]	Sg	[263.1]
83	铋	Bi	209.9	107	Uns	Bh	[264.1]
84	钋	Po	[209.9]	108	Uno	Hs	[265.1]
85	砹	At	[210.0]	109	Une	Mt	[268]
86	氡	Rn	[222.0]				

注：①根据 IUPAC 1995 年提供的五位有效数字相对原子质量数据截取。

②相对原子质量加[ ]为放射性元素半衰期最长同位素的质量数。

③95 号元素以后表示人造元素。

主要参考书目

1. 沈君朴．实验无机化学（第二版）．天津：天津大学出版社，1992
2. 古凤才，肖衍繁，张明杰，刘炳泗．基础化学实验教程（第二版）．北京：科学出版社，2005
3. 刘汉兰，陈浩，文利柏．基础化学实验．北京：科学出版社，2005
4. 周惠琳，郑文杰，林舜芳．无机化学实验．广州：暨南大学出版社，1993
5. 于涛．微型无机化学实验．北京：北京理工大学出版社，2004
6. 中山大学等校．无机化学实验（第二版）．北京：高等教育出版社，1981
7. 中山大学等校．无机化学实验（第三版）．北京：高等教育出版社，1992
8. 华东化工学院无机化学教研组．无机化学实验．北京：高等教育出版社，1990
9. 王朝敏，白炳贤．无机化学实验．开封：河南大学出版社，1994
10. 陈秉倪，朱志良，刘艳生，顾金英．普通无机化学实验．上海：同济大学出版社，2000
11. 大连理工大学无机化学教研室．无机化学实验（第二版）．北京：高等教育出版社，2004
12. 雷群芳．中级化学实验．北京：科学出版社，2005
13. 浙江大学，南京大学，北京大学，兰州大学．综合化学实验．北京：高等教育出版社，2001
14. 袁书玉，李兆陇，尉京志，崔爱莉．现代化学实验基础．北京：清华大学出版社，2006
15. 蔡炳新，陈贻文．基础化学实验．北京：科学出版社，2001
16. 吴茂英，肖楚民．微型无机化学实验．北京：化学工业出版社，2006
17. 北京师范大学无机化学教研室等编．无机化学实验（第三版）．北京：高等教育出版社，2001
18. 蔡维平．基础化学实验（一）．北京：科学出版社，2004
19. 徐伟亮．基础化学实验．北京：科学出版社，2005
20. 杜志强．综合化学实验．北京：科学出版社，2005
21. 刘书银．实验化学．济南：山东大学出版社，2006
22. 王尊本．综合化学实验．北京：科学出版社，2003

23. 俞斌．无机与分析化学教程．北京：化学工业出版社，2002
24. 苏小云，臧祥生．工科无机化学（第三版）．上海：华东理工大学出版社，2004
25. 倪惠琼，蔡会武．工科化学实验．北京：化学工业出版社，2006
26. 南京大学大学化学实验教学组．大学化学实验．北京：高等教育出版社，1999
27. 刘约权，李贵深．实验化学（上册）（第二版）．北京：高等教育出版社，2005
28. 刘约权，李贵深．实验化学（下册）（第二版）．北京：高等教育出版社，2005
29. 赵新华．化学基础实验．北京：高等教育出版社，2004
30. 毛海荣．无机化学实验．南京：东南大学出版社，2006
31. 方能虎．实验化学（下册）．北京：科学出版社，2005
32. 天津大学物理化学教研室编．物理化学（下册）(第三版)．北京：高等教育出版社，1993
33. 武汉大学主编．分析化学实验(第二版)．北京：高等教育出版社，1985